KB266531

뉴노멀 시대 문화도시와 로컬의 힘

뉴노멀 시대 문화도시와 로컬의 힘

뉴노멀 시대 문화도시와 로컬의 힘

초판 1쇄 발행 2026년 4월 6일

지은이 이병민

펴낸이 김선기
펴낸곳 (주)푸른길
출판등록 1996년 4월 12일 제16-1292호
주소 (08377) 서울시 구로구 디지털로 33길 48 대륭포스트타워 7차 1008호
전화 02-523-2907, 6942-9570
팩스 02-523-2951
이메일 purungilbook@naver.com
홈페이지 www.purungil.com

ISBN 979-11-7267-100-6 93980

* 이 저역서는 2024년 건국대학교 KU학술연구비 지원에 의한 저역서임

뉴노멀 시대
문화도시와 로컬의 힘

이병민

푸른길

강단에 서서 학생들을 가르친 지 꽤 많은 시간이 흘렀습니다. 지난 세월을 돌이켜보면, '지역'과 '문화'를 화두로 강단에 서고 원고를 써 내려갔던 시간은 그 자체로 '로컬(Local)'의 변화를 목격하고 기록하는 여정이었습니다. 산업화 시대의 끝자락에서 노동과 자본의 효율성을 강조하던 시기를 지나, 우리는 이제 지식에 창의성과 상상력을 융합하는 진정한 '창조경제'의 패러다임을 한복판에서 마주하고 있습니다. 특히 코로나19 팬데믹을 거치며 우리가 발 딛고 선 '로컬'의 의미는 더욱 절실해졌습니다. 거대 담론의 그늘에 가려져 있던 지역 고유의 가치와 자생력이 뉴노멀 시대의 유연하고 강력한 대안으로 부상했기 때문입니다.

지금 우리는 저성장과 인구 절벽, 지방 소멸이라는 복합적인 위기에 직면해 있습니다. 이러한 환경 변화 속에서 과거 서울 중심의 수직적 관계를 내포했던 '지방'이라는 용어는 이제 능동적이고 다층적인 공간인 '로컬'로 재정의되고 있습니다. 문화는 이러한 로컬의 가치를 발현시키고 지역에 새로운 활력을 불어넣는 핵심 동력이며, '문화도시'는 그 지향점을 구현하는 구체적인 실천 현장입니다. 이 책은 지난 시간의 강의와 연구를 집대성하여, 우리 시대가 요구하는 문화도시와 로컬의 본질을 탐구하고 지속가능한 발전 전략을 모색하고자 집필되었습니다.

이 책은 기본적으로는 대학에서의 강의를 위해 문화도시와 로컬 담론을 체계적으로 이해할 수 있도록 입문적 성격부터 심화 전략까지 단계별로 구성하였습니다.

제1부 '문화도시, 개념과 이론적 토대'에서는 담론의 시작과 인적 자원의 중요성을 다룹니다. 제1장에서는 로컬 담론의 전개 과정을 살피고, 제2장에서는 콘텐츠를 중심으로 하는 문화도시의 생태계와 구성요소를 살펴보고, 제3장에서는 지역 자원에 창의성을 더해 새로운 가치를 만드는 '호모 로컬리투스(Homo Localitus)', 즉 로컬크리에이터를 인문학적 시각에서 조명합니다. 이어, 제4장과 제5장은 문화도시의 창조적 공동체가 가져야 할 문화적 포용성에 대해 논의합니다.

제2부 '문화도시의 실천과 쟁점'은 현장의 생생한 흐름과 비판적 시각을 담았습니다. 제6장은 공진화 전략을 토대로 유네스코 창의도시 등 글로벌 담론과 한국적 맥락의 연결을, 제7장은 유휴 공간을 활용한 문화적 재생의 실제를 다룹니다. 제8장에서는 인구 소멸 위기 속에서 로컬이 생존하기 위한 전략을 모색하며, 제9장은 창조도시가 가질 수 있는 그늘에 대한 비판적 성찰을 통해 정책의 내실을 기하는 법을 제안합니다.

제3부 '지속가능한 문화도시의 미래 전략'은 실전적인 대안과 비전을 제시합니다. 제10장과 제11장에서는 로컬브랜딩과 산업과 문화의 융합을 토대로 하는 문화콘텐츠의 산업화 전략을, 제12장에서는 지역의 매력을 극대화하여 사람을 모으는 콘텐츠 투어리즘을 상술합니다. 제13장에서는 실제적인 성과창출을 위한 문화도시 성과측정의 문제와 과제를 다루고, 마지막 제14장은 문화도시의 미래 비전과 지속가능성을 위한 관리 과제를 제언하며 마무리됩니다.

이 책은 대학 교재로서 학부생들에게는 로컬의 가치를 새롭게 발견하는 창구가 되겠지만, 그 활용처가 강의실에만 머물기를 바라지는 않습니다. 중앙부처와 지자체에서 정책을 수립하는 공무원분들, 심도 있는 연구를 이어가는 대학원생과 전문가, 그리고 지역 최전선에서 변화를 이끄는 지역 지원조직과 로컬크리에이터, 문화기획자분들, 그리고 주민분들까지, 문화도시와 관련된 모든 분에게 유용한 길잡이가 되기를 소망합니다. 이론적 엄밀함과 현장의 실용성을 동시에 담아내고자 노력한 이유도 바로 여기에 있습니다.

이 책이 나오기까지 많은 분의 도움이 있었습니다. 척박한 연구 환경 속에서도 로컬의 가치를 함께 고민해 준 한국문화경제학회를 비롯한 수많은 선후배 연구자들과 현장에서 땀 흘리는 지역의 활동가들, 문화재단과 문화도시센터의 동료들, 그리고 무엇보다 강의실에서 초롱초롱한 눈빛으로 질문을 던지며 저에게 끊임없는 영감을 준 건국대학교 제자들에게 깊은 감사를 전합니다. 특히, 전문적인 식견으로 원고를 꼼꼼히 살펴봐 준 최여정 작가님과 여경미 기자님, 덕성여자대학교의 정수희 교수님, 번뜩이는 아이디어와 식견으로 방향성을 잘 잡아 준 공간과문화연구소 빈칸의 조광호 대표에게 머리 숙여 감사의 인사를 보냅니다. 또한, 미숙한 초고를 함께 고민하며, 수정해 준 건국대학교 대학원의 김이나, 장은영 연구원의 도움이 컸습니다. 더불어 어려운 출판 환경 속에서도 지역문화의 가치를 믿고 원고를 세심하게 다듬어 주신 (주)푸른길 김선기 대표님과 이선주 팀장님과 편집팀 여러분께도 고마운 마음을 전합니다.

로컬의 작은 이야기가 콘텐츠가 되고, 그 콘텐츠가 사람과 사람을 잇는 따뜻한 연대의 장소가 되는 도시. 이 책이 그러한 문화도시를 꿈꾸는 모든 이들에게 해답의 실마리가 되기를 진심으로 바랍니다.

2026년 2월
건국대학교 연구실에서
이병민

뉴노멀 시대 문화도시와 로컬의 힘

차례

제1부

문화도시, 개념과 이론적 토대

제1장

‘로컬’의 재발견: 문화도시 담론의 시작

들어가는 글

로컬, 그리고 문화도시의 등장 배경

현대 사회는 뉴노멀(New Normal) 시대의 도래와 함께 저성장, 인구절벽, 지방소멸 위기 등 복합적인 문제에 직면해 있다. 이러한 상황은 기존의 중앙 중심적, 경제성장 일변도 발전 모델의 근본적인 성찰을 요구하며, 지역 고유의 가치와 자생력에 주목하는 ‘로컬(Local)’ 담론의 중요성을 부각시킨다. 문화는 이러한 로컬 가치를 발현하고 지역에 새로운 활력을 불어넣는 핵심 동력이다. ‘문화도시’는 이러한 지향점을 구현하는 구체적인 정책 모델이자 실천 현장으로 주목받고 있다. 문화도시와 로컬 담론의 부상은 단순한 유행이 아니라, 현대사회가 직면한 다층적 위기(인구, 사회, 경제)에 대한 대안적 발전 패러다임 모색의 필연적 결과라 할 수 있다.

본 장은 새로운 시대가 주목하고 있는 ‘로컬’과 ‘문화도시’의 핵심 개념을 정립하고 그 발전 과정을 포괄적으로 조망하는 것을 목표로 하며, 그중에서도 특히 '로컬의 인문학적 의미와 실천을 통한 지역발전(2023)' 자료를 주로 참고하여 로컬의 개념과 문화도시의 관계를 심층적으로 탐구한다. 이를 통해 도시 연구의 다양한 관점에 대한 지평을 넓힘과 함께 문화도시의 구성 요소, 로컬과 글로컬 개념, 지역발전과 장소성의 관계 등을 설명함으로써 로컬과 문화도시 가치에 대한 독자들의 통합적인 이해를 돕고자 한다.

1. '로컬' 개념의 다층적 이해와 인문학적 조명

'지방'을 넘어 '로컬'로, 공간 인식의 전환과 인문학적 가치

과거 '지방'이란 용어는 중앙(서울)에 대비되는 수동적, 주변적 공간으로 인식돼 왔으며, 수직적 관계를 내포했다. 이는 지역의 고유성과 주체성을 제대로 담아내지 못하는 한계를 지녀왔다. 실제 한국에서 '지방'이란 단어를 사용한다는 것은 서울과 대비되는 상대적 의미를 지녔으며, 이는 지방이 갖는 순수한 지역성은 간과하는 시각으로 받아들여졌다. 이러한 인식은 지역을 발전의 주체가 아닌 대상으로, 중앙의 정책을 수동적으로 받아들이는 존재로 규정짓는 경향으로 이어졌다.

이에 반해 '로컬'은 단순한 지리적 위치를 넘어, 그곳에 거주하는 사람들의 삶과 활동, 역사와 문화가 깃든 능동적이고 다층적인 공간을 의미한다. 정수희와 이병민(2023)은 "수동적인 지역과 지방이란 개념에서 나아가 능동적이고 다양성을 추가하는 공간 개념을 강조하기 위하여 '로컬'이라는 용어를 사용하고자 한다"고 명시하며, 이러한 개념 전환의 필요성을 강조한다. 로컬은 지역

자산을 토대로 '자랑스러우며, 보존하고 계승, 발전시켜야 하는 요소'들이 풍부한 공간으로 재인식되고 있다.

'로컬' 개념의 재정의는 단순한 용어 변경을 넘어, 지역을 바라보는 관점의 근본적 전환을 의미한다. 이는 '중앙-지방'의 수직적 관계를 해체하고, 지역 고유의 가치와 주체성을 존중하는 수평적·다원적 발전 모델로의 이행을 시사하고 있다. 이러한 로컬 담론의 부상은 1990년대 중반 이후 강조된 '공간적 전환(Spatial Turn)'과 맥을 같이 한다. '공간적 전환'은 근대성에 대한 성찰을 바탕으로 공간을 단순한 배경이나 빈 용기가 아니라 인간 활동의 중요한 장(場)이자 사회적 의미가 구성되는 과정으로 재인식하는 것을 의미한다. 유승호(2013)에 따르면, 이 전환은 '①공간에서 장소로', '②이성에서 감성으로', '③국가에서 로컬로'라는 대안적 가치에 주목한다. 특히 '장소·감성·로컬'이라는 세 가지 대안적 가치는 상호 관련성을 가지며 새로운 사회구성 속에서 유기적으로 결합한다. 이는 탈근대적인 대안적 삶의 방식 제시와 연관된다.

또한 인문학적 의미로서의 '로컬'은 그곳에 사는 사람들의 실존적 경험과 깊이 연관되어 있기도 하다. 임성원(2019)은 로컬이 보다 실존적인 의미를 담고 논의가 확대된다면, 주민들과 밀착된 관계 형성이 가능해진다고 주장했다. 또 장소와 토지라는 실물적 의미, 주관적 입장이라는 정신적 의미, 계급이라는 사회적 의미 등을 두루 포용하고 이해도를 높일 수 있다고 덧붙였다. 로컬은 사람들의 일상성과 능동적 활동을 담는 그릇이며, 그들의 삶의 이야기가 축적되는 기억의 저장소이다. 마두스베르그(2017)는 인문학이야말로 새롭게 상상하는 법과 창의성의 원천임을 강조하며, 우리가 살아가는 세계에 관해 예리한 관점을 갖기 위해 "문화적 지식과 인간적 경험에 대한 해석을 활용"해야 하며, "환경이 변화하는 시기에는 인간성의 감정적, 심지어 본능적 맥락과 다시 연결되어야 함"을 강조한다. 이는 로컬의 가치를 재발견하고, 그 안에 담긴 인간적 경험과 감성적 연결을 중시하는 인문학적 접근의 중요성을 뒷받침한다. 이러한 의미에서 로컬은 더 이상 경제적 효율성이나 행정 편의에 의해 구획되는 대상이 아니라, 그 자체로 고유한 생명력과 의미를 지닌 주체적 개념으로 인식되어야 할 것이다.

로컬리티, 장소성, 그리고 관계적 공간으로서의 로컬

로컬 개념을 심화하는 데 로컬리티(Locality)와 장소성(Sense of Place)은 핵심적인 키워드이다. 로컬리티는 다양한 학문 분야에서 정의되는데, 피트와 스리프트(Peet & Thrift, 1989), 엄상미(2024)는 로컬리티를 노동과 공동체 사이의 관계에 근거한 '장소'의 특성, 지역에서의 계층화와 시스템에 대한 논의, '집단적 정체성'을 강조하는 토대, 혹은 일정하게 주어진 지리적 공간 내에서 공유하는 경험, 유산과 소속감 등의 특성을 가리키는 용어로 설명한다. 또한 이와 관련하여 지역성이 문화 코드의 형성에 결정적 영향을 미치기 때문에, 로컬문화에 의해 매개되지 않은 문화는 구체적인 삶의 양식이라고 볼 수 없다는 주장도 있다. 중요한 것은 로컬리티가 고정된 실체가 아니라, 구체적인 사회 관계와 과정, 문화적 가치가 더해지면서 상호작용으로 생겨나는 '구성물'이라는 점이며 로컬에서의 삶의 문제는 문화다양성의 시대인 지금, '글로벌'의 대립 개념으로 자리 잡기도 한다는 점이다.

장소성(Sense of Place)은 단순한 물리적 공간(Space)을 넘어 인간의 경험, 기억, 의미가 부여된 공간, 즉 '의미 있는 공간(Meaningful Space)'을 뜻한다. 그리고 이와 연관되어 로컬리즘은 '장소성을 기반'으로 하며, 지역발전의 핵심 요소로 장소성을 강조한다. 최근 골목길에 대한 사람들의 관심 증가는 획일화, 대형화, 보편화로 특징지어지는 모더니즘에 대한 반발로 나타나며, 이종수

(2011)와 이병민 외(2022)에 따르면, 관련된 문화를 향유하는 이들의 사적인 공간의 확보, 이야기를 만들고 보유하려는 욕망이 골목이란 '장소성'으로 구현된다. 골목은 사적 영역과 공적 영역이 교차하는 공간이자, 우리의 일상과 가장 밀접하여 역사와 문화의 원재료가 되는 중요한 지역자원이다. 정수희와 이병민(2023)의 연구에서 "거점공간으로서 인문학적 시각을 견지하는 '창조적 장소'의 역할이 중요하다"고 강조하며, 장소성이 지역 활성화의 구체적인 매개가 됨을 설명하고 있다. 장소성은 지역 주민들의 지역에 대한 애착(Place Attachment)을 형성하고, 나아가 지역발전의 정서적·문화적 기반으로 작용한다는 것이다.

앤서니 기든스(Giddens, 1984)는 현대 도시에서 일상의 반복적 행위와 지역적 장소들이 상호 연결되어 있으며, 이들의 관계를 이해하는 것이 중요하다고 강조한다. 그는 이러한 다양한 양식의 상호작용이 일어나는 공간 범역이 있는 물리적 환경을 '로케일(Locale)'이라고 명명했다. 즉, 행위주체의 사회적 상호작용이 시공간과 엮이면서 발생하는 장소가 로케일이며, 그 범위는 가정의 방, 거리, 공장, 도시, 국가 등 상당히 신축적으로 다양하게 나타난다. 또 기든스는 이러한 구조와 행위자를 연결해 주는 사회 네트워크가 공간상에 뿌리내리는 양상을 '지역화(Regionalization)'로 개념화했다. 남기범(2008)에 따르면, 이는 사회적 삶이 상호작용하면서 시공간 상에 함께 존재하게(Co-presence)하는 연속성 공간의 관례화(Routinization)와 원격화를 통한다고 한다. 이때, 사회적 행위가 장소에 들어가고 나가는 통로에 의해 규정된다. 이는 구역화(Zoning)의 양식, 즉 구조화의 과정을 의미한다고 설명한다. 이러한 기든스의 논의와 관련된 해석들은 로컬이 단순한 물리적 공간을 넘어 사회적 상호작용과 관계망이 구조화되는 역동적인 장소임을 이해하는 데 도움을 준다.

전통적인 개념으로서의 '지역'이 폐쇄적이고 수동적이며 지역 내부에 국한

 뉴노멀 시대 문화도시와 로컬의 힘

된 '인간-환경' 관계에만 주목했던 것과는 달리, 새로운 지역으로서의 '로컬'은 사회적 행위에 의해 지속적으로 형성되고 변화하는 주체적이고 능동적인 존재로 개념화되고 있다. 이에 따라 로컬의 미래를 보다 적극적으로 생각하며 기획 및 준비해나가야 할 필요성이 있으며 이때 로컬은 지역성을 형성, 유지, 변형시키는 살아 있는 실체로서, 장소성, 네트워크, 스케일, 글로컬라이제이션, 정체성(Identity) 등이 주요한 개념 원리가 된다(노영순·이상열, 2018). 이때의 로컬은 유무형의 경계를 가진 공간과 기억의 장소이자, 법·권력 등 제도적 구조 속에서 만들어지는데, 개인과 집단 간의 이념적, 물질적 복합체이고 '사회-경제-정책'의 다양성이 발현되는 과정이자 네트워크의 공간이 된다. 그리고 이와 같은 범위 안에서 장소로서의 '지역'에 대한 개념은 세계 내 존재(In-der-Welt-Sein)로 해석되어 현 존재인 인간이 주위 세계(Umwelt)와의 관계 안에서 상호작용을 벌이는 곳이 되며, 경험 공간으로서 로컬은 인간이 일상의 삶을 영위하는 터이자 그 안에서 다양한 관계가 맺어지는 곳이 된다.[1] 이와 같이 로컬이라는 공간에 대한 가치를 재고하는 것은 근대성의 경직된 구조 속에서 지워지거나 우선시되지 못했던 다양성, 장소성의 가치를 재확인하는 적극적인 행위로 이어져야 한다.

이와 관련한 글로벌과 로컬의 상호작용은 글로컬라이제이션(Glocalization)이라는 개념으로 설명된다. 이는 세계화(Globalization)와 지역화(Localization)의 합성어로, 세계적 흐름이 지역의 특수성과 결합해 새로운 가치와 형태를 창출하는 현상을 의미한다. 문화도시의 맥락에서 볼 때 글로컬은 지역 고유성

---

1) 이러한 내용은 "하이데거 철학의 용어로, '인간이 세상 속에 존재함'을 의미한다"는 내용과 관련된다. 하이데거의 '세계 내 존재'는 인간(현 존재)이 고립된 주체가 아니라, 특정한 세계와 그 안의 사물들 속에서 살아가는 존재임을 의미한다. 이는 데카르트의 '주체와 객체' 개념을 넘어, 인간이 세계로부터 분리된 것이 아니라 이미 세계 속에 '처해' 있으며 그 속에서 함께 살아가는 존재임을 강조하는 개념이다.

을 유지하면서도 세계와 소통하고 경쟁력을 갖추는 중요한 전략이 되는데 이는 피처스톤(Featherstone, 1996)이 언급한 '탈영토화되는 문화'가 확산되는 것과 같은 맥락이며 문화와 가치가 로컬을 중심으로 발전하는 현상은 지역 변화의 중요한 키워드가 된다. 이때 글로벌은 로컬의 대립적인 개념이며, 가변적이고 중층적인 합의점을 반영한다. 이렇게 볼 때 성공적인 문화도시는 '가장 로컬적인 것이 가장 글로벌한 것'이 될 수 있는 가능성을 탐색하며, 지역적 특수성을 강화하는 동시에 국제적 보편성을 확보하는 이중적 과제를 안고 있다.

2. 문화도시 담론의 형성과 진화

문화도시의 등장 배경과 다양한 정의

문화도시라는 개념은 하루아침에 등장한 것이 아니라, 시대적 요구와 도시 발전 전략의 변화에 따라 점진적으로 형성되고 진화해 왔다. 서구사회에서 문화도시는 주로 제조업 중심 산업의 몰락으로 침체기를 맞은 도시들이 현대의 시대 변화에 따라 새로운 생활 패턴과 수요에 맞춰 문화적 요소를 개발하고 도시경영전략에 접목함으로써 도시 발전의 계기를 마련한 데서 출발했다는 의견이 지배적이다. 이는 구체적으로 도시재생정책에 문화·예술적인 특성을 활용하면서 도시 발전의 활성화를 꾀하고자 하는 노력의 결실로 이어져 왔다.

초기에는 유럽연합(EU)의 '유럽 문화수도(European Capital of Culture)' 정책(1985년 시작)처럼 침체된 산업도시를 역동적인 문화도시로 바꾸려는 시도가 주를 이뤘다. 이 정책은 매년 한두 도시를 유럽 문화수도로 지정하여 1년간 다양한 문화예술 행사를 개최하도록 지원함으로써 도시의 문화적 이미지를

뉴노멀 시대 문화도시와 로컬의 힘

제고하고 관광객 유치와 경제 활성화를 도모했다. 글래스고(1990년), 더블린(1991년), 릴(2004년) 등 많은 도시가 이를 통해 성공적인 변화를 경험했다. 미국의 경우도 1970년대부터 다목적 개발과 문화지구(Cultural District) 개념이 대두되면서 도시 이미지 개선과 도심지역 개발 등에 관심을 쏟았다.

문화도시의 개념은 이후 단순한 경제 활성화 수단을 넘어 삶의 질(Quality of Life) 향상, 도시 경쟁력 강화, 나아가 창조경제의 동력으로서 문화의 역할이 강조되는 방향으로 발전해 왔다. 이와 같은 기조는 세계적으로는 볼로냐2000(이탈리아), 창조도시 사업(일본), 르네상스시티 리포트(싱가포르), 비전2015 문화도시(서울특별시) 등 다양한 사례에서 찾아볼 수 있다. 이처럼 문화도시의 개념은 고정된 것이 아니라 시대적 요구와 도시 발전 전략의 변화에 따라 진화해 왔으며, 초기 도시재생의 수단에서 출발하여 삶의 질, 정체성, 창조경제, 그리고 최근에는 지역균형발전과 지속가능성의 핵심 동력으로 그 의미와 역할이 확장되고 있다.

문화도시에 대한 정의는 학자나 정책 입안자에 따라 현재까지 다양하게 제시되어 오고 있다. 정주환(2008)은 '지역의 문화예술과 자원을 결합한 산업을 육성하고, 이를 뒷받침하는 문화적·친환경적 환경조성을 통한 창의성을 발현할 수 있는 도시 또는 주민의 입장에서는 매력적이고 즐거움과 느낌이 있는 도시'로 인용하여 정의했으며, 라도삼(2006)은 '문화를 미학적으로 보전·육성하며, 발전시켜 나가는 도시'로 정의한 바 있다. 전영옥(2006)은 한국적 상황에 맞게 '노시인이 슬실 수 있는 다양한 문화콘텐츠가 풍부한 도시'로, 조명래(2007)는 '지역차별적인 문화적 콘텐츠를 구비함으로써 도시의 정체성이 선명히 드러나는 도시'로 정의했다. 이러한 다양한 문화도시 논의에서 공통적으로 강조되는 핵심적인 요소는 도시의 역사성과 지역가치를 중요한 문화적 자원으로 활용한다는 점이다. 이는 도시에 의미를 불어넣는 '맥락(context)'을 크게 다루고 있다는 점에서 중요하다.

이와 관련하여 역사성과 지역가치에 관해서는 문화예술적 기반이 지역의 개성과 역사를 담고 있기 때문에 도시의 이미지와 정체성을 형성하는 주요 요인이 되며, 지역의 정체성을 도시민들과 함께 인식하고 공유하는 데 지방자치의 필수적인 요소로 인식된다. 문화도시 조성에는 체험형(관광, 축제), 네트워크형, 스토리텔링형, 창조도시형, 도시재생형 등 다양한 유형별 특징이 나타날 수 있다. 그리고 맥락에 대해서는 문화적 배경, 역사, 사회적 환경, 관계, 그리고 사회적 자본(social capital)[2]이 깊이 연관되는데, 사회적 자본은 '사회 구성원들이 공동의 문제를 해결하기 위하여 적극적으로 참여하는 사회의 조건 또는 특성'을 지칭하며, 공동이익을 위한 상호조정과 협력을 촉진하는 사회적 조직의 특성으로 이해될 수 있다.

창조도시 담론과 문화도시 개념의 확장

2000년대 들어 문화도시 담론은 '창조도시(Creative City)' 개념의 등장으로 중요한 전환점을 맞이했다. 리처드 플로리다(Richard Florida)와 같은 학자들을 중심으로 확산된 창조도시 담론은 지식기반 경제 시대에 도시 경쟁력의 핵심 원천으로 '창의성'과 '인적 자본'을 강조했다. 이들은 과학자, 예술가, 기술자 등으로 구성된 '창조 계급(Creative Class)'이 선호하는 환경, 즉 기술(Technology), 인재(Talent), 관용성(Tolerance)이 풍부한 도시가 경제적으로 성장한다고 주장하며, 문화와 예술을 도시의 경제적 성장 동력으로 인식하는 관점을 확산

---

2) 사회적 자본(social capital)은 개인이나 집단이 가지고 있는 사회적 관계망과 그로부터 파생되는 신뢰, 규범, 호혜성 등을 포괄하는 개념이다. 이는 정보 공유, 협력 촉진, 공동 문제 해결 등을 용이하게 하여 사회 및 경제 발전에 긍정적인 영향을 미치는 무형의 자산으로 간주된다. 문화도시 맥락에서는 주민 참여, 공동체 형성, 네트워크 활성화 등과 밀접하게 연관된다.

시켰다.[3)]

　이러한 창조도시 담론은 문화도시 정책에 '혁신', '산업', '경제'라는 가치를 강력하게 불어넣었다. 그 결과, 문화도시는 단순히 문화유산을 보존하고 시민의 문화 향유를 증진하는 차원을 넘어, 창의적인 인재와 산업을 유치하여 도시 전체의 경제적 부가가치를 창출하는 적극적인 발전 전략으로 인식되기 시작했다. 그러나 한편으로는 문화의 경제적 효용성을 지나치게 강조함으로써 문화의 본질적 가치를 훼손하거나, 특정 엘리트 계층 중심의 정책으로 흘러 사회적 불평등을 야기할 수 있다는 비판에 직면하기도 했다. (창조도시 대표 이론들과 그에 대한 구체적인 비판은 제9장에서 심층적으로 다룬다)

　관련하여 문화도시, 창조도시, 그리고 한국의 정책적 맥락에서 자주 사용되는 문화중심도시의 개념은 서로 중첩되면서도 강조하는 지점에서 차이를 보이는 것으로 나타난다(〈표 1-1〉 참조). 초기 문화도시 논의에서는 문화가 경제 활성화나 도시 마케팅의 '수단'으로 활용되는 경향이 있었으나 점차 문화 자체가 도시의 본질적인 '목적'이자 삶의 질을 구성하는 핵심 요소로 인식되는 전환이 이루어지고 있다는 것을 발견할 수 있다. 이와 관련하여 이병민(2011)은 "물리적 문화중심도시 정책시행에 대한 고찰을 통해 문화가 도시 조성의 '수단'이 아니라 '목적'이 됨을 강조"한다고 명시하며, 문화의 본질적 가치에 주목할 필요성을 제기하고 있다. 이는 문화가 도시의 정체성을 형성하고, 시민들의 자긍심을 높이며, 공동체를 활성화하는 본질적 가치에 주목해야 지속가능

[3) 최근 논의에서 플로리다는 여기에 네 번째 T를 추가했는데, 이는 "Territorial Asset(영토적 자산)"이라고 부르는 것이며, 이는 지역사회의 장소성을 의미한다. 플로리다에 따르면, 노동력의 주요 구성 요소로 여겨지는 창의적인 계층은 삶의 질이 높은 지역사회에서 살기를 원하고, 이는 장소의 질, 장소를 매력적으로 만드는 고유한 특성을 중시한다고 알려지고 있다. "Territorial Assets" and the Latest from Richard Florida / https://ced.sog.unc.edu/2012/12/territorial-assets-and-the-latest-from-richard-florida(2025.5.28. 열람)]

<표 1-1> 문화도시, 창조도시, 문화중심도시의 주요 특징 비교

구분	문화도시 (Cultural City)	창조도시 (Creative City)	문화중심도시 (Culture-Centric City)
핵심 개념	문화적 환경, 삶의 질, 지역 정체성, 전통 계승, 공동체성, 미학성 추구	창조적 인재(창조계급), 혁신, 기술, 관용성, 산업성, 예술생태계, 경제성장	문화가 도시의 핵심 기능/인프라, 문화생산-유통-소비-재창조의 거점, 정책적 육성 대상
주요 발의/ 배경	유럽 문화수도(1985년~) 등 도시재생 및 문화적 정체성 강화와 관련	2000년대 이후 창조경제 및 인적자본 중심 도시발전론 확산	한국의 경우 노무현 정부 대선 공약(2002년)에서 비롯, 지역 균형발전 및 특정 문화 분야 육성 정책과 연계(예: 광주 아시아문화중심도시)
지향 가치	문화 그 자체의 가치, 공동체적 삶의 질 향상, 문화 향유권 확대	경제적 혁신, 창조산업 발전, 도시 경쟁력 강화	정책 목표에 따라 다양(예: 특정 문화 장르의 중심지화, 문화산업 클러스터 구축, 국가/지역 브랜드 강화)
문화의 역할	도시의 본질적 구성요소, 삶의 질을 높이는 목적	경제 성장과 혁신의 수단이자 동력	정책 목표 달성을 위한 전략적 수단 또는 도시의 핵심 기능

한 문화도시 발전이 가능하다는 것을 시사하고 있다.

3. 로컬 가치 기반 문화도시의 구성과 실천

문화도시의 핵심 구성 요소: 하드웨어, 소프트웨어, 휴먼웨어의 조화

문화도시의 성공적인 조성과 지속을 위해서는 물리적 시설과 기반(하드웨어), 매력적인 문화콘텐츠와 프로그램(소프트웨어), 그리고 이를 기획하고 향유하며 도시의 문화적 활력을 만들어 가는 창조적 인력과 공동체(휴먼웨어)의 균형 잡힌 발전이 필수적이다. 이 세 가지 요소는 상호 유기적으로 작용하며 문화도시의 창조성과 지속가능성을 동시에 담보하는 필수 구성요소가 된다.

과거 한국의 초기 문화거점도시 사례(광주, 부산, 전주, 경주, 공주·부여 등)를 보면 국립아시아문화전당 건립(광주), 한옥마을 조성(전주), 고분공원 조성(경주), 부산 영화의 전당 및 문화콘텐츠 콤플렉스 건립(부산) 등 하드웨어 구축에 상당한 비중을 두었음을 알 수 있다. 그러나 이러한 대규모 시설 투자만으로는 문화도시의 성공을 보장하기 어렵다는 것을 대부분의 전문가가 지적하고 있으며, 도시의 중심이 되는 하드웨어의 구축과 함께 이를 도시 안에서 활성화하는 광주 비엔날레, 전주 전통문화, 부산 국제영화제와 같은 소프트웨어적 요소와 도시를 만들어가는 시민 참여 및 지역 전문가(휴먼웨어)의 역할이 계속적으로 강조되고 있다.

이와 관련하여 이병민(2011)은 이러한 하드웨어 중심 사업의 한계를 지적하며 소프트웨어 및 휴먼웨어의 중요성을 간접적으로 시사하였는데, 예를 들어, 부산 영상문화도시의 경우 영상 관련 인프라 구축(하드웨어)과 함께 영화·영상산업 육성사업(소프트웨어), 그리고 이를 통해 시민들이 문화적인 도시에 산다는 자긍심을 느끼는 것(휴먼웨어)이 중요하다고 언급하기도 하였으며, 서울시의 '2024년 로컬브랜드 상권 육성사업' 계획에서도 도시의 공간이자 구역이 되는 상권의 브랜드화를 위해 하드웨어(상권 인프라 조성), 소프트웨어(상권 활성화 사업), 휴먼웨어(로컬크리에이터 양성)를 전략화하여 종합적으로 지원한다고 명시되어, 이 세 가지 구성 요소의 통합적 접근이 실제 정책 수립에도 반영되고 있음을 보여 준다.

하드웨어, 소프트웨어, 휴먼웨어의 조화 필요성과 관련하여 리처드 플로리다는 창조계급을 유치하고 도시의 창조성을 높이기 위해서는 '장소의 품질(Quality of Place)'이 매우 중요하다고 강조했는데, 이는 단순한 물리적 환경의 우수성을 넘어, 그 장소가 제공하는 경험의 질, 개방성, 다양성, 그리고 사람들이 머무르고 싶고 활동하고 싶게 만드는 매력적인 특성들의 총체를 의미한다.

이병민 외(2022)에 따르면, 발터 벤야민(Walter Benjamin)의 '다공성(多孔性, Porosity)' 개념은 이러한 장소의 질적 특징을 인문학적으로 설명하는 데 유용하게 적용될 수 있다. 다공성은 본래 공학이나 건축학에서 고체의 표면이나 내부에 작은 구멍(기공)이 많아 공기 등의 소통이 원활한 상태를 이르는 말이지만, 벤야민은 이를 지역의 특성을 나타내는 은유로 확장했다. 그에 따르면 다공성이 높은 지역은 현상 사이의 명확한 경계가 모호하여 하나의 사물 안으로 다른 사물이 침투하거나, 새로운 것과 낡은 것, 공적인 것과 사적인 것 등이 혼재되고 복합체를 이루는 특징을 지닌다. 이러한 공간은 지역이 가진 시간성과 일상성을 자연스럽게 내포하게 된다.

문화도시의 맥락에서 다공성은 지역 구조와 주체의 개방성, 다양성을 의미하며, 기존에 지역에서 활동하던 다양한 사람들과 새로운 진입 세력(예: 청년, 로컬크리에이터)들이 자연스럽게 융화되고 상호작용하며 시너지를 창출할 수 있는 환경을 뜻한다. 이러한 다공성이 높은 지역에서는 다양한 사회자본들이 관계자산(Relational Property)으로 확대 전환될 수 있는 토대가 마련된다. '다공성' 개념은 문화도시가 지향해야 할 개방성과 포용성의 중요성을 시사한다. 다양한 생각과 사람이 자유롭게 드나들고 섞일 수 있는 환경이 조성될 때, 창의성과 혁신이 발현되고 지역은 더욱 풍요로워질 수 있다.

이처럼 문화도시의 성공은 이 세 요소의 단순한 합이 아니라, 이들 간의 유기적 연계와 시너지를 통해 달성되며, 특히 '휴먼웨어'로서의 창조적 인력과 자발적 공동체는 지속가능한 문화도시의 핵심 동력이 된다는 것을 상기해야 할 것이다.

로컬크리에이터와 지역 주체의 역할 강화: '호모 로컬리투스'의 등장

최근 로컬 담론에서 핵심적인 주체로 부상하고 있는 의제가 바로 '로컬크리에이터(Local Creator)'이다. 로컬크리에이터는 지역의 의미를 나타내는 '로컬(Local)'과 창작자를 뜻하는 '크리에이터(Creator)'의 합성어로 정책적으로는 유·무형의 특색 있는 지역 자원에 창업가의 창의적인 아이디어를 접목함으로써 혁신적인 비즈니스 모델 구축을 목표로 하는 창업가로 지칭되기도 한다. 모종린 외(2022)는 로컬크리에이터를 "로컬 문화와 가치를 창조하는 크리에이터", "지역성과 결합된 자신만의 콘텐츠로 가치를 창출하려는 움직임의 주체" 등으로 설명하기도 하였다. 이와 같은 의견을 정리하면 종합적으로 로컬크리에이터는 '지역의 자연환경, 문화적 자산을 소재로 창의성과 혁신을 통해 사업적 가치를 창출하는 창업가'로 정의할 수 있다(김혁주 2020).[4]

로컬크리에이터의 정의와 관련하여 정수희와 이병민(2023)은 로컬크리에이터를 단순히 수동적인 지방의 창업가나 소상공인의 의미에서 나아가, 능동적인 지역의 커뮤니티 디자이너이자 장소성을 기반으로 하는 혁신의 주체, 실천가라는 능동적인 의미를 담아 '호모 로컬리투스(Homo Localitus)'라고 명명하며 그 인문학적 중요성을 강조하고 있다.[5] 이들은 경제적 성공만을 추구하기보다는 재미와 가치가 있는 삶, 자기답게 살아가는 삶을 선택하는 특징을 가지며, 로컬의 숨은 가치를 발견하고 새로운 가능성을 만들어 가는 주체로서 유목민적 기질을 가지고 다른 공동체와 조우하며, 상대적 차이에서 오는 이질성과 동질성을 증폭시켜 차별화되고 희소성 있는 로컬의 가치를 발견한다고

---

[4] 공동체에서의 로컬크리에이터의 역할 등 보다 자세한 내용은 제3장에서 다루고자 한다.

[5] 정수희와 이병민(2023)은 해당 논문에서 수동적인 지방의 창업가, 소상공인의 의미에서 나아가 능동적인 지역의 커뮤니티 디자이너이자 장소성을 기반으로 하는 혁신의 주체, 실천가, 능동적인 의미의 로컬크리에이터라는 의미로 '호모 로컬리투스'라고 자의적으로 명명했다.

보고 있다.

이후 더 구체적으로 설명하겠지만, 로컬크리에이터는 지역자원과 문화, 커뮤니티를 연결하여 새로운 가치를 창조해 내는 창의적인 지역혁신가로 평가받고 있는데 이들은 오래된 것을 전통으로 연결된 유산으로 변화시키고, 사람들이 간과한 것을 리브랜딩하여 새로운 라이프스타일을 창출하는 사람들로 평가된다(모종린 외 2022). 관련하여 강원창조경제혁신센터의 사례를 보면, 속초의 '칠성조선소'는 운영을 멈춘 오래된 조선소를 복합문화공간으로 재생시켜 성공을 거두었고, 춘천의 '감자밭'은 지역 특산물인 감자를 활용한 '감자빵'으로 큰 인기를 얻었다. 이들은 모두 지역자원을 창의적으로 재해석하고 사업화한 로컬크리에이터의 성공 사례라 할 수 있다. 이처럼 로컬크리에이터는 단순한 경제 주체를 넘어, 지역의 가치를 재해석하고 공동체를 활성화하며 '지역다움'6)을 만들어 가는 문화적 매개자이자 사회혁신가로서의 역할을 수행한다.

성공적인 문화도시와 로컬 활성화는 단일 주체의 노력만으로는 이루어지기 어려우며, 다양한 주체 간의 협력적 거버넌스(Governance) 구축을 기반으로 한다. 안소현 외(2024)는 성공적인 로컬리즘이 "다양한 주체가 지역자원을 재발견하고, 새로운 실험과 시도의 과정을 통해 구현"되며, 이 과정에서 "지방정부의 적극적인 행정지원"과 "주체 간 참여와 협치"가 필수적인 요인이라고 강조한다. 양양 서피비치 사례는 외지에서 유입된 청년 로컬스타트업에 대한 양양군의 파격적인 행정지원(공유수면 점·사용 허가, 군부대 협의 등)이 사업을

---

6) '지역다움'은 도시가 본래 가진 정체성(실재)과 그 도시를 바라보는 외부의 기대(이상) 사이에서 형성되는 절충된 이미지를 의미하는 전략적 개념이다. 이는 지역 고유의 속성인 '지역성'에 기반하지만, 외부의 시각에 대응하기 위해 의도적으로 기획되고 재구성된 또 다른 형태의 지역성이라고 할 수 있다. 궁극적으로 지역다움은 도시 브랜딩 과정에서 도시의 정체성을 유지하면서도 대외적 경쟁력을 구축하기 위한 전략적 재구성이라는 점에서 의의를 갖는다(정수희, 2017).

만들어 나가는 데 초창기 주요 요인이었음을 보여 준다.[7] 또한 공주시 제민천의 경우에도 로컬크리에이터들이 중심이 되어 마을 내 다양한 자원(책방, 카페, 식당, 숙박 등)을 결합하고, 중앙정부 및 지방정부, 향토기업과의 협업을 통해 지역의 다양성을 증진시키고 새로운 가치를 만들어 냈다.

해외 사례로 정수희와 이병민(2023)이 소개한 일본의 '스튜디오 엘(Studio L)'의 경우, 커뮤니티 디자인 전문기업으로서 모든 프로젝트를 주민 참여 기반으로 진행했다. 이들은 주민들이 스스로 마을의 문제를 발견하고 해결하도록 디자인의 힘으로 돕는 역할을 하며, 주민들에게 대화 방법과 아이디어 창출 방법을 전수했다. 스튜디오 엘의 대표 야마자키 료는 커뮤니티 디자이너를 "지역에 사는 사람들이 서로 대화하고, 배우고, 시행착오를 거치면서 특산품을 개발하거나 공간을 만들어 낼 수 있게 하며, 거기에 맞춰 대화하는 방법을 가르쳐주고 조직화를 돕고 활동을 지원하는 사람"으로 설명한다. 이는 로컬크리에이터가 지역 공동체 활성화의 매개자이자 촉진자로서 기능할 수 있음을 보여 주는 중요한 사례이다.

로컬리즘과 '지역다움'의 구현 전략

안소현 외(2024)에 따르면 로컬리즘(Localism)은 지역을 의미하는 'Local'과 주의나 이념을 뜻하는 접미사 '-ism'으로 이루어진 단어로, 지역을 중요시하는 주의나 이념을 의미한다. 이는 정치, 경제, 행정, 문화 등 다양한 분야에서 적용될 수 있는 지향성을 지닌 개념이다. 이 보고서에 따르면, 로컬리즘은 ① 장소성을 기반으로, ② 로컬 주체 간 참여와 협치를 통해, ③ 지역자본을 축적

---

7) 다만, 최근에는 유흥시설이 들어서고, 소음과 무질서로 인해 유흥지역으로 변모함에 따라, 부정적인 상황도 나타난다.

하고 자립적·자생적인 순환체계를 구축하며, ④ 지역다움을 창출하는 가치지
향적 활동이나 현상을 의미한다. 로컬리즘은 지역의 고유한 가치를 재발견하
고, 외부 의존보다는 내부 역량을 강화하여 지속가능한 발전을 추구하는 흐름
이며, 이는 중앙집권적 발전 모델의 한계를 인식하고, 지역의 자율성과 다양
성을 존중하는 대안적 발전 패러다임으로 주목받고 있다.

정수희(2017)에 따르면, '지역다움'은 로컬리즘의 궁극적인 목표이자 가치
지향적인 활동의 결과물로, 지역 고유의 정체성과 매력을 발굴하고 강화하
는 것이다. '지역다움'은 만들어지는 것이 아니라, 지역 고유의 자산과 주민들
의 삶 속에서 '발견되고 재해석되는' 것이다. 따라서 문화도시의 로컬 브랜딩
은 인위적인 이미지 구축이 아닌, 내재된 가치를 발굴하고 현대적으로 재구
성하는 과정에 초점을 맞춰야 한다. 이를 위해서는 지역의 역사, 문화, 자연환
경, 인물, 이야기 등 유무형 자산을 활용한 차별화된 로컬 브랜딩 전략과 콘텐
츠 개발이 수반돼야 하는데, 앞서 언급된 강원도 로컬벤처 사례 중 속초의 '칠
성조선소'는 운영을 멈춘 오래된 조선소를 복합문화공간(박물관, 카페 등)으로
재생시켜 연 매출 10억 원 이상의 기업으로 성장시켰고, 춘천의 '감자밭'은 지
역 특산물인 감자를 활용한 '감자빵'이라는 독창적인 메뉴와 감각적인 공간 디
자인으로 젊은 세대에게 큰 인기를 얻어 매출액이 상당 부분 성장하는 성공을
거두었다. 이들은 모두 유휴공간 재생, 지역특산물 활용 등을 통해 자신들만
의 성공적인 로컬브랜드를 구축한 경우다.

또, 2024년 문화도시 성과 보고서에서 언급된 청주시의 '기록문화 도시브랜
드' 확립, 익산시의 '보석산업 기반 보물찾기 축제' 브랜드화 등도 지역 고유 자
원을 활용한 로컬 브랜딩의 성공 사례로 볼 수 있다. 청주시는 '직지심체요절
(直指心體要節)'이라는 세계적인 기록유산을 바탕으로 도시 전체를 기록문화
의 창의적인 장소로 브랜딩하고 있으며, 익산시는 침체되었던 지역의 보석산

업을 문화적 상상력과 결합한 축제를 통해 재활성화시키고 '사람이 보석이 되는 도시'라는 이미지를 구축하고자 노력했다. 이러한 사례들은 로컬 브랜딩이 단순한 마케팅을 넘어 지역의 정체성을 강화하고 경제적·사회적 가치를 창출하는 핵심 전략임을 보여 준다.

제시된 〈그림 1-1〉은 이러한 맥락을 바탕으로 '문화도시'가 성공적으로 구축되고 발전하기 위해 필요한 핵심 요소들과 이들 간의 유기적인 관계를 도식화한 것이다. 특히 '로컬'의 담론을 중심으로 각 요소들은 지역의 고유성과 주체성을 강화하며 문화도시를 형성해 나가는 과정을 보여 준다고 할 수 있다. 예를 들어 기든스의 논의를 바탕으로 하는 '사회적 상호작용 & 네트워크'는 지역 주민 간, 그리고 지역 내 다양한 그룹 간의 활발한 교류와 관계망 형성

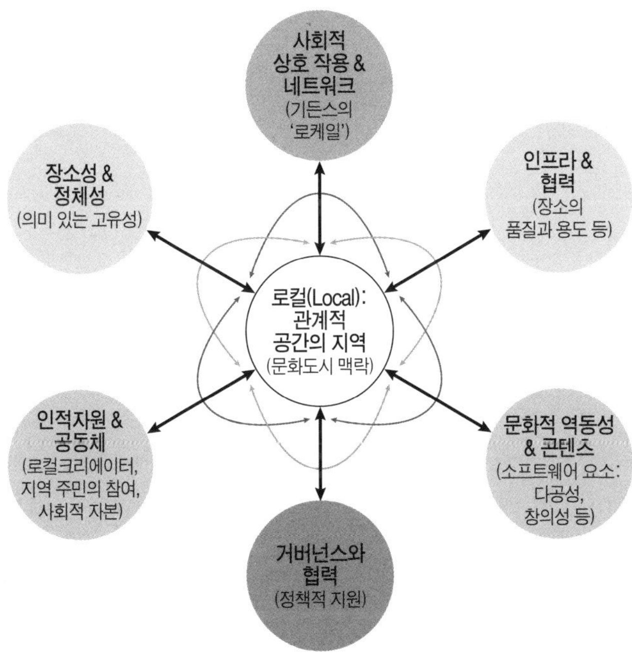

〈그림 1-1〉 로컬과 문화도시 구성 요소 간의 관계 특성

을 의미하고, 앤서니 기든스가 언급한 '로케일(Locale)' 개념처럼, 특정 장소에서 일어나는 일상적이고 반복적인 사회적 실천과 상호작용이 중요하다고 할 수 있다. 이는 로컬 커뮤니티의 응집력을 높이고, 지역 문제에 대한 공감대 형성 및 공동체적 해결 노력을 촉진하는 기반이 되는데, 문화는 이러한 상호작용 속에서 공유되고 재창조된다. 장소의 품질과 용도에 관련된 '인프라와 협력'은 문화 활동을 지원하는 물리적 기반(문화시설, 공공 공간 등)과 이러한 인프라를 효과적으로 활용하기 위한 다양한 주체 간의 협력 체계를 의미하며, 장소의 품질과 활용도가 중요한 요소로 작용한다. 이를 위해 유틸리티라는 관점에서 지역 주민들이 쉽게 접근하고 활용할 수 있는, 지역의 특색을 반영한 문화 인프라가 로컬 문화 활동에서 중요하며, 다양한 운영 주체 간의 협력을 통해 인프라의 운영 및 프로그램 기획에 로컬의 목소리를 담을 수 있다.

소프트웨어 요소로서 다양성과 창의성 등의 특성을 담는 문화적 역동성 & 콘텐츠의 특성은 지역 문화의 생명력과 그 결과물로서의 문화콘텐츠를 강조한다. 이는 예술, 축제, 전통, 이야기 등 다양하고 창의적인 형태로 나타나며, 도시의 매력을 구성하는 핵심 '소프트웨어'로서 작용하게 된다. 이러한 콘텐츠는 지역 고유의 역사, 이야기, 생활양식에서 발현되며, 로컬 정체성을 강화하고 외부와 차별화되는 독창성을 부여하며, 지속성을 담보하게 된다. 정책적 지원을 바탕으로 하는 거버넌스와 협력 특성은 문화도시를 효과적으로 추진하기 위한 민관 협치 구조와 정책적, 재정적 지원 시스템을 말한다. 이는 지역 주민, 예술가, 단체 등 로컬 주체들이 정책 결정 과정에 참여하고, 이들의 활동을 실질적으로 지원하는 체계가 중요함을 강조한다. 이를 바탕으로 하는 거버넌스는 문화도시가 아래로부터 성장하는 동력을 제공하게 된다.

로컬크리에이터, 지역 주민의 참여, 사회적 자본 등의 특성으로 나타나는 인적자원과 공동체의 요소는 지역의 문화 활동을 이끌어가는 사람들과 그들

뉴노멀 시대 문화도시와 로컬의 힘

이 형성하는 공동체의 중요성을 강조한다. 예를 들어, 로컬크리에이터는 지역의 이야기를 독창적인 방식으로 풀어내고, 주민 참여는 문화 활동에 생기를 불어넣으며 사회적자본의 영역을 확대해 나간다. 이러한 인적 자원과 공동체의 활성화는 로컬 담론 형성의 주춧돌이 된다. 다른 지역과 차별화되는 의미 있는 고유성으로서의 '장소성과 정체성'은 특정 장소가 지니는 독특한 분위기, 역사, 기억 등을 통해 형성되는 고유한 성격과 정체성을 의미한다. 또, 다른 곳과 구별되는 '의미 있는 고유성'으로 나타나게 된다. 이에, 장소성과 정체성은 로컬 문화의 근간이라 할 수 있는데, 지역 주민들이 자신들의 장소에 자부심을 느끼고, 그곳만의 이야기를 발굴하고 공유함으로써 문화도시의 차별성과 깊이를 더하기 때문이다.

이때, 〈그림 1-1〉을 보게 되면 여섯 가지 요소들이 독립적으로 존재하는 것이 아니라, 중앙의 문화도시 목표를 향해 끊임없이 영향을 주고받으며 순환하는 관계임을 보여 주는데, 예를 들어, 활발한 '사회적 상호작용'은 '인적자원과 공동체'를 강화하고, 이는 다시 창의적인 '문화콘텐츠' 생산으로 이어지며, 이러한 활동을 지원하기 위한 '인프라'와 '거버넌스'가 요구되면서, 이 모든 과정이 지역의 '장소성과 정체성'을 더욱 공고히 하는 데 기여하게 된다. 이에, '로컬'의 특성과 관련하여 지역의 사람, 장소, 이야기, 관계, 시스템이 서로 긴밀하게 연계되어 선순환 구조를 이루어야 함을 강조하고 있다.

4. 지속가능한 문화도시를 위한 제언: 환경변화 대응과 미래 과제

문화도시를 통한 내생적 지역발전과 장소만들기

대도시에 비해 상대적으로 불리한 여건에 있는 중소도시들이 문화와 예술을 통해 새로운 발전 잠재력을 발휘할 수 있다는 주장이 꾸준히 제기되고 있다. 정수희와 이병민(2023)은 유럽의 중소도시들이 문화적 특징을 기반으로 발전하는 경향이 확인된다고 언급하며(그렉 리처즈 외 2021 인용), 크레슬과 이에트리(Kresl & Ietri, 2016)의 연구를 인용하여 중소도시에서 전통산업에 가까운 위치, 문화자산, 상대적으로 높은 삶의 질과 만족도, 행복, 사회적 자본과 실질적인 혁신의 가능성 등이 발현될 가능성이 크다고 주장한다. 이때 주민들의 삶의 질은 높아지며, 취향의 경제가 활성화되고 유연한 삶의 가능성 등이 높아진다고 설명한다.

문화예술 분야와의 융합은 지역 경쟁력을 강화하는 중요한 척도가 될 수 있다. 포레이(Foray, 2014)의 논의를 토대로 지역이 경쟁력을 갖춘 부문과 문화의 융합을 통한 콘텐츠 융합형 생태계 구축, 스마트 콘텐츠 비즈니스와 같은 예술의 산업화 및 산업의 문화화 등의 발전 경로를 모색할 수 있다. 강원창조경제혁신센터의 사례는 산, 바다, 지역 특산물과 같은 지역자원을 활용하고, 로컬크리에이터들의 문화적 기획력을 더하여 지역에 특화된 사업을 발굴하고, 유휴공간을 재생하여 시너지를 창출한 중소지역 발전의 대표적인 예시이다. 이는 문화도시가 단순한 문화 향유 공간 조성을 넘어, 지역의 내생적 발전 역량을 강화하고 고유한 장소성을 창출하는 핵심 전략임을 보여 준다.

환경변화 대응, 디지털 전환과 인구구조 변화의 도전과 기회

코로나19 팬데믹을 거치면서 디지털 전환은 사회 전반에 걸쳐 가속화됐으며, 문화예술 분야 역시 예외는 아니었다. 온라인 플랫폼을 기반으로 한 비대면 공연, 전시 관람, 문화예술 교육 등이 확산되었고, 이는 시간과 공간의 제약을 넘어 문화 접근성을 높이는 긍정적인 측면을 가져왔다. 그러나 동시에 디지털 격차 심화, 온라인 콘텐츠의 질적 문제, 저작권 및 수익 배분 문제 등 새로운 과제들도 부상했다. 문화도시는 이러한 디지털 전환의 흐름에 적극적으로 대응해야 한다. 디지털 기술을 활용하여 지역의 문화자원을 아카이빙하고, 새로운 형태의 실감형·체험형 문화콘텐츠를 개발하며, 온라인 플랫폼을 통해 지역 문화를 국내외로 확산시키는 노력이 필요하다. 유네스코(UNESCO, 2020)는 디지털 전환 과정에서 정부의 역할로 문화예술계 현장과 생태계 전반이 유연하게 적응할 수 있도록 과정 중심의 지원과 법·제도를 포함한 환경 조성 지원 제공에 중점을 두어야 한다고 제시한 바 있다.

저출산·고령화로 인한 인구감소와 그에 따른 지방소멸 위기는 문화도시가 직면한 가장 중요한 도전과제 중 하나이다. 많은 지역에서 청년 인구 유출이 심화되고 있으며, 이는 지역 활력 저하로 이어지고 있다. 문화도시는 이러한 인구구조 변화에 대응하여 지역의 지속가능성을 높이는 역할을 수행할 수 있다. 매력적인 문화 환경과 정주 여건을 조성하여 관계인구와 생활인구를 유치하고, 나아가 정주인구로의 전환을 유도하는 전략이 필요하다. 특히 최근 청년층 사이에서 나타나는 로컬 지향 트렌드에 주목할 필요가 있다. 문화도시는 이러한 청년들이 지역에 정착하여 창의적인 활동을 펼칠 수 있도록 창업 지원, 커뮤니티 공간 제공, 다양한 문화 프로그램 제공 등을 통해 매력적인 선택지가 될 수 있다.

관련하여 대학은 지역사회의 중요한 지적·문화적 자산이자 청년 인구가 밀집한 곳으로, 문화도시 조성과 청년의 로컬 정착에 핵심적인 역할을 수행할 수 있다. 대학은 지역사회와 연계한 특화된 교육 과정을 개발하고, 로컬크리에이터 양성 프로그램을 운영하며, 지역이 당면한 문제 해결을 위한 연구를 수행하고, 대학이 보유한 시설과 인적 자원을 지역사회에 개방함으로써 지역 활성화에 직접적으로 기여할 수 있다. 김규원의 "대학과 지역문화 연계 방향 연구(2022)"에서는 강원도 속초의 '소호259' 사례를 언급하며, 청년 로컬크리에이터가 운영하는 복합문화공간이 지역 청년과 외부 방문객에게 숙박, 커뮤니티 활동, 로컬 콘텐츠 체험 기회를 제공하며 지역에 활력을 불어넣고 있음을 보여 준다.

나오는 글

지속가능한 문화도시를 위한 실천 전략과 학제 간 제언

문화도시 조성은 단일 학문 분야의 접근만으로는 그 복잡성과 다층성을 온전히 다루기 어렵다. 따라서 문화콘텐츠학(지역 스토리텔링, 콘텐츠 기획·제작·유통 전략), 문화지리학(장소성, 공간의 의미, 문화경관, 네트워크 분석), 도시학(도시계획, 도시재생, 커뮤니티 개발, 정책 분석) 등 다양한 학문 분야의 이론과 방법론을 융합적으로 활용하는 시각이 요구된다. 이론적 탐구는 실제 정책 현장의 문제를 해결하고 실질적인 발전 방향을 제시하는 데 기여해야 하며, 동시에 현장의 생생한 사례들은 이론을 더욱 풍부하게 만들 수 있다.

지속가능한 문화도시를 위해서는 건강하고 자생력 있는 지역 생태계 조성이 필수적이다. 안소현 외(2024)는 로컬리즘 기반 지역발전 전략으로 ① 지역 자원을 기반으로 하는 로컬비즈니스 촉진을 위한 제도 구축, ② 다양한 민간 참여를 위한 지역재투자(로컬금융) 기획과 '지역순환경제기여도' 지표 개발, ③ 민관협력 지역상생협약사업의 다양화, ④ 중앙의 '로컬리즘지원단' 및 지방의 '로컬리즘지원센터' 통합 운영, ⑤ 지역자원(건축자산, 환경자산 등) 활용 증진을 위한 규제 합리화 등을 정책과제로 구체적으로 제시하고 있다. 특히 지역에서 창출된 가치가 외부로 유출되지 않고 지역 내에서 순환하며 재투자될 수 있도록 하는 로컬금융생태계 조성은 매우 중요한 과제이다.

정수희와 이병민(2023)은 뉴노멀 시대와 지방소멸 위기 속에서 인문학적 성찰의 중요성을 거듭 강조하며, 로컬크리에이터의 활동 역시 인문학적 의미와 실천에 기반해야 함을 역설한다. 인문학은 우리가 살아가는 세계와 인간적 경험에 대한 깊이 있는 이해를 제공하며, 변화하는 환경 속에서 인간성의 본질적 가치를 되새기게 한다. 문화도시는 단순히 경제적 효용이나 물리적 환경 개선을 넘어, 그곳에 사는 사람들의 삶의 의미를 풍요롭게 하고 공동체의 정신적 자산을 축적하는 것을 목표로 해야 한다.

따라서 문화도시는 한 번 완성되고 고정되는 결과물이 아니라, 끊임없이 변화하는 사회·경제·기술적 환경에 유연하게 적응해야 한다. 또, 지역의 고유한 가치를 새롭게 발견하며 지속적으로 발전해 나가는 '과정'으로 이해돼야 한다. 이를 위해서는 정책 결정자와 실무자, 지역 주민 모두의 지속적인 인문학적 성찰과 함께, 실패를 용인하고 새로운 시도를 장려하는 유연한 정책적 대응, 그리고 지역 주체들의 끊임없는 학습과 노력이 요구된다. 궁극적으로 문화도시의 성공은 '사람'에 달려 있다. 지역 주민, 로컬크리에이터, 청년, 예술가 등 다양한 주체들의 자발적 참여와 창의성을 이끌어 내고, 이들이 서로 협력하며 성장할 수 있는 '관계의 밀도'를 높이는 것이 문화도시 정책의 핵심 지향점이 돼야 한다.

○ 토론 주제

1. 자신이 거주하거나 깊은 관심을 가지고 있는 특정 지역의 '로컬리티'를 구성하는 핵심 요소들은 무엇이며, 이러한 로컬리티를 활용하여 지역의 문화적 매력을 증진시킬 수 있는 구체적인 아이디어가 무엇인지 논하시오.

2. '문화는 도시 발전의 수단인가, 아니면 목적인가?'라는 근본적인 질문에 대해, 본문에 제시된 다양한 관점과 국내외 문화도시 사례들을 참조하여 자신의 입장을 정하고, 그 논거를 구체적으로 제시하며 토론하시오.

3. 로컬크리에이터가 문화도시 활성화에 기여하는 긍정적인 측면과 함께, 이들의 활동이 야기할 수 있는 잠재적인 문제점(예: 젠트리피케이션, 기존 상권과의 갈등)에 대해 심층적으로 토론하고, 이러한 문제점을 최소화하며 상생 발전을 이룰 수 있는 방안을 모색하시오.

· 참고문헌 ·

국내문헌

강원창조경제혁신센터. (2022). 강원 로컬벤처기업 성장단계별 맞춤형 지원사업 추진계획.

강학순. (2011).『존재와 공간: 하이데거 존재의 토폴로지와 사상의 흐름』. 한길사.

그렉 리처즈·리안 다위즈. (2021). 『큰 꿈을 키우는 작은 도시들(Small cities, Big dreams)』. 이병민 외 역. 푸른길.

김규원. (2023). 대학과 지역문화 연계 방향 연구. 한국문화관광연구원.

김기곤. (2008). 문화도시의 구성과 공간정치 연구: 광주, 전주, 부천의 문화도시 조성사업을 중심으로. 전남대학교 박사학위논문.

김동영. (2009). "창조도시를 지향하는 뉴욕시 문화정책의 시사점". 『문화정책논총』, 17, 135-156.

김동윤. (2019). "4차산업혁명시대의 사이버네틱스와 휴먼포스트휴먼에 관한 인문학적 지평 연구". 『방송공학회논문지』, 24(5), 836-848.

김주미 외. (2022). "포스트코로나 시대의 도시회복력 증진을 위한 공원의 역할-서울시 도시공원 이용객 인식을 중심으로". 『문화콘텐츠연구』, 26, 249-272.

김혁주. (2020). 『로컬크리에이터의 등장』. 비로컬.

남기범. (2008). 컨버젼스로 인한 공적공간과 사적공간의 경계 변화. 정보통신정책연구원.

노영순·이상열. (2018). 지역쇠퇴에 대응한 지역학의 역할과 문화정책적 접근에 관한 연구. 한국문화관광연구원.

라도삼. (2006). "문화도시의 요건과 의미, 필요조건". 『도시문제』, 446, 11-25.

라도삼 외. (2008). "창조도시의 의의와 사례". 『도시정보』, 317, 3-18.

랠프, 에드워드. (2014). 『장소와 장소상실(Place and Placelessness)』. 김덕현 외 역. 논형.

마두스베르그, 크리스티안. (2017). 『센스메이킹-이것은 빅데이터가 알려주지 않는 전략이다(*Sensemaking: The Power of the Humanities in the Age of the Algorithm*)』. 김태훈 역. 위즈덤하우스.

모종린 외. (2022). 『로컬브랜드는 어떻게 글로벌 브랜드가 되나?』. PS.

문화체육관광부. (2024a). 2023년 문화도시 성과 발표 보도자료.

문화체육관광부. (2024b). 2024년도 문화체육관광부 주요정책 추진계획.

박은실. (2008). "국내 창조도시 추진현황 및 향후과제". 『국토』, 322, 45-55.

박정윤 외. (2015). "지속가능한 산림지역발전을 위한 지역 커뮤니티 참여계획의 역할과 의의: 프랑스 지역산림헌장 사례를 중심으로". 『지역발전연구』, 24(1), 423-474.

박치완. (2019). 『호모 글로칼리쿠스』. 한국외국어대학교 출판부.

백종현. (2017). "제4차 산업혁명 시대, 인문학의 역할과 과제". 『철학사상』, 65, 117-148.

부산대학교 민족문화연구소. (2009). 『로컬리티, 인문학의 새로운 지평』. 혜안.

서울연구원. (2021). 포스트 코로나 시대, 서울시 문화정책 방향 연구.

서울특별시. (2024). 2024년 로컬브랜드 상권 육성사업 공고.

아르준 아파두라이. (2004). 『고삐 풀린 현대성(Modernity at large)』. 차원현 외 역. 현실문화연구.

안소현·남기찬·정우성·유희연·강민석. (2024). "로컬리즘 기반 지역발전 전략". 『국토정책Brief』, 957. 국토연구원.

야마자키 료. (2012). 『커뮤니티 디자인』. 민경욱 역. 안그라픽스.

엄상미. (2024). "지방자치단체의 지역기록화 전략 수립을 위한 수정델파이 연구".『한국정책연구』, 24(1), 87-109.

유승호. (2013). "후기 근대와 공간적 전환: '사회적 공간'으로서의 공간".『사회와 이론』, 23, 75-104.

이병민. (2011). "창조적 문화중심도시 조성 전략과 문화정책방향".『문화정책논총』, 25(1), 7-36.

이병민 외. (2022). 문화기반 중소도시 발전전략: 로컬크리에이터의 역할을 중심으로. 경제·인문사회연구회.

이종수. (2011). "부산 골목문화자산 스토리텔링 마케팅".『한국정책학회 하계학술대회 발표집』.

임성원. (2019).『자치분권 시대의 로컬미학』. 산지니.

장주연 외. (2015). "지역자원과 커뮤니티 개발을 기반으로 한 농산촌 발전 프로세스 도입 방안 연구: 충청북도 괴산군 사례를 중심으로".『한국지역개발학회지』, 27(1), 225-252.

전영옥. (2006). 신문화도시 전략과 시사점. 삼성경제연구소.

정수희. (2017). 문화콘텐츠를 통한 도시의 지역다움 연구: 한·일 공예도시 사례를 중심으로. 건국대학교 대학원 박사학위 논문.

정수희·이병민. (2023). "'로컬'의 인문학적 의미와 실천을 통한 지역발전: 한국과 일본 '로컬크리에이터' 사례 비교를 중심으로".『아태연구』, 30(1), 1-42.

정주환. (2008). "문화도시의 요건과 법적 과제".『경영법률』, 18(4), 73-104.

조명래. (2000). "문화경제화와 문화도시계획".『도시연구』, 6, 115-130.

조명래. (2007). "문화도시만들기의 문제점과 특성화전략".『NGO연구』, 5(1), 59-80.

조희정. (2021).『로컬, 새로운 미래』. 강원창조경제혁신센터.

중소벤처기업부. (2021). 2021년 지역기반 로컬크리에이터 활성화 지원 (예비)창업기업 모집공고.

최병두. (2006). "살기 좋은 국토 공간 만들기를 위한 지역공동체 복원 방안".『도시문제』 2006년 6월호, 45-56.

한국관광공사. (2024). 2024년 한국관광공사 주요 사업 계획.

국외문헌

Featherstone, M. (1996). "Localism, Globalism, Cultural Identity". In *Global/Local: Cultural Production and the Transnational Imaginary*. Duke University Press.

Florida, R. (2002). *The Rise of the Creative Class*. Basic Books.

Foray, D. (2014). "From Smart Specialisation to Smart Specialisation Policy". *European Journal of Innovation Management*, 17, 492-507.

Giddens, A. (1984). *The Constitution of Society: Outline of the Theory of Structuration*. University of California Press.

Gilloch, G. (2005). *Walter Benjamin: Critical Constellations*. Polity Press.

Kresl, P. K., & Ietri, D. (2016). *Smaller Cities in a World of Competitiveness*. Routledge.

Landry, C. (2012). *The Creative City: A Toolkit for Urban Innovators*. Comedia

Peet, R., & Thrift, N. (Eds.). (1989). *New Models in Geography: The Political-Economy Perspective* (Vol. 1). Unwin Hyman.

Scott, A. J. (2008). *Social Economy of the Metropolis: Cognitive-Cultural Capitalism and the Global Resurgence of Cities*. Oxford University Press.

UNESCO (2020), Culture & COVID-19: Impact & response tracker. https://en.unesco.org/news/culture-covid-19-impact-and-response-tracker

제2장

창조적 문화도시의 생태계

들어가는 글

문화도시와 콘텐츠 생태계,[1] 새로운 발전 패러다임의 모색

세계 경제는 제조업 중심의 성장에서 서비스업과 지식정보산업을 거쳐, 최근에는 인간의 창의성과 아이디어가 집약된 '콘텐츠'가 핵심 동력으로 부상하는 창조경제 시대로 진화하고 있으며 이러한 거대한 패러다임의 전환은 국가 및 지역 발전 전략, 특히 도시 공간의 발전 방향에 근본적인 변화를 요구한다. 과거 산업화 시대에 국가 성장을 견인했던 많은 공업도시들이 산업 구조의 변화와 함께 공동화 현상 및 지역경제 쇠퇴라는 위기에 직면하면서, '문화'를 중심으로 하는 새로운 도시 공간 구조와 발전 모델의 필요성이 절실해졌다. 더

---

1) 콘텐츠 생태계(Contents Ecosystem): 콘텐츠의 기획, 창작, 제작, 유통, 소비, 그리고 재생산에 이르는 과정에 참여하는 다양한 주체(창작자, 기업, 플랫폼, 소비자 등)와 이들을 둘러싼 환경(기술, 정책, 자본 등)이 유기적으로 상호작용하며 가치를 창출하고 공유하는 시스템을 의미한다.

욱이 지난 코로나19 팬데믹은 사회 인프라의 취약성을 드러내는 한편, 비대면 활동의 증가와 디지털 기술의 발전을 촉진하며 4차 산업혁명2)을 가속화하는 계기가 됐으며, 이로 인해 문화적 탄력성3)이 중요한 이슈가 되었다. 이와 함께, 인터넷의 보편화와 소셜 네트워크 서비스(SNS)의 확산 등 디지털 기술의 급격한 발전은 도시 발전과 공간 변화의 핵심 동인을 창의력이 응축된 '콘텐츠'로 집중시키고 있다.

이러한 시대적 배경 속에서 유럽을 비롯한 많은 선진국에서는 '문화'를 도시가 당면한 다양한 문제를 해결하고, 끊임없이 변화하는 도시 환경과 여건에 효과적으로 대응할 수 있는 지역경제의 핵심 자원으로 인식하기 시작했다. 21세기가 '문화의 시대'로 명명될 만큼 문화 그 자체에 대한 관심이 증폭되면서, 문화를 바탕으로 하는 창조적인 콘텐츠와 그 콘텐츠가 지속적으로 생산·유통·소비될 수 있는 자생적인 '생태계'에 대한 논의 또한 중요하게 부각되고 있다. 이는 기존의 문화도시 논의에서 한 걸음 더 나아가, 최근 급변하는 융·복합 환경의 특성을 반영한 새로운 발전 방향을 모색해야 한다는 시대적 요구와 맞닿아 있다.

이는 종종 거시적인 관점에서 문화와 콘텐츠 정책을 수립하고 추진할 때 부처 간 의견 조율의 어려움이나 복잡한 거버넌스 관계망으로 인해 현실적인 합의 도출이 쉽지 않았던 반면, '문화도시'라는 비교적 명확한 지리적·행정적 범위 내에서는 자기 완결적 구조를 갖춘 특정 영역과 공간이 선순환 구조4)를 통

---

2) 4차 산업혁명(Fourth Industrial Revolution): 인공지능, 로봇공학, 사물인터넷, 빅데이터, 생명공학 등 첨단 기술이 융합되어 경제·사회 시스템 전반에 혁명적인 변화를 초래하는 현상을 의미한다.

3) 문화적 탄력성(Cultural Resilience): 개인이 자신의 전통과 문화적 배경을 바탕으로 삶의 경험을 활용하여 역경과 도전을 극복해내는 역량 또는 내재적 강점을 의미한다.

4) 선순환 구조(Virtuous Cycle): 시스템 내의 한 요소의 긍정적 변화가 다른 요소에 긍정적인 영향을 미치고, 이러한 과정이 반복되면서 시스템 전체가 지속적으로 발전하고 성장하는 구조. 문

해 성공 사례를 창출하기 용이하다는 기대를 갖게 한다. 또한 실제로 도시의 규모와 관계없이 콘텐츠 생태계를 충실히 구축하고 효과적으로 운영하는 문화도시가 성공 가능성이 높다는 인식이 확산되고 있는 것도 사실이다.

제2장은 단순히 '살기 좋은 도시'라는 일반론을 넘어, 장기적인 지속가능성을 확보하고 관련 구성요소들을 유기적으로 연결하여, 경제적·산업적 선순환 구조에 도시 발전의 철학을 반영하고자 한다. 이는 시민들의 창의력을 증진하고 삶의 질을 향상시키는 문화도시 조성이 중요하다는 문제의식에서 출발한다. 이는 단편적이고 분절적인 정책 접근에서 벗어나, 융·복합 시대의 패러다임 변화에 부응하여 도시가 지닌 사회적, 문화적, 심리학적, 그리고 물리적 영향력을 통합적으로 고려하는 전체론적(Holistic) 연구의 필요성을 반영한다. 이러한 관점에서 제2장은 문화도시의 지속가능한 생태계 구축 방안을 모색하고자 한다. 이를 위해 문화도시의 핵심 동력인 문화산업 클러스터[5)의 개념과 역할, 성공 요인 등을 살펴보고, 시사점을 도출한다. 또, 창조생태계의 주요 구성요소와 이들을 유기적으로 연결하는 플랫폼,[6) 특히 디지털 플랫폼의 중요성을 강조하며 선순환 구조 구축 방안을 논의한다. 2장의 궁극적인 목적은 문화도시가 갖춰야 할 핵심 콘텐츠와 관련하여 장기적인 지속가능성, 지역의 선순환을 위한 가치사슬의 특성, 다양한 구성요소 간의 관계성과 네트워크 형성, 그리고 지역 간의 효과적인 역할 분담 등을 콘텐츠 생태계의 관점에서 심도

화도시 생태계에서는 창의적 콘텐츠 생산이 시장의 호응을 얻고, 그 수익이 다시 창작 활동에 투자되는 과정을 의미한다.

5) 클러스터(Cluster): 특정 산업 또는 연관 산업 분야의 기업, 기관, 연구소 등이 지리적으로 집중되어 상호 협력과 경쟁을 통해 시너지를 창출하는 집적지. 문화산업 클러스터는 문화콘텐츠 관련 주체들의 집적지를 의미하며, 본고에서는 콘텐츠 생태계 내의 중요한 구성 요소로 다뤄진다.

6) 플랫폼(Platform)은 공급자와 수요자 등 복수의 그룹이 참여하여 각 그룹이 얻고자 하는 가치를 교환할 수 있도록 구축된 환경을 의미한다. 디지털 시대에는 온라인 플랫폼이 정보 유통, 거래, 커뮤니티 형성 등에서 핵심적인 역할을 수행한다.

 뉴노멀 시대 문화도시와 로컬의 힘

있게 고찰하는 것에 있다. 이를 위해 국내 문화도시 조성의 현실적인 현황과 당면한 한계를 진단하고, 향후 우리나라의 문화도시가 나아가야 할 바람직한 방향을 설정하며 실질적인 발전 방안을 모색하고자 한다.

1. 문화도시의 구성과 콘텐츠 생태계의 작동 원리

문화도시의 개념과 구성요소

도시 발전 패러다임은 시대적 상황과 사회의 변화하는 요구를 반영하며 끊임없이 전환돼 왔다. 효율성 중심에서 친환경으로, 개성 강조에서 경제적 활동 존중으로 그 중심축이 이동하면서 다양한 형태의 문화도시 관련 개념들이 등장했으며 최근에는 문화적 요소들이 지식, 환경, 생태 등 다른 영역과 결합하고 상호 교류가 활발해지면서, 이러한 흐름을 반영한 문화도시가 주목받고 있다. 과거 20세기형 문화도시가 관광객 유치, 일회성 행사, 관광 수입 증대 등을 주요 특징으로 했다면, 21세기형 문화도시는 정주 환경 중심, 일상적 여가시설과 거리문화 중시, 고급 전문인력 유치 및 세수 증대, 그리고 질 높은 기본 인프라 구축 등을 특징으로 한다.

이처럼 문화도시는 각 도시가 처한 상황과 추구하는 방향에 따라 다양하게 해석될 수 있으나, 공통적으로는 '살기 좋은 바람직한 도시'[7]를 지향한다. 구

---

7) 관련하여 Amin(2006)에 따르면, "좋은 도시(The Good City)"는 현대 도시가 과거의 유토피아적 이상향이 될 수는 없지만, '차이'와 '다양성'에 기반한 새로운 연대의 장이 될 수 있다고 주장하고 있다. 이때, Amin은 완벽한 결과물로서의 도시가 아니라, 끊임없이 연대를 실천하고 확장해 나가는 과정으로서의 '좋은 도시'를 제안한다. 진정한 창조적 문화도시는 모든 시민이 기본적인 삶의 질을 보장받고('회복'), 서로의 다름을 존중하며 관계를 맺고('관계맺음'), 자유롭게 표현할

체적으로는 구조적으로 적정하고 기능적으로 원활히 작동하며 형태적으로 아름다운 도시를 의미한다고 볼 수 있다. 그러나 문화와 가치를 공간 문제와 연결하는 작업은 그 추상성으로 인해 실증적으로 도시 발전을 설명하기엔 어려움이 따르기도 한다. 서구 사회에서 문화도시는 제조업 중심 산업의 몰락으로 침체기를 맞은 도시들이 현대의 시대 변화와 새로운 생활 패턴에 맞춰 문화적 요소를 개발하고 도시경영 전략에 접목함으로써 도시 발전의 계기를 마련한 데서 출발했던 반면, IT의 급격한 발전과 SNS 등 다양한 콘텐츠 생태계가 역동적으로 진화하는 한국적 상황을 고려할 때, 보다 포괄적이고 융합적인 시각에서 도시의 의미를 재해석하고 문화도시를 정의할 필요가 있다.

이러한 맥락에서 한국적 상황에 맞는 문화도시는 단순히 풍부한 문화자원과 문화적 환경을 갖춘 도시를 넘어, '도시민이 즐길 수 있는 다양한 문화콘텐츠가 풍부한 도시'로, 더 나아가 '지역의 차별화된 문화콘텐츠를 구비함으로써 도시의 정체성이 선명히 드러나는 도시'로 새롭게 정의될 수 있다. 즉, 문화가 도시 성장의 기본 축이자 바탕이 되는 '콘텐츠'로서 기능하는 도시를 의미하며, 이는 '문화적인 삶'을 강조하는 전통적인 문화도시 개념과 도시의 산업적 재구성에 초점을 둔 창조도시 개념이 결합된 형태라고 할 수 있다.

이러한 문화도시가 효과적으로 기능하기 위해서는 다양한 구성 요소들이 유기적으로 결합해야 한다. 선행연구들을 종합해 보면, 문화도시의 구성요소는 크게 하드웨어(Hardware), 소프트웨어(Software), 조직웨어(Organizational ware), 그리고 콘텐츠웨어(Contentware)로 구분할 수 있다(〈그림 2-1〉 참조).

하드웨어는 문화 활동을 위한 기반시설, 문화예술 인프라, 도시교통, 문화 공간 등 물리적 환경과 관련된 요소들을 포함한다. 여기에는 주거환경, 녹지,

---

권리를 누리며('권리'), 일상 속에서 새로운 즐거움과 영감을 발견하는('새로운 경험') 도시라고 할 수 있다.

 뉴노멀 시대 문화도시와 로컬의 힘

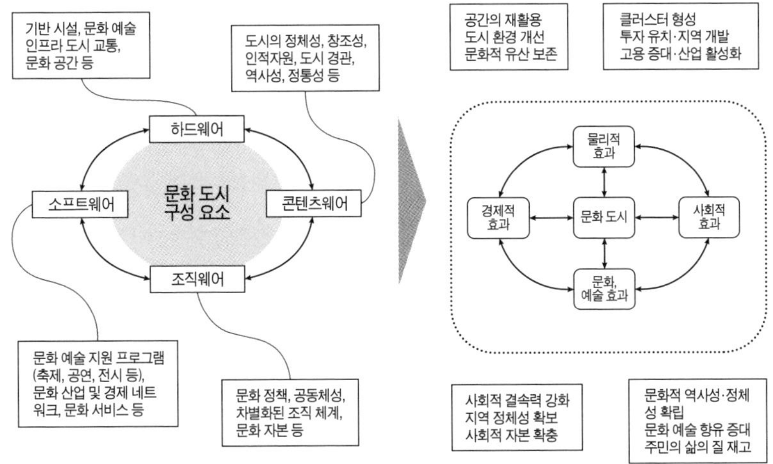

〈그림 2-1〉 문화도시의 구성요소 및 관련 효과

출처: 이병민, 2012, p.19

교육시설, 위락시설 등이 상호 유기적인 관계를 맺고 도시의 지속가능한 발전에 영향을 미치는 요소들이 포함된다. 또한, 도시만의 독특한 도시경관을 보유하고, 생활과 밀접하게 관련된 문화시설 및 문화예술품, 그리고 보행자 도로와 같은 저속도 도시교통 시스템 등도 중요한 하드웨어 요소이다. 이러한 하드웨어는 공간의 재활용, 도시환경 개선, 문화유산 보존과 같은 물리적 효과와 함께 클러스터 형성, 투자 유치, 지역 개발, 고용 증대, 산업 활성화 등 경제적 효과를 창출하는 기반이 된다.

소프트웨어는 축제, 공연, 전시 등 문화예술을 기반으로 하는 다양한 창조적 예술 활동과 프로그램을 의미한다. 이는 문화산업과 경제 네트워크 활성화, 다양한 문화 서비스 제공 등을 통해 사회적 측면과 문화예술적 영향력을 높이는 역할을 한다. 과거와 현재, 미래를 아우르는 문화 인프라와 지역문화를 만들고, 문화 생산자와 소비자가 체험하고 다양한 활동을 할 수 있도록 지원하는 프로그램들이 이에 해당한다.

조직웨어는 하드웨어와 소프트웨어를 효과적으로 운영하고 지원하기 위한 다양한 법·제도적 지원, 거버넌스 체계, 그리고 공동체성 등을 포함한다. 도시와 지역의 경쟁력 제고, 경제적 성장 촉진 등 다양한 효과를 창출하기 위해서는 문화정책, 공동체성, 차별화된 조직체계, 문화자본 등이 중요하며, 특히 생태계 관점에서는 참여와 개방, 소통과 협력이 강조된다. 도시가 장기적인 비전과 목표를 설정하고 이를 점진적으로 추진할 수 있도록 차별화된 도시경영시스템을 갖추는 것도 조직웨어의 중요한 부분이다.

콘텐츠웨어는 문화도시의 핵심 경쟁력이자 정체성을 구성하는 요소로, 인적 자원의 창의적 활동, 도시의 창조성, 다양한 주체로 구성된 문화도시의 창의적 역량 및 문제 해결 능력 등을 포괄한다. 도시의 정체성, 창조성, 도시경관, 역사성, 정통성 등이 콘텐츠웨어에 해당하며, 전통문화, 예술, 산업, 대중문화 등 다양한 문화적 요소들이 포함된다. 이를 통해 창의적인 행사와 프로그램, 축제 등이 기획되고 가시적인 성과로 나타난다.

이러한 구성요소들은 개별적으로 존재하는 것이 아니라 상호 유기적으로 연결되어 문화도시 전체의 시스템을 이룬다. 특히, 문화도시는 문화친화성을 담보로 하기 때문에 지역의 다양한 문화예술과 산업기반 콘텐츠들의 풍성함을 전제로 한다. 과거의 역사와 전통, 최근 산업 발전의 성과물, 새롭게 대두되는 공공디자인과 도시브랜드에 이르기까지 핵심적인 경쟁력은 결국 '콘텐츠'에서 비롯된다. 따라서 기존 도시들이 갖춘 '하드'한 기반시설 속에 채워지는 '소프트'한 문화적 요소들과 '콘텐츠'가 미래 경쟁력을 좌우하는 핵심이다, 하드웨어 인프라는 그릇이고 그 안에서 소프트웨어 인프라, 즉 부가가치가 창조되는 것이다.

콘텐츠 생태계의 정의와 문화도시에서의 중요성

문화도시를 논할 때 '콘텐츠 생태계'의 개념을 이해하는 것은 매우 중요하다. 문화도시가 단기적인 성과를 넘어 지속가능한 발전을 이루기 위해서는 창의적 활동이 끊임없이 일어나고 그 결과물이 효과적으로 확산되며, 다시 새로운 창작의 자양분이 되는 선순환 구조의 창조생태계(Creative Ecosystem) 구축이 필수적이기 때문이다. 이러한 생태계는 다양한 구성요소들의 유기적인 상호작용과 이를 촉진하는 효율적인 플랫폼, 그리고 참여적인 거버넌스를 통해 완성될 수 있다.

'콘텐츠' 자체가 다양한 이미지, 영상, 자료 등 추상적인 의미를 내포하고 있기 때문에, 공간 단위, 특히 문화도시를 이야기할 때는 산업생태계를 통해 구체적인 생산물을 염두에 두고 논의해야 한다. '생태계(Ecosystem)'라는 용어는 본래 영국의 A.G. 탠슬리에 의해 1935년 제창된 것으로, 자연 상태 그대로를 인식하기 위해 생물과 무기적 환경 간의 상호관계를 통합적으로 보는 관점을 의미한다(류준호·윤승금, 2010). 이러한 관점은 자연과 비즈니스 환경 모두에 적용되어 "효율과 생존을 위해 상호 의존하는 느슨하게 상호 연계된 참여자들의 관계망"을 의미한다. 콘텐츠 분야 역시 고유한 생태계를 가지고 있어 이러한 관계망이 문화도시에 적용될 때 그 효과를 극대화할 수 있다. 창조적인 도시가 되기 위해서는 도시를 이끌어 갈 틀이 필요하며, 개방성과 생명력을 불어넣는 시속석인 노력이 경수돼야 하는데, 바로 그 힘이 도시와 생태계를 발전시키는 원동력이 되기 때문이다.

최근 '콘텐츠 산업'이라는 용어는 기존의 문화산업, 창조산업, 엔터테인먼트 산업 등의 다양한 용어를 포괄하며, 특히 디지털 영역과의 융합 및 생태계적 특징을 더 잘 드러내는 개념으로 사용되고 있다. 이러한 시각에서 '콘텐츠 생태계'는 특히 컨버전스 및 유비쿼터스 환경의 도래에 따라 미디어, 네트워크, 서비스가 소비자의 다양한 문화적 욕구에 부응하여 콘텐츠를 중심으로 융합되는 현상과 관련되며, 지식, 정보, 교육, 문화, 노동, 오락 등 인간 삶의 다양한 영역을 유기적으로 연결해 새로운 환경을 제공한다는 점에서 그 의의가 있다. 구체적으로 콘텐츠 생태계는 콘텐츠, 플랫폼, 네트워크, 사용자, 디바이스 등 디지털 환경 변화의 주요 요소들을 포함하며, 콘텐츠의 생산, 유통, 소비와 관련된 모든 이해관계자들이 구축하고 있는 가치사슬 시스템을 의미한다.

이와 관련해 문화도시와 연관된 콘텐츠 생태계가 중요한 이유는, 이것이 국가와 지역의 정체성을 확립하고, 문화유산을 계승하며, 문화 민주주의를 구현하고, 창조산업의 발전을 촉진하는 핵심 동인으로 작용할 것으로 전망되기 때문이다. 특히 최근 문화공간 및 문화도시와 관련된 콘텐츠 생태계 논의는 융합 현상과 기술 변화에 따라 새로운 생태계가 구축될 것이라는 관점에서 활발히 전개되고 있다. 이는 콘텐츠 산업 관련 각 주체들이 융합과 상호작용 과정에서 협력적 경쟁을 통해 동반 성장함으로써 콘텐츠 생태계 전체의 번영을 가져올 수 있다는 특징 때문이다. 따라서 콘텐츠 생태계에 대한 논의는 융합 환경에서 콘텐츠 산업과 관련된 이해관계자, 기업과 소비자, 그리고 정부의 역할을 새롭게 설정하고 공존·공생·공진화 방안을 모색하는 시도와 밀접하게 연관된다.

그러나 기존 연구들은 주로 IT 생태계를 중심으로 콘텐츠 부분을 부수적으로 언급하거나, 공간적 측면에서는 기반시설, 프로그램, 이벤트 중심의 논의가 많았으며, 이 또한 IT 중심으로 콘텐츠 산업을 논의하면서 융합 환경을 충분히 고려하지 못하거나 생태계 전체를 조망하는 데 한계가 있었다. 기존 문화도시 관련 문헌들 역시 경관과 장소성을 중심으로 문화성, 산업성, 공동체성 등을 주로 다루었으나, 그 논의의 출발점이 지속가능한 성장과 환경 담론,

그리고 산업적으로는 공업화의 한계와 포스트모던한 도시경관 창출에 기인한 탓에, 정보통신기술 발전과 융·복합 환경하에서의 새로운 고려는 충분히 이뤄지지 못했다.

현장에서도 현재 국내 문화콘텐츠 산업 생태계는 여러 가지 문제점을 안고 있다. 기업의 영세성, 자금 조달의 어려움, 열악한 노동 환경, 불공정한 배분 구조, 창작 및 제작 기반의 부실, 콘텐츠 유통 기반 취약 등은 생태계의 건강한 발전을 저해하는 요인으로 작용한다(김윤지, 2019). 특히, 팬데믹 이후 디지털 전환이 가속화되면서 플랫폼 기업으로의 수익 집중 현상이 심화될 경우, 창작자와 중소 콘텐츠 기업의 어려움은 더욱 가중될 수 있다.

따라서 '콘텐츠 생태계'라는 관점에서 문화도시 논의를 활성화하기 위해서는 단순한 이해관계자 분석을 넘어, 콘텐츠의 문화적 가치사슬 변화에 초점을 맞추고, 창조성을 갖는 문화도시들의 선순환 구조 확립과 콘텐츠 가치 창출이라는 측면에서 심도 있는 논의가 이루어져야 한다.

문화도시 콘텐츠 생태계의 선순환 구조와 가치사슬

문화도시가 콘텐츠 생태계로서 성공적으로 작동하기 위해서는 그 구성요소들이 유기적으로 연결되어 가치를 창출하고, 그 가치가 다시 생태계 내로 환류되어 지속적인 발전을 이끄는 선순환 구조를 갖추는 것이 핵심이다. 이러한 선순환 체계는 다양한 수제와 요소들 간의 복잡한 상호작용을 통해 이루어진다. 이병민(2012)의 연구에서 제시된 〈그림 2-2〉는 이러한 콘텐츠 생태계로서의 문화도시 순환체계를 잘 보여 주고 있다.

이 그림에서 제시된 바와 같이, 문화도시의 콘텐츠 생태계는 다음과 같은 요소들이 상호작용하며 순환하는 구조를 이룬다. 주요 구성요소로는 창의적

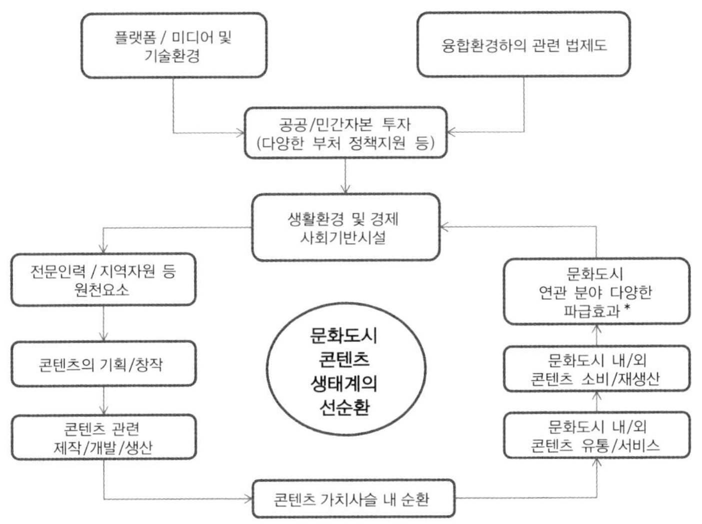

•법제도 및 기술, 인력 인프라(토양) + 다양한 유형별 정책지원 (비) + 자본의 투입 (태양) + 미디어.기술환경 (공기)
•콘텐츠 제작 및 생산자(나무) → 문화도시 콘텐츠(숲) → 콘텐츠 소비 및 재생산 (동물)

〈그림 2-2〉 콘텐츠 생태계로서의 문화도시 순환체계

출처: 이병민, 2012, p.22

인 아이디어와 콘텐츠를 생산하는 인적 자원(예술가, 창작자, 기획자, 기술인력 등), 창작과 생산, 유통, 소비가 이루어지는 물리적·가상적 공간(창작 스튜디오, 공연장, 전시장, 온라인 플랫폼 등), 창조 활동을 지원하는 재정 자원(공공 지원금, 민간 투자, 기업 후원, 크라우드 펀딩 등), 그리고 생태계의 기반이 되는 콘텐츠 자원(예술 작품, 교육 프로그램, 문화유산, 스토리 등)을 들 수 있다. 이 외에도 창조 활동을 촉진하고 보호하는 제도 및 정책(지식재산권 보호, 공정거래 환경 조성, 규제 완화 등), 창조적 결과물을 소비하고 평가하는 시장 및 수용자, 그리고 이 모든 요소들을 연결하고 지원하는 중개기관 및 지원 조직(진흥원, 협회, 교육기관 등) 등이 중요한 역할을 한다. 이러한 구성요소들이 개별적으로 존재하는 것이 아니라 서로 유기적으로 연계되어 시너지를 창출할 때 창조생태계는 활력을 띠게 된다. 예를 들어, 우수한 창의인재는 양질의 콘텐츠를 생산하고, 이는 시장

뉴노멀 시대 문화도시와 로컬의 힘

에서 성공을 거두어 재정적 수익을 창출하며, 이 수익은 다시 새로운 창작 활동과 인재 양성에 투자되는 선순환 구조가 형성될 수 있다. 또, 기술의 발전은 새로운 창작 도구와 유통 채널을 제공하여 콘텐츠의 다양성과 접근성을 높이고, 이는 다시 소비자들의 다양한 요구를 충족시키며 시장을 확대하는 역할을 한다.

- 원천요소(토양): 문화도시의 콘텐츠 생태계가 뿌리내릴 수 있는 가장 기본적인 토대는 법·제도적 기반, 기술 인프라, 그리고 창의적인 인력을 포함한 다양한 지역자원이다. 이는 창의적인 아이디어가 발현되고 콘텐츠로 구체화될 수 있는 환경을 제공한다.
- 정책지원(비): 중앙정부 부처, 광역 및 기초 지방자치단체 등 다양한 수준에서의 정책적 지원은 생태계가 원활하게 작동하고 성장할 수 있도록 하는 자양분과 같다. 이러한 지원은 재정 지원뿐 아니라 규제 개선, 정보 제공, 네트워킹 지원 등 다양한 형태로 이뤄질 수 있다.
- 자본투입(태양): 공공 부문의 투자와 함께 민간 부문의 적극적인 자본 투자는 콘텐츠의 기획, 제작, 유통에 필요한 재원을 공급하여 생태계의 성장을 촉진하는 에너지원 역할을 한다.
- 미디어/기술환경(공기): 플랫폼, 미디어, 그리고 관련 기술 환경은 콘텐츠가 확산되고 소비자와 만나는 통로이자, 새로운 창작의 도구가 된다. 디지털 기술의 발전은 이러한 환경을 더욱 역동적으로 만들고 있다.
- 콘텐츠 생산자(나무): 1인 창조기업, 문화예술 창작자, 콘텐츠 기업 등 다양한 생산 주체들은 창의적인 아이디어와 원천요소를 바탕으로 구체적인 문화콘텐츠를 기획하고 제작한다. 이들은 생태계의 핵심적인 가치를 창출하는 주체이다.

- 문화도시 콘텐츠(숲): 개별 생산자들이 만들어 낸 다양한 콘텐츠들이 모여 문화도시 전체의 풍성한 문화적 자산을 형성한다. 이는 영화, 음악, 게임, 공연, 전시, 지역 축제, 스토리텔링 등 다양한 형태로 나타날 수 있다.
- 소비자/재생산자(동물): 문화도시 내외의 소비자들은 생산된 콘텐츠를 향유하고 소비하며, 이 과정에서 피드백을 제공하거나 새로운 아이디어를 창출하여 다시 생산 과정에 영향을 미치는 재생산자의 역할을 수행한다. 이러한 상호작용은 생태계의 역동성과 진화를 이끈다.

이러한 요소들은 콘텐츠 가치사슬을 따라 유기적으로 연결된다. 콘텐츠 가치사슬은 일반적으로 '기획–창작–제작–유통–소비–피드백–재창작'의 단계로 이뤄지며 각 단계에서 부가가치가 창출된다. 문화도시의 콘텐츠 생태계에서는 이러한 가치사슬이 원활하게 작동하고, 각 단계의 주체들이 긴밀하게 협력하며 시너지를 창출하는 것이 중요하다. 예를 들어, 창의적인 기획과 제작이 이루어지더라도 효과적인 유통 플랫폼이 부재하거나 소비자의 요구를 제대로 파악하지 못한다면 선순환 구조는 형성되기 어렵다.

특히 디지털 융합 환경에서는 콘텐츠 생태계의 생산, 유통, 소비 방식에 큰 변화가 나타나고 있다. 과거의 선형적이고 폐쇄적인 가치사슬에서 벗어나, 다양한 주체가 참여하고 상호작용하는 개방형 네트워크 구조로 진화하고 있다.

- 생산 측면: 과거 소수의 전문가 집단이 주도하던 콘텐츠 생산은 프로슈머(Prosumer, 생산에 참여하는 소비자)나 1인 창조기업 등 새로운 창의적 계급이 등장하면서 다변화되고 있다. 이들은 SNS 및 숏폼콘텐츠 등 디지털 플랫폼을 활용하여 지역 내외의 다양한 주체들과 협력하고, 새로운 방식의 콘텐츠를 생산하며 문화도시의 창의적 자산을 풍부하게 만든다.

- 유통 측면: 디지털 기술과 소셜미디어의 발전은 콘텐츠 유통 방식을 혁신하고 있다. 과거 소수의 대형 유통망에 의존하던 방식에서 벗어나, 유튜브, OTT 플랫폼 등 글로벌 유통망과 함께 지역 기반의 특화된 플랫폼들이 등장하면서 다대다(多對多) 유통이 가능해졌다. 이는 지역 콘텐츠의 외부 확산 기회를 넓히고, 수도권 중심의 불균형을 완화할 수 있는 잠재력을 지닌다.
- 소비 측면: 소비자의 역할은 단순한 수용자를 넘어 콘텐츠의 가치를 평가하고, 확산시키며, 나아가 새로운 콘텐츠 창작에 영감을 제공하는 적극적인 참여자로 변화하고 있다. 이러한 '콘텐츠웨어'의 시대에는 소비자들이 문화도시의 특성을 자신들의 방식으로 재해석하고 공유함으로써 도시 발전에 기여하게 된다.

결국, 문화도시의 콘텐츠 생태계는 다양한 구성요소들이 가치사슬을 중심으로 상호작용하며, '생산-유통-소비'의 과정이 선순환적으로 이루어질 때 지속적인 발전이 가능하다. 이러한 생태계는 외부 환경 변화에 유연하게 적응하고, 내부적으로는 혁신을 통해 끊임없이 새로운 가치를 창출하며 진화해 나가야 한다.

문화도시 콘텐츠 생태계와 연관 산업 파급효과

문화도시의 콘텐츠 생태계는 그 자체로도 중요하지만, 도시 내 다른 산업 및 사회 분야와 연계되어 다양한 파급효과를 창출함으로써 도시 전체의 경쟁력을 강화하는 데 기여한다. 이병민(2012)의 연구에서 제시된 〈그림 2-3〉은 이러한 연관 산업 파급효과를 시각적으로 보여 준다.

이 그림은 문화도시의 콘텐츠 생태계가 ICT/미디어 플랫폼을 중심으로 관광, 문화예술(지역문화원형 포함), 제조업/서비스업 등과 어떻게 상호작용하며 다양한 융복합 콘텐츠 및 서비스를 창출하는지를 보여 준다. 구체적인 파급효과는 다음과 같다.

- 관광산업과의 연계: 문화도시의 매력적인 콘텐츠(예: 역사 유적, 축제, 공연, 영화 촬영지, 특색 있는 거리 등)는 관광객을 유치하고 지역 관광산업을 활성화하는 데 핵심적인 역할을 한다. 최근에는 ICT 기술을 활용한 스마트 관광(AR/VR 체험, 맞춤형 정보 제공 등)이나, 영화·드라마 등 한류 콘텐츠의 인기에 힘입은 콘텐츠 투어리즘이 새로운 관광 형태로 부상하고 있다. 이러한 '문화 관광' 또는 '관광+IT'의 결합은 관광객에게 새로운 경험을 제공하고 지역 경제에 기여한다.
- ICT/미디어 산업과의 융합: 디지털 기술은 문화콘텐츠의 제작, 유통, 소비

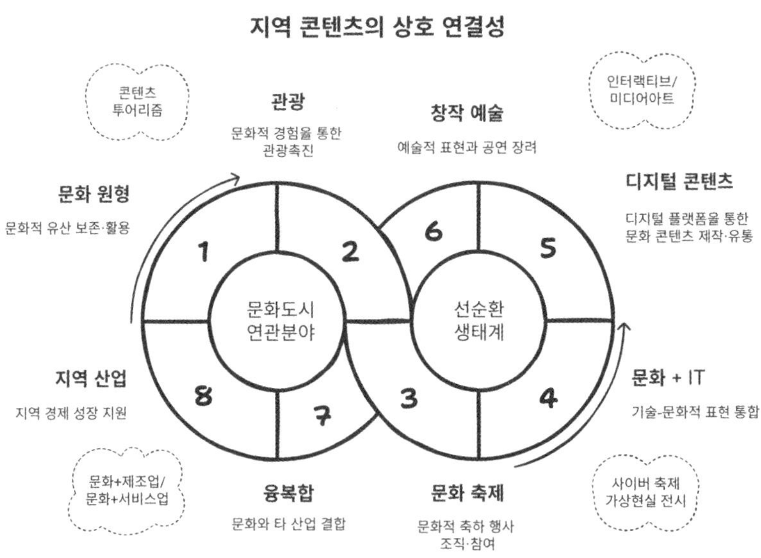

〈그림 2-3〉 콘텐츠 생태계 고려 문화도시 연관분야의 다양한 파급사례

방식을 혁신하고 있으며, 게임, 이러닝, 디지털 음악, 전자책, 모바일 콘텐츠 등 다양한 디지털 콘텐츠 시장을 창출하고 있다. 문화도시는 이러한 디지털 콘텐츠 기업을 유치하고 육성함으로써 ICT/미디어 산업과의 동반 성장을 도모할 수 있다. 또, '문화+IT'가 결합된 사이버 축제나 온라인 전시 등은 시공간의 제약을 넘어 문화 향유 기회를 확대한다.

- 문화예술 분야의 심화 발전: 지역의 고유한 문화원형(전통 설화, 민속, 역사적 인물 등)은 스토리텔링을 통해 다양한 콘텐츠의 창작 소재로 활용될 수 있다. 또한, 연극, 공연, 디자인, 패션 등 기존 문화예술 분야는 콘텐츠 생태계 내에서 다른 장르와 융합되거나 새로운 기술과 결합하여 더욱 풍부하고 다채로운 형태로 발전할 수 있다. 예를 들어, 전통 공연에 미디어아트를 접목하거나 지역 장인의 공예품을 현대적 디자인으로 재해석하여 상품화하는 시도 등이 가능하다.

- 제조업 및 서비스업의 고부가가치화: 문화콘텐츠는 제조업 제품에 디자인과 스토리를 입혀 감성적 가치를 더하거나, 서비스업에 새로운 경험 요소를 추가하여 부가가치를 높이는 데 기여한다. 예를 들어, 지역 특산물을 활용한 캐릭터 상품 개발, 역사적 스토리를 담은 숙박시설 운영, 지역 축제와 연계한 금융 상품 개발 등이 '문화+제조업' 또는 '문화+서비스업'의 형태로 나타날 수 있다. 이는 기존 산업의 경쟁력을 강화하고 새로운 시장을 창출하는 효과를 가져온다.

- 지역 공동체 활성화 및 사회적 가치 창출: 문화축제나 이벤트는 지역 주민들의 참여를 유도하고 공동체 의식을 함양하는 데 기여한다. 또, 문화예술 교육 프로그램은 시민들의 창의성과 문화적 소양을 높이고, 소외계층의 문화 접근성을 확대하는 등 사회 통합적 가치를 실현하는 데 중요한 역할을

한다. ESG(환경·사회·지배구조)[8] 경영이 강조되면서, 문화콘텐츠를 활용한 사회적 책임 활동이나 친환경적인 문화 행사 등도 중요한 파급효과로 고려될 수 있다.

이처럼 문화도시의 콘텐츠 생태계는 단순한 문화 향유 공간을 넘어, 다양한 산업과 연계되어 경제적 부가가치를 창출하고, 사회·문화적으로 긍정적인 영향을 미치는 복합적인 시스템이다. 따라서 문화도시 정책은 콘텐츠 생태계 자체의 경쟁력 강화와 함께, 연관 산업과의 유기적인 연계를 통해 시너지 효과를 극대화하는 방향으로 추진되어야 한다.

국내 문화도시 조성의 공통적인 한계점

지금까지 국내의 많은 지역 사례에서 나타난 문제점들은 특정 도시에만 해당되는 특수한 상황이라기보다는 국내 다수 문화도시 조성 사업에서 공통적으로 발견되는 한계들로 다음과 같은 특징으로 수렴된다(이순자·장은교, 2012 등).

- 공급자 중심의 하향식 정책: 대부분의 문화도시 사업이 중앙정부나 지방자치단체의 주도로 계획되고 추진되어, 지역 주민이나 현장 예술가들의 실질적인 요구와 참여가 충분히 반영되지 못하는 경우가 많다. 이는 정책의 지속성을 떨어뜨리고 시민들의 공감대를 얻기 어렵게 만든다.

---

8) ESG(Environmental, Social, and Governance): 기업이나 조직 운영에 있어 환경 보호, 사회적 책임, 투명하고 윤리적인 지배구조를 중시하는 비재무적 성과 지표. 지속가능한 발전을 위한 핵심 요소로, 문화도시 운영에도 적용될 수 있다.

　　　　　뉴노멀 시대 문화도시와 로컬의 힘

- 단기적 성과주의와 하드웨어 편중: 가시적인 성과를 중시하는 경향으로 인해 문화시설 건립이나 대규모 행사 유치 등 하드웨어 구축에 예산과 정책이 집중되는 반면, 콘텐츠 개발, 인력 양성, 네트워킹 지원 등 소프트웨어 및 휴먼웨어에 대한 투자는 상대적으로 소홀히 다뤄지는 경향이 있다.

- 자생적 생태계 구축 미흡: 문화도시를 하나의 유기적인 생태계로 인식하고, 그 구성요소들이 상호작용하며 스스로 발전할 수 있는 환경을 조성하는 데 미흡하다. 창작-제작-유통-소비-피드백으로 이어지는 선순환 구조가 제대로 작동하지 않아 외부 지원 없이는 지속되기 어려운 경우가 많다.

- 콘텐츠의 다양성 및 질적 수준 부족: 특정 장르나 인기 있는 콘텐츠에 정책 지원이 편중되어 문화적 다양성을 확보하지 못하거나, 지역의 고유한 정체성과 매력을 담아내는 질 높은 콘텐츠 개발이 부족한 경우가 많다.

- 거버넌스의 비효율성: 문화도시 정책을 추진하는 과정에서 관련 부서 간의 협력이 원활하지 않거나, 민간 부문과의 파트너십 구축이 미흡하여 정책 추진 동력을 확보하지 못하는 경우가 발생한다. 또, 정책 평가 및 환류 시스템이 제대로 작동하지 않아 시행착오가 반복되기도 한다.

- 외부 환경 변화에 대한 대응 부족: 디지털 전환, 융복합 트렌드 확산 등 급변하는 외부 환경 변화에 대한 전략적인 대응이 부족하여 새로운 기회를 포착하거나 위기에 효과적으로 대처하지 못하는 경우가 있다.

이러한 한계점들을 극복하고 지속가능한 문화도시를 조성하기 위해서는 콘텐츠 생태계에 대한 깊이 있는 이해를 바탕으로 장기적인 비전과 전략을 수립하고, 다양한 주체들의 참여와 협력을 통해 자생적인 발전 기반을 마련하는 노력이 절실히 요구된다.

2. 콘텐츠 생태계 중심 문화도시의 발전 방향

콘텐츠 생태계 중심의 문화도시를 위한 선순환구조의 다섯 가지 핵심과제 제안

문화도시는 단순한 물리적 공간을 넘어, 그 안에서 살아가는 사람들의 삶과 가치, 그리고 창의적 활동이 상호작용하며 끊임없이 진화하는 유기체와 같다. 이러한 문화도시가 지속적인 활력을 유지하고 발전하기 위해서는 명확한 개념 정립과 함께, 그 구성요소들이 효과적으로 기능하고 상호 연계될 수 있는 콘텐츠 생태계의 구축 및 원활한 작동이 필수적이다. 콘텐츠 생태계 중심의 문화도시가 성공적으로 구축되고 지속적인 발전을 이루기 위해서는 기존의 한계를 극복하고 새로운 발전 방향을 모색해야 한다. 이병민(2012)은 콘텐츠 생태계의 선순환 구조를 확립하기 위한 다섯 가지 핵심 과제를 제시하고 있다. 법정 문화도시 사업이 의욕적으로 진행된 지 꽤 많은 시간이 흘렀지만, 아직도 이러한 과제들은 유효하고 중요한 의미를 갖고 있다.

첫째, 창의적 자산 확충 및 구성원 가치 제고

문화도시의 가장 핵심적인 자산은 창의적인 인재, 즉 '창조적 계급'이다. 이들의 창의성이 마음껏 발현되고 그 가치가 존중받을 때 문화도시는 활력을 얻고 혁신적인 콘텐츠를 생산할 수 있다. 따라서 다음과 같은 노력이 필요하다.

- 인적 자원 관리 및 양성: 지역 내 창의인재를 발굴, 육성하고 이들이 지속적으로 역량을 강화할 수 있도록 체계적인 교육 및 재교육 시스템을 마련해야

한다. 지역 대학, 연구기관, 산업 현장 간의 미스매치를 해소하고, 전문적인 콘텐츠 교육가를 양성하며, 글로벌 시대에 맞는 개방형 지식 공유 체계를 구축하는 것이 중요하다.

- 암묵지 자산화 및 지식 공유: 문화도시가 보유한 경험, 노하우, 네트워크 등 눈에 보이지 않는 암묵지를 발굴하고 이를 공유·확산하여 집단지성으로 발전시켜야 한다. 멘토링 프로그램, 커뮤니티 활동 지원, 오픈소스 기반의 지식 교류 플랫폼 구축 등이 효과적인 방안이 될 수 있다.

- 구성원의 다양성 확보 및 포용: 다양한 배경과 관점을 가진 인재들이 유입되고 이들이 서로 교류하며 시너지를 창출할 수 있도록 관용(Tolerance)의 문화를 확산시켜야 한다. 다문화 가정, 소외계층 등 다양한 구성원들의 참여를 보장하고, 이들의 창의적 활동을 지원하는 포용적인 환경 조성이 중요하다.

둘째, 다양한 구성요소 간 관계성 확보 및 사회생태계 활성화

문화도시의 콘텐츠 생태계는 다양한 구성요소(하드웨어, 소프트웨어, 조직웨어, 콘텐츠웨어 등)가 서로 긴밀하게 연결되고 상호작용하는 '사회생태계(Social Ecology)'로서 기능해야 한다.

- 연계망 확충 및 네트워킹 상화: 생태계 내 다양한 수제(창작자, 기업, 기관, 시민 등)들 간의 공식적·비공식적 네트워크를 활성회하고, 이들이 공동으로 사업을 추진하거나 정보를 공유할 수 있는 플랫폼을 마련해야 한다. 특히, 지역의 고유한 문화자원과 역사성, 정체성을 기반으로 한 스토리텔링을 통해 지역 내 다양한 요소들을 연결하고 새로운 가치를 창출하는 노력이 필요

하다.

- 지역문화상품 발굴 및 융합적 가치 실현: 지역 고유의 특성을 담은 문화상품을 개발하고, 이를 관광, 제조업, 서비스업 등 다른 산업과 융합하여 새로운 부가가치를 창출해야 한다. 예를 들어, 지역 장인의 기술과 현대 디자인을 결합한 상품 개발, 지역 축제와 연계한 체험 프로그램 운영 등이 가능하다.
- 창조적 공유와 공유가치 확산: 공간, 시간, 물건뿐 아니라 아이디어, 기술, 지혜 등 창조적 자산을 공유하고 함께 활용하는 문화를 조성해야 한다. 이는 커뮤니티 활성화, 협력 프로젝트 촉진, 그리고 생태계 전체의 혁신 역량 강화로 이어질 수 있다.

셋째, 가치사슬 연계성 확보 및 실질적 성과 창출

문화도시의 콘텐츠 생태계가 지속가능하기 위해서는 '창작–기획–제작–유통–소비–재생산'으로 이어지는 가치사슬이 원활하게 작동하고, 각 단계에서 실질적인 경제적·사회적 성과가 창출되어야 한다.

- 병목현상 제거 및 효율성 증대: 가치사슬 내에서 발생할 수 있는 지연 요소나 비효율적인 부분을 개선하여 콘텐츠가 원활하게 흐르고 부가가치가 극대화될 수 있도록 지원해야 한다. 예를 들어, 창업 초기 기업에 대한 투자 유치 지원, 유통 플랫폼 접근성 개선, 저작권 보호 강화 등이 필요하다.
- 메타콘텐츠 활용 및 공공자원 개방: 기존 정책의 성과물이나 지역의 공공자원(데이터, 시설, 문화유산 등)을 새로운 콘텐츠 창작에 활용할 수 있도록 메타데이터를 구축하고 이를 적극적으로 개방해야 한다. 이는 새로운 창작 기회

  뉴노멀 시대 문화도시와 로컬의 힘

를 확대하고 생태계의 효율성을 높이는 데 기여한다.

- 협력 프로젝트 활성화 및 상생 모델 구축: 지역 내 로컬크리에이터, 1인 창조기업, 중소기업, 대기업, 공공기관 등이 서로 협력하여 공동으로 프로젝트를 수행하고 성과를 공유하는 상생 모델을 구축해야 한다. 예를 들어, 지역 토착기업과 외부 대기업 간의 매시업(Mashup) 프로젝트를 통해 지역 콘텐츠의 시장 경쟁력을 높이고 새로운 비즈니스 모델을 창출할 수 있다.

넷째, 순환과 피드백 기반 자기 조절 및 독창성 접목

콘텐츠 생태계는 외부 환경 변화에 유연하게 대응하고 내부적으로 끊임없이 혁신하며 진화하는 자기조직화(Self-Organizing) 시스템으로서 기능해야 한다.

- 자율적 메커니즘 및 회복탄력성 강화: 생태계 스스로 문제를 진단하고 해결하며, 외부 충격에도 빠르게 회복할 수 있는 자율적인 조절 메커니즘을 마련해야 한다. 이를 위해 도시 인프라 확충과 함께 자율적인 예산 집행 체계를 마련하고, 다양한 아카이브 구축을 통해 역사적·문화적 자산을 축적하고 활용할 수 있도록 지원해야 한다.
- 플랫폼 맞춤형 콘텐츠 개발 및 지역 특화: SNS, 숏폼콘텐츠, 메타버스 등 새로운 미디어 플랫폼 환경 변화에 발맞춰 지역 특성을 반영한 맞춤형 콘텐츠 개발을 지원해야 한다. 이는 과거 공급자 중심에서 벗어나 지역 수요자 중심으로 콘텐츠 활용의 무게중심을 이동시키는 것을 의미한다.
- 지식재산권 보호 및 오픈소스 인프라 마련: 지역 콘텐츠의 독창성을 보호하기 위해 저작권 및 CBM(Content Business Model) 특허 확보를 지원하고, 동

시에 집단지성 형태로 지식과 콘텐츠를 공유하고 확산할 수 있는 오픈소스 기반의 인프라(예: 지역 특화 아카이브, 메타DB 연계 시스템)를 구축해야 한다.

• 지식·콘텐츠 교류 마켓플레이스 구축: 지역 내 창작자, 기업, 공공기관 등이 서로 아이디어를 교환하고 협력 프로젝트를 발굴할 수 있는 온·오프라인 마켓플레이스를 조성하여 성공적인 선순환 구조를 마련해야 한다.

다섯째, 참여적 거버넌스 관계 정립

콘텐츠 생태계 중심의 문화도시가 성공적으로 운영되기 위해서는 다양한 이해관계자들이 참여하고 협력하는 효과적인 거버넌스 체계 구축이 필수적이다.

• 분권적 기능 분담 및 협력적 네트워크: 중앙정부와 지방정부, 그리고 지방정부와 지역 내 다양한 참여 주체(기업, 대학, 연구소, NGO 등) 간의 명확한 역할 분담과 함께, 이들이 상호 협력하여 정책을 수립하고 집행하는 분권적이고 수평적인 거버넌스 네트워크를 구축해야 한다.

• 민간 주도 및 시민 참여 확대: 관 주도의 하향식 정책에서 벗어나 민간 부문의 자율성과 창의성을 존중하고, 시민들이 정책 결정 과정과 문화 활동에 적극적으로 참여할 수 있는 통로를 마련해야 한다.

• 투명하고 효율적인 의사결정 시스템: 정책 결정 과정의 투명성을 높이고, 다양한 이해관계자들의 의견을 수렴하며, 신속하고 효율적인 의사결정이 이루어질 수 있는 시스템을 구축해야 한다. 이를 위해 정기적인 성과 평가와 피드백을 통해 정책을 지속적으로 개선해 나가는 노력이 필요하다.

이러한 발전 방향과 과제들을 성공적으로 추진하기 위해서는 단기적인 성과에 연연하지 않고 장기적인 비전을 가지고 꾸준히 투자하고 지원하는 자세가 필요하다. 또, 각 문화도시가 처한 고유한 환경과 특성을 고려하여 맞춤형 전략을 수립하고, 끊임없는 실험과 혁신을 통해 자신만의 성공 모델을 만들어 나가야 할 것이다.

나오는 글

지속가능한 문화도시 생태계 구축을 위한 제언

제2장은 콘텐츠 생태계를 중심으로 문화도시의 발전 방향을 모색하고자 문화도시의 개념과 구성요소, 콘텐츠 생태계의 작동 원리와 가치사슬, 그리고 한국 문화도시의 현실과 과제를 심층적으로 살펴보고자 했다. 마지막으로 콘텐츠 생태계 중심의 지속가능한 문화도시로 나아가기 위한 다섯 가지 핵심 발전 방향을 제시했다.

결론적으로, 문화도시는 단순한 장소 마케팅의 수단을 넘어 지역 고유의 정체성을 발현하고, 주민들의 삶의 질을 향상시키며, 지속적인 사회·경제적 발전을 이끄는 복합적인 시스템이다. 이러한 문화도시가 성공하기 위해서는 무엇보다 '콘텐츠'가 핵심적인 역할을 수행하며, 이 콘텐츠가 자생적으로 창조되고, 확산되며, 재생산될 수 있는 건강한 '콘텐츠 생태계' 구축이 선행되어야 한다.

국내 문화도시들은 그동안 공공 주도의 하향식 정책 추진, 하드웨어 중심의 투자, 단기적 성과 집중 등의 한계로 인해 지속가능한 발전 모델을 확립하는 데 어려움을 겪어 왔다. 이러한 문제점을 극복하고 미래지향적인 문화도시로 도약하기 위해서는 다음과 같은 근본적인 인식 전환과 실천적 노력이 요구된다.

첫째, 문화도시를 '살아있는 유기체'이자 '역동적인 생태계'로 인식해야 한다. 물리적인 시설이나 일회성 행사보다는 그 안에서 활동하는 창의적인 인재들과 그들의 상호작용, 그리고 이를 통해 창출되는 무형의 가치에 주목해야 한다. 친환경적인 도시 공간 조성, 주민이 공감하는 지역 이미지와 브랜드 가치 재고, 지역 공동체 의식 및 자부심 형성, 그리고 사회적 맥락에서의 문화자본 축적 등이 장기적인 관점에서 더욱 중요하다.

둘째, '문화를 기반으로 한 자생력 확보'를 최우선 목표로 설정해야 한다. 외부의 지원에 의존하기보다는 지역 내부의 창의적 잠재력을 발굴한다. 이와 함께, 콘텐츠가 지역 내에서 스스로 순환하고 발전할 수 있는 선순환 구조를 구축하는 데 정책적 역량을 집중해야 한다. 이를 위해서는 창의적 자산 확충, 구성요소 간 관계성 강화, 가치사슬 연계, 자기 조절 메커니즘 확립, 그리고 참여적 거버넌스 구축이 필수적이다.

셋째, 융복합 시대의 변화에 능동적으로 대응하고 혁신을 주도해야 한다. 디지털 기술의 발전, 플랫폼 경제의 확산, 소비자 역할 변화 등 새로운 트렌드를 적극적으로 수용하고, 이를 문화도시 발전의 기회로 활용해야 한다. 다양하고 독창적인 콘텐츠 개발, 새로운 비즈니스 모델 창출, 그리고 국내외 네트워크 확장을 통해 끊임없이 진화하는 문화도시를 만들어 가야 한다.

궁극적으로 문화도시의 성공은 단기적인 경제적 효과나 화려한 외형에 있는 것이 아니라, 그 도시에서 살아가는 사람들의 삶이 얼마나 풍요롭고 창의적으로 변화하는가에 달려 있다. 도시가 정체되지 않고 수십 년이 흘러도 발전을 담보할 수 있는 자기 완결적 생태계를 갖추고, 지방자치단체와 지역 주민이 자발적으로 주도권을 가지고 경제적·산업적 선순환 구조를 만들어갈 때, 비로소 콘텐츠 생태계 중심의 지속가능한 문화도시는 현실이 될 수 있을 것이다. 이는 단지 하나의 도시를 넘어 국가 전체의 문화적 품격과 경쟁력을 높이는 길이기도 하다.

○ 토론 주제

1. 국내 문화도시들이 공공 주도의 하향식 정책에서 벗어나 시민과 민간 부문이 주도하는 자생적인 콘텐츠 생태계를 구축하기 위한 구체적인 전략과 성공 조건은 무엇인가? 특히, 지역 주민의 자발적 참여를 어떻게 효과적으로 유도할 수 있을까?

2. 디지털 전환과 플랫폼 경제 시대에, 지역 기반 문화도시가 자신만의 고유한 정체성과 콘텐츠 경쟁력을 확보하고 글로벌 시장으로 진출하기 위한 효과적인 방안은 무엇이며, 이 과정에서 발생할 수 있는 온라인 플랫폼의 영향력 독점 문제에 대해서는 어떻게 대응해야 할까?

3. 문화도시의 지속가능한 발전을 위해서는 경제적 성과뿐 아니라 사회적 가치(예: 공동체 활성화, 문화다양성 증진, 삶의 질 향상, ESG 실현) 창출이 중요하다. 이러한 다양한 가치들을 균형 있게 추구하고 평가할 수 있는 문화도시 정책 프레임워크는 어떻게 설계되어야 할까?

· 참고문헌 ·

국내문헌
김규찬. (2015). 문화산업정책 20년 평가와 전망. 한국문화관광연구원.

김윤지. (2019). "'문화'를 넘어 '산업'으로 자리매김하다". 『나라경제』, 2019년 12월호, KDI 경제교육·정보센터.

김은경·변병설. (2006). "문화도시의 충족조건", 『한국경제지리학회지』, 9, 441–458.

김헌민·진보경. (2019). "창조산업 클러스터에 대한 연구," 『지방정부연구』, 23(1), 161–184.

노수경·김수경. (2022). 지역단위 문화정책 사업 분석. 한국문화관광연구원.

라도삼. (2006). "문화도시의 요건과 의미, 필요조건", 『도시문제』 446, 11–25.

류준호·윤승금. (2010). "생태계 관점에서의 문화콘텐츠 산업 구성 및 구조", 『한국콘텐츠학회논문지』, 10(4), 327–339.

이병민. (2011). "창조적 문화중심도시 조성 전략과 문화정책 방향." 『문화정책논총』, 25(1), 7–36.

이병민. (2012). "콘텐츠 생태계 중심 창조적 문화도시의 발전방향." 『인문콘텐츠』, 25, 9–38.

이병민. (2016). "창조도시정책의 추진과정과 성과에 대한 연구:영국의 테크시티 정책을 중심으로," 『한국경제지리학회지』, 9(4), 597–615.

이순자·장은교. (2012). 지역거점 문화도시 조성사업의 추진실태 및 향후과제. 한국문화관광연구원.

주미진. (2021). "창조산업의 공간적 집적 특성에 관한 연구," 『지역개발연구』, 53(1), 227–253.

최세경·이용관. (2012). "콘텐츠산업 생태계 형성과 정책 거버넌스 구축 방안". 『코카포커스』 2012–15호, 한국콘텐츠진흥원.

최창현·주성돈. (2012). "콘텐츠산업 생태계 구축을 위한 콘텐츠정책 진흥체제 개선방안 연구." 『GRI 연구논총』, 14(3), 297–324.

국외문헌

Amin, A. (2006), "The Good City", *Urban Studies,* 43(5/6), 1009-102.

제3장

문화도시를 위한 로컬크리에이터의 역할

들어가는 글

로컬, 새로운 시대의 중심으로

최근 우리 사회는 글로컬라이제이션(Glocalization)의 심화와 함께 삶의 질을 중시하는 거대한 패러다임의 전환을 맞이하고 있다. 과거 중앙의 대척점으로서 '지방' 혹은 '변두리'로 여겨지던 지역 공간은 이제 고유한 가치와 잠재력을 지닌 '로컬(Local)'로서 새롭게 조명받고 있다. 이러한 시대적 흐름 속에서, 지역이 본래 가지고 있던 유·무형의 자원과 문화에 개인의 창의적인 아이디어와 감각을 결합하여 시금껏 없던 새로운 가지를 만들어 내는 '로컬크리에이터(Local Creator)'가 지역 발전의 핵심 주체로 급부상하고 있다.

이들은 단순히 특정 지역에서 창업하는 소상공인이나 자영업자를 넘어선다. 경제적 성공만을 최우선으로 추구하기보다는, 자신만의 뚜렷한 가치관과 라이프스타일을 지역이라는 터전 위에서 실현하며, 그 과정 자체를 통해 지역 공동체에 새로운 활력을 불어넣는 문화적, 사회적 실천가의 모습을 띤다. 이들의 활동은 지역의 잊혔던 이야기를 발굴해 콘텐츠로 만들고, 방치된 공간을 사람들이 모이는 매력적인 장소로 바꾸며, 궁극적으로는 지역의 문화적 정체성을 더욱 풍부하게 만든다.

따라서 제3장에서는 문화도시 담론의 가장 핵심적인 위치에서 로컬크리에이터의 역할과 가능성을 재조명하고자 한다. 이를 위해 먼저 로컬크리에이터의 개념이 어떻게 등장했으며, 학계와 정책 현장에서 어떻게 정의되고 있는지 그 복합적인 의미를 심도 있게 살펴볼 것이다. 또 이들이 지니는 공통적인 특성을 탈물질주의적 가치, 창의적 재해석 역량, 네트워크 지향성 등의 키워드를 통해 분석한다. 나아가, 이들이 지역에서 수행하는 구체적인 역할과 활동을 '장소만들기(Placemaking)'와 '콘텐츠 창출'이라는 두 가지 핵심 기능으로 나누어 국내외의 다채로운 사례를 통해 입체적으로 분석할 것이다. 마지막으로 이들이 마주한 젠트리피케이션, 경제적 불안정성과 같은 현실적 과제를 면밀히 진단하고, 이를 극복하며 지속가능한 로컬 생태계를 구축하기 위한 구체적인 모델과 정책 과제를 제시함으로써, 문화도시의 성공적 안착에 기여하는 로컬크리에이터의 가능성을 충분히 탐색하고자 한다. 본 장의 주요 내용은 로컬크리에이터 분야의 선행 연구인 김이나·이병민(2023)과 송주연·이병민(2022)의 논문을 바탕으로 재구성하고 내용을 심화시켰음을 밝힌다.

1. 로컬크리에이터의 개념과 특성

로컬크리에이터의 개념과 통합적 정의

'로컬크리에이터'라는 용어가 우리 사회에 본격적으로 등장한 것은 비교적 최근의 일이다. 다양한 논의가 있지만, 2015년부터 '도시문화를 기반으로 로컬 콘텐츠를 만드는 창업가'라는 의미로 본격적으로 사용된 이후, 이 개념은 빠르게 확산되었다. 결정적으로 2020년부터 중소벤처기업부가 '지역기반 로컬크리에이터 활성화 지원사업'을 대대적으로 시행하면서 정책 용어로서 확고히 자리 잡게 되었다. 정부는 로컬크리에이터를 "지역의 자연과 문화 특성을 소재로 혁신적인 아이디어를 결합해 사업적 가치를 창출하는 창업가"로 정의하고 있다.[1] 이는 정책의 목표상 경제적 가치 창출과 창업이라는 측면을 강조한 정의라고 할 수 있다.

하지만 학계와 활동 현장에서는 이러한 경제적 관점을 넘어 훨씬 더 넓고 깊은 복합적 의미를 부여한다. 로컬크리에이터는 단순히 돈을 버는 창업가를 넘어, 자신의 삶의 방식과 문화를 지역에 뿌리내리는 주체이기 때문이다. 여러 경제, 사회, 문화, 공간적 관점의 논의들을 종합하여 보면 로컬크리에이터는 '자신의 라이프스타일을 기반으로 지역자원을 창의적으로 해석하여 사업화함으로써, 지역에 경제적·사회문화적 가치를 동시에 창출하며 지역의 발전에 기여하는 창조적 실천가'라는 통합적 개념으로 정의할 수 있으며, 이 통합

---

1) 중소벤처기업부는 지역 청년의 창업 기회를 확대하고 지역경제를 활성화하고자 2020년부터 '지역기반 로컬크리에이터 활성화 지원사업'을 신설해 지역가치 창업가를 발굴, 육성하고 있으며, 이들을 '지역가치 창업가(로컬크리에이터)'라고 부르고 있다. 이는 지역의 자연과 문화 특성을 소재로 혁신기술 또는 아이디어를 결합해 사업적 가치를 창출하는 스타트업이다. 중소벤처기업부(2025) 보도자료.

적 정의는 다음과 같은 네 가지 핵심 요소를 내포한다.

- 자신의 라이프스타일 기반: 이들의 활동 동기는 경제적 성공에만 국한되지 않는다. 개인의 고유한 가치관, 취향, 그리고 '자기다운 삶'을 실현하는 과정 그 자체를 매우 중시한다. 이는 일과 삶의 균형을 넘어 일과 삶의 일치를 추구하는 새로운 세대의 가치관을 반영한다.

- 지역자원의 창의적 해석: 지역의 역사, 문화유산, 자연환경, 인물, 심지어는 버려지거나 방치된 유휴공간까지, 그동안 주목받지 못했던 지역의 모든 자원을 자신만의 새로운 시각과 감각으로 재해석하는 창의적 역량을 핵심적인 능력으로 삼는다. 이들은 '없는 것'을 새로 만들기보다 '있는 것'을 새롭게 보도록 만드는 사람들이다.

- 사업화(Business): 창의적인 아이디어나 기획 단계에 머무르지 않고, 이를 지속가능한 비즈니스 모델로 구체화하고 실현해 내는 실행력과 기업가정신을 포함한다. 아무리 좋은 의도라도 지속가능성이 담보되지 않으면 구호에 그칠 수 있으므로, 이들은 문화기획자인 동시에 비즈니스 리더가 되어야 한다.

- 경제적·사회문화적 가치 창출: 매출 증대와 고용 창출 같은 명확한 경제적 성과만이 아니라, 지역 공동체의 유대감 강화, 지역 정체성 제고, 문화적 다양성 확산, 지역 이미지 개선과 같은 눈에 보이지 않는 사회문화적 가치를 동시에 추구한다. 이들은 자신의 비즈니스가 지역 사회에 긍정적인 영향을 미치는 것을 중요한 성공의 척도로 삼는다.

  뉴노멀 시대 문화도시와 로컬의 힘

로컬콘텐츠의 잠재력과 중요성

중앙이나 거대도시와는 달리, 작지만 아기자기한 이야기가 끊임없이 생성되는 로컬 단위에서는 개별 콘텐츠들이 네트워크를 통해 연결될 때 상상 이상의 시너지를 창출할 수 있는 잠재력이 풍부하다. 실제로 산업적 관점에서 보더라도, 잘 만들어진 로컬콘텐츠는 제조업, 관광, 교육 등 다른 산업과의 융합을 촉진하고, 국경을 넘어 해외 시장으로 진출하는 교두보가 될 수 있다. 또한 문화콘텐츠의 소비와 유통 과정에서 국제적인 협력을 추진하는 등 그 활용 범위가 무궁무진하다. 이에 따라 기술과 주력 산업을 융합하기 위한 콘텐츠 R&D 지원 확대 및 관련 법제도 개선이 중요한 정책 과제로 떠오르고 있다.

이러한 상황에서 로컬콘텐츠는 글로벌 환경이 고도화되고 디지털 기술 문명이 발전할수록 역설적으로 그 중요성이 더욱 커질 것이다. 세계화가 빠른 속도로 진행될 수록 개인은 거대한 흐름 속에서 무한경쟁의 압박을 느끼게 되며, 그 반작용으로 자신의 뿌리와 정체성을 찾으려는 노력을 계속하게 되기 때문이다. 저널리스트 토머스 프리드먼은 저서 『렉서스와 올리브나무』(2009)에서 첨단 기술과 세계화의 상징인 '렉서스'와 함께, 가족, 민족, 국가, 종교 공동체를 상징하는 '올리브나무'가 반드시 균형을 이루어야 한다고 주장했다. 하지만 신자유주의의 확산과 글로벌 경제 위기를 겪은 오늘날의 현실은 오히려 쉽게 흔들리지 않는 튼튼한 '올리브나무'의 중요성을 더욱 강조하는 방향으로 나아가고 있다.

여기서 가장 중요한 것은 로컬콘텐츠가 생성되고, 로컬크리에이터늘이 활동하는 터전인 '지역'에 대해 깊이 이해하고 고려해야 한다는 점이다. 즉, 그 공간이 지닌 고유한 정체성인 '장소성'과 이를 둘러싼 사회적 환경의 맥락을 파악하는 것이 핵심이다. 최근 주목받는 '사회적 경제'라는 용어에서도 알 수 있듯이, '공감'과 '사회적 소통'은 서구의 대량생산 산업 시스템 속에서 우리가 놓쳐왔던 지역의 소중한 이야기들을 담아 낼 수 있는 가장 중요한 근거가 된다. 지역이 품고 있는 시공간적 맥락과 스토리, 혁신과 관련된 지역 단위의 창조적 역량, 주민들의 사회적 공감대, 그리고 문화와 경제의 활용 가능성에 이르기까지, 로컬은 무수한 연계 활용과 새로운 의미 해석이 가능한 기회의 땅이다. 각기 다른 역사와 환경 속에서 발전해 온 지역의 고유한 특성이 새롭게 표현할 기회와 결합될 때, 로컬콘텐츠는 기존의 주류 경제학이나 사회적 활동과는 전혀 다른 차원의 훌륭한 결과물로 재탄생할 수 있다.

이와 관련하여 모종린(2019) 교수는 성공적인 로컬 비즈니스를 위해 ①대기업과 차별화되는 지역특화전략, ②우연한 만남과 교류를 유도하는 복합문화공간의 존재, ③주민, 고객, 기업을 자연스럽게 연결하는 공간 디자인, ④로컬 플랫폼과 시너지를 창출하는 매력적인 로컬콘텐츠, ⑤주민이 직접 참여하고 주도하는 커뮤니티 비즈니스, ⑥동네의 풍경과 문화를 바꾸어가는 섬세한 골목길 기획 등을 필수 요소로 강조한 바 있다. 예를 들어, 그는 이러한 요소들을 체계적으로 구현하기 위해 지역의 장인을 육성하는 '장인대학'과 같은 교육 시스템을 마련하고, 연관 업종 및 다양한 분야의 주체들 간에 활발한 협업과 교류 관계가 형성될 수 있는 환경을 조성해야 한다고 제언한다.

로컬크리에이터의 핵심적 특성

다양한 국가의 사례와 연구들을 종합해 볼 때, 성공적인 로컬크리에이터들은 다음과 같은 몇 가지 공통적인 특성을 나타낸다.

• 탈물질주의적 가치 추구: 이들은 단순히 높은 경제적 보상만을 목표로 삼지

　뉴노멀 시대 문화도시와 로컬의 힘

않는다. 그보다는 개인적인 가치의 실현, 일에 대한 자부심, 활동 과정에서의 즐거움, 그리고 지역사회에 대한 기여 등 돈으로 환산할 수 없는 '추구하는 그 무엇', 즉 뚜렷한 비전을 중요하게 생각하는 '탈물질주의적'인 성향을 강하게 보인다. 예를 들어, 김이나·이병민(2023)의 연구에 따르면, 중국 청두의 로컬콘텐츠 기획자들은 대도시의 극심한 취업난과 경쟁을 피해 고향으로 돌아와, 안정되고 평온한 라이프스타일을 영위하며 개인의 가치를 실현하는 데 더 큰 비중을 둔다. 이들은 "즐겁게 사는 것이 나의 비전"이라거나 "문화를 통해 모두의 행복을 창조하고 싶다"와 같이 유쾌하면서도 의미 있는 목적을 활동의 핵심 동기로 삼는 경우가 많다. 이러한 태도는 로컬크리에이터 스스로 기존의 창업가나 소상공인과는 다른 정체성과 높은 자긍심을 느끼게 하는 중요한 원동력이 된다.

• 지역자원의 창의적 재해석자: 로컬크리에이터는 지역의 문화자산을 수동적으로 사용하는 데 그치지 않고, 자신의 독창적인 아이디어와 라이프스타일을 적극적으로 투영하여 새로운 사업적 가치를 창출하는 능동적인 주체다. 중소벤처기업부가 이들을 '지역의 자연과 문화 특성을 소재로 혁신적인 아이디어를 결합해 사업적 가치를 창출하는 창업가'로 정의하는 것도 바로 이러한 특성 때문이다. 이들은 기존에 주목받지 못했거나, 가치를 인정받았더라도 활로 개척에 실패했던 지역의 문화 및 자원을 자신만의 관점으로 재해석하여 매력적인 상품과 콘텐츠로 만들어 낸다. 예를 들어, 제주도의 '해녀의 부엌'은 점차 사라져 가는 해녀 문화를 '공연 예술과 파인 다이닝'이 결합된 몰입형 관광 상품으로 완벽하게 재해석했다. 또, 경북 칠곡의 '므므흐스 부엉이버거'는 지역 농산물을 적극 활용하여 대중적인 패스트푸드인 햄버거를 '소화가 잘되는 건강한 슬로푸드'라는 새로운 콘셉트로 재탄생시켰다. 이처럼 이들은 사람들이 당연하게 여기거나 외면했던 것들을 감각적인

리브랜딩을 통해 새로운 라이프스타일을 창출해내는 사람들이다.

- 네트워크 기반의 협업 지향: 이들은 각자도생의 폐쇄적인 경쟁보다 개방적인 협력을 훨씬 더 선호한다. 강한 결속은 아니더라도, 서로의 안부를 묻고 정보를 공유하며 도움을 주고받는 느슨하지만 따뜻한 네트워크를 통해 창의적인 시너지를 창출한다. 창의 도시의 대표적 사례인 미국 포틀랜드의 메이커(Makers)들은 커뮤니티의 자원과 활동을 통해 창출되는 이익을 독점하기보다 공유하며, 치열한 경쟁보다 공존을 우선시하는 '따뜻한 네트워크' 문화를 형성하고 있다. 중국 청두의 사례에서도 로컬콘텐츠 기획자들이 특정 지역에 모여들게 된 주요한 이유로 저렴한 임대료뿐만 아니라, 비슷한 분야에서 일하며 영감을 주고받을 수 있는 '이웃'의 존재를 꼽았다는 조사 결과가 있다(김이나·이병민, 2023).

- 문화 매개자 및 커뮤니티 디자이너:[2] 로컬크리에이터는 단순히 상품이나 서비스를 파는 것을 넘어, 지역과 사람, 문화와 산업 등 이질적인 요소들을 연결하여 새로운 관계를 디자인하고 공동체를 형성하는 역할을 수행한다. 일본에서 발전한 '커뮤니티 디자이너'의 개념은 이들의 역할을 잘 설명해 준다. 커뮤니티 디자이너는 자신이 전면에 나서서 모든 것을 주도하기보다, 지역 주민들이 스스로 주체가 될 수 있도록 연결하고 협력을 유도하는 능동적인 매개자 역할을 한다. 로컬크리에이터가 만든 매력적인 콘텐츠와 개성 있는 공간은 지역과 외부 대중을 연결하는 통로가 되어, 사람들이 지역 문화를 새롭고 흥미로운 방식으로 향유하게 만든다.

---

2) 1960년대 일본 뉴타운 건설 과정에서 처음 등장한 개념으로, 초기에는 주택지 계획을 의미했으나 현재는 물리적 설계보다 '사람'이 중심이 되어 관계를 형성하고 지역 문제를 해결하는 과정과 관련된다. 커뮤니티 디자이너는 주민을 연계하는 능동적인 매개 역할을 수행한다.

 뉴노멀 시대 문화도시와 로컬의 힘

2. 로컬크리에이터의 역할과 활동: 장소만들기와 콘텐츠 창출

장소만들기(Placemaking)와 공간의 재창조

로컬크리에이터의 활동은 본질적으로 아무런 의미가 부여되지 않은 추상적인 '공간(Space)'에 그들만의 고유한 이야기와 가치를 불어넣어, 사람들이 머물고 싶고, 경험하고 싶어 하는 특별한 '장소(Place)'로 만들어가는 과정이라고 할 수 있다. 이들은 바로 이 '장소성(Sense of Place)'을 기반으로 자신의 창의성을 마음껏 발현하고, 매력적인 콘텐츠를 만들며, 지역의 혁신 환경을 눈에 보이는 현실로 구체화하는 핵심적인 창조적 인재로 기능한다. 또한 로컬크리에이터는 지역의 물리적 환경에 직접 개입하여 새로운 의미와 기능을 부여함으로써, 사람들이 모여들고 소통하는 매력적인 커뮤니티의 거점을 만들어 낸다.

- 유휴공간 및 노후 공간의 재생: 이들은 방치된 공간의 잠재력을 발견하고 새로운 생명을 불어넣는다. 대표적인 사례로 경북 칠곡군의 '므므흐스 부엉이버거'는 폐쇄되어 흉물처럼 남아 있던 옛 마늘 공장을 감각적인 버거 매장이자 연구시설로 완벽하게 리모델링하여, 연간 8만 명 이상이 방문하는 지역의 명소로 탈바꿈시켰다. 이들은 단순히 공간만 재생한 것이 아니라, 지역 농가 및 축산업계와 상생 협력하고, 지역 대학과 MOU를 체결하는 등 긴밀한 산학 연계를 통해 양질의 일자리를 창출하며 지역 경제 활성화에 실질적으로 기여했다(〈그림 3-1〉). 중국 청두의 크리에이티브 그룹 '팀 청짠(Team Chengzhan)' 역시 거리에 방치되어 있던 낡은 마사지 점포를 그들의 사무실이자 전시 공간으로 리모델링하고, 침체되었던 거리와 광장에서 전

〈그림 3-1〉 경북 칠곡군 므므흐스 부엉이버거
출처: 대한민국 구석구석

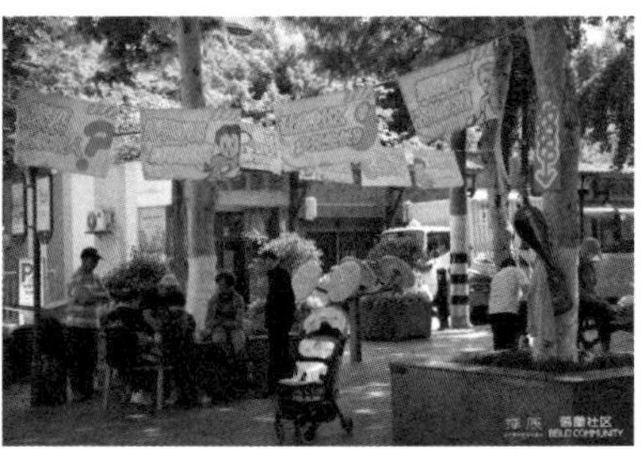

〈그림 3-2〉 팀 청짠(Team Chengzhan)의
거리 축제와 광장전시
출처: 위챗

시 활동을 펴는 등 활기를 불어넣는 문화예술 활동의 거점으로 활용하고 있다(〈그림 3-2〉 참조).

- 지역 정체성을 담은 공공공간 조성: 로컬크리에이터는 사적인 공간뿐만 아니라 공공공간의 개선에도 적극적으로 참여한다. 중국 청두의 '팀 청짠'은 주민들의 무질서한 점유와 쓰레기 문제로 골머리를 앓던 루이밍 거리를 재정비하는 공공 프로젝트를 진행했다. 이들은 일방적인 정비 대신, ① 산마루 형태의 예술적 '보루' 세우기, ② 거리에 채색 블록을 깔아 활기 더하기, ③ 커뮤니티 '모래사장' 조성 등 독창적인 예술적 표현을 가미한 로컬 디자인을 기획하고 실행했다. 특히 용도를 잃고 방치되었던 음악 분수대 자리에 새롭게 조성된 '모래사장'은 아이들과 어른들이 함께 모여 교류하고 휴식을 취하는 이상적인 커뮤니티 공간으로 재탄생했다. 물론 이 과정에서 설치되었던 '보루' 조형물이 안전 문제와 불필요성을 지적하는 주민들의 의견에 따라 철거되는 일도 있었다. 하지만 팀 청짠은 이러한 피드백을 즉시 수용하고 철거 과정을 투명하게 공개함으로써, 오히려 주민들의 깊은 신뢰를 얻는 중요한 계기를 마련했다. 이는 '작은 규모의 점진적 재생(微更新)' 방식을 통해 공동체와 끊임없이 소통하며 공간을 개선해 나간 매우 성공적인 사례로

　　　　　　　　　　뉴노멀 시대 문화도시와 로컬의 힘

평가받는다.

• 다양한 주체를 연결하는 복합문화공간 운영: 미국 포틀랜드는 세계적인 대기업이 아닌, 독립 서점, 소규모 브루어리, 개성 있는 카페 등 소상공인들이 운영하는 독특한 공간들이 모여 도시 전체의 매력을 형성한 대표적인 사례다. 포틀랜드는 본래 도농 복합형 중소도시의 특성을 지니고 있었지만, 창의적인 인재들이 모여드는 스타트업 도시로 변모했다. 이러한 도시의 변신과 함께 새로운 '라이프스타일'이 나타났고, 이 라이프스타일을 선도하는 다양한 비즈니스가 등장하면서 새로운 산업 문화를 만들어 냈으며 전 세계의 젊은이를 끌어모았다(〈그림 3-3, 3-4〉). 일본 고베시의 '해피의 집 롯켄' 역시 훌륭한 사례다. 이곳은 비어 있던 6층 건물을 리모델링하여 노인 돌봄 서비

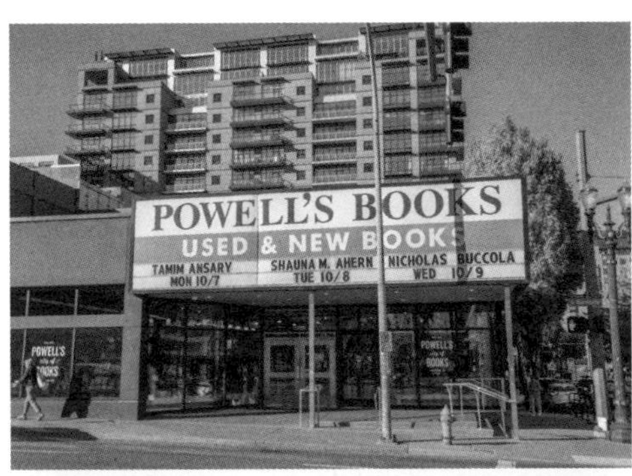

〈그림 3-3〉
포틀랜드 독립서점 파웰스북스

〈그림 3-4〉
포틀랜드: 나이키 탄생 도시

스를 제공하는 게스트하우스로 재탄생했다. 이곳은 폐쇄적인 기존 요양원과 달리, 지역의 아이들, 아이를 키우는 엄마들, 외국인 유학생 등 다양한 세대와 배경의 사람들이 자유롭게 드나들며 입주 노인들과 자연스럽게 시간을 보내는 완전히 열린 공간이다. '돌봄의 물물교환'이라는 독특한 개념을 통해 각 세대의 필요를 채워 주고 활발한 교류를 촉진하며, '사람을 잇는' 새로운 형태의 커뮤니티 공간을 성공적으로 창조해 냈다.

로컬콘텐츠의 창출과 확산

로컬크리에이터는 지역의 유·무형 자산을 소재로 아무도 생각하지 못했던 독창적인 콘텐츠를 기획하고 제작하여 지역의 가치를 높이고 새로운 팬덤을 만들어 낸다.

- 지역 자원을 활용한 상품 및 브랜드 개발: 제주 '해녀의 부엌'은 22명의 지역 해녀가 직접 출연하여 자신의 삶의 이야기를 들려주는 공연과, 그들이 바로 전날 채취한 신선한 해산물로 만든 품격 있는 다이닝을 결합한 독창적인 융복합 체험 콘텐츠를 제공한다(김순한·장웅조, 2022, p.145), 이는 방문객에게 단순한 식사 한 끼를 제공하는 것을 넘어, 제주의 상징인 해녀의 삶과 지역의 고유한 이야기를 온몸으로 경험하게 하는 매우 특별한 관광 상품이다. 이를 통해 지역 특유의 인문적 가치를 지속가능한 비즈니스로 성공시킨 탁월한 사례로 평가받는다(〈그림 3-5〉, 〈그림 3-6〉 참조).
- 지역 일상과 스토리를 담은 미디어 콘텐츠 제작: 중국 청두의 '팀 청짠'은 지역 청년 15명을 모집하여 '베이레이 커뮤니티 스토리 학원'이라는 프로그램을 운영했다. 참가자들은 커뮤니티 곳곳을 탐방하고 주민들을 직접 인터뷰

　　　　　뉴노멀 시대 문화도시와 로컬의 힘

하는 과정을 통해 총 16편의 생생한 커뮤니티 스토리를 발굴해냈다. 팀 청짠은 이를 엮어 《거리 일보》라는 이름의 로컬 잡지로 제작하여 지역의 카페, 음식점 등에 무료로 배포했다. 이들은 모든 것이 디지털화된 시대에 굳이 인쇄 매체를 고집한 이유에 대해 "잡지의 아름다운 디자인, 정성스러운 글, 그리고 손으로 만져지는 촉감을 통해 지역 주민들이 자신들이 사는 지역에 대해 더 깊은 사고를 하도록 유도하고 싶었다. 물리적 연계를 넘어 강한 심리적 애착을 형성하는 것이 목표였다"라고 밝혔다.

- 주민 참여 기반의 커뮤니티 활동 및 축제 기획: '팀 청짠'이 기획한 〈베이레이 커뮤니티 생활 축제〉는 단순히 물건을 사고파는 플리마켓을 넘어, 지역의 다양한 문제들을 논의하고 해결하는 거버넌스의 장으로 기능했다. 이 축제에는 지역 파출소(보이스피싱 예방 홍보), 중독재활센터(마약의 위험성 교육), 변호사 사무소(무료 법률 자문) 등 다양한 공공기관이 참여하는 '자문형 플리마켓' 부스가 포함되어, 주민들의 실질적인 생활 문제 해결에 직접적으로 기여했다. 또, 지역의 고질적인 문제였던 담배꽁초 무단 투기 문제 해결을 위해 〈담배꽁초 회수 프로그램〉을 기획했다. 이들은 청년 예술가들의 창의적인 아이디어를 모아 여러 담배꽁초 회수 장치를 디자인하고, 주민 투표를

〈그림 3-5〉 해녀의 부엌 공연 및 식사 모습
출처: 해녀의 부엌 홈페이지

〈그림 3-6〉 해녀의 부엌 북촌점 공연 모습

통해 최종 디자인을 선정하여 실제 거리에 설치하는 등, 문제 해결의 전 과정에 주민들의 적극적인 참여를 유도하며 높은 호응을 얻었다.

로컬크리에이터의 현실과 도전 과제

이처럼 지역에 긍정적인 역할을 수행함에도 불구하고, 대부분의 로컬크리에이터들은 여러 가지 어려운 현실적 문제에 직면한다. 가장 대표적이고 아이러니한 문제는 바로 젠트리피케이션(Gentrification)[3]이다. 로컬크리에이터의 창의적인 활동으로 특정 지역이 활성화되고 매력적인 곳으로 알려지면서, 역설적으로 임대료가 급격히 상승해 그 성공의 주역이었던 로컬크리에이터 자신과 기존의 영세 상인, 예술가들이 다른 곳으로 밀려나는 현상이다. 중국 청두의 위린서로 역시 독특한 문화 거리로 유명세를 얻은 후 임대료가 급등하여, 초기에 거리를 일구었던 일부 예술가들이 결국 다른 곳으로 이전해야만 했다. 이들의 성공이 결국 자신의 터전을 위협하는 부메랑이 되는 셈이다.

지역 정착의 어려움 또한 매우 큰 장벽이다. 특히 아무런 연고가 없는 지역으로 이주한 외부 출신 로컬크리에이터의 경우, 지역의 독특하고 폐쇄적인 공동체 문화를 이해하고 적응하는 데 상당한 어려움을 겪는다. 한 조사에 따르면, 많은 이주 창업가들이 수많은 시행착오를 겪으며 주민자치 활동에 참여하고 지역 행사에 기부하는 등의 부단한 노력을 기울인 끝에야 비로소 지역 공동체의 일원으로 받아들여질 수 있었다는 경험담을 찾아볼 수 있다(이병민 외, 2022). 이러한 과정에서 겪는 문화적 갈등과 심리적 소외감은 활동의 지속가

---

3) 특정 지역이 활성화되면서 임대료가 상승하고, 그 결과 기존의 저소득층 주민이나 영세 상인, 예술가 등이 다른 곳으로 밀려나는 현상. 한국에서는 '둥지 내몰림'이라는 용어로도 사용된다. 창조도시 정책이 특정 지역의 문화적 매력을 높이는 과정에서 의도치 않게 젠트리피케이션을 가속화한다는 비판이 제기된다.

능성을 위협하는 요인이 된다.

마지막으로 경제적 불안정성과 성장의 한계 역시 무시할 수 없는 문제다. 현재 대부분의 로컬크리에이터 지원 사업이 창업 초기에 일회성으로 집중되어 있어, 기업이 어느 정도 성장한 후 다음 단계로 도약하는 데 필요한 후속 지원이나 스케일업(Scale-up) 프로그램이 절대적으로 부족하다는 지적이 많다(안채린, 2023). 한 로컬크리에이터는 인터뷰에서 "기업은 생애주기별로 각 성장 단계에 맞는 지원이 필요한데, 창업 이후에는 그런 부분을 전혀 찾아볼 수 없다"고 어려움을 호소했다. 열정과 아이디어만으로 버티기에는 사업 안정화와 성장에 필요한 자금, 경영 노하우, 인력 관리 등 현실의 벽이 너무나 높다.

3. 문화도시를 위한 로컬 생태계의 구축

문화도시와 로컬크리에이터

앞에서 살펴본 바와 같이, 자신이 사는 도시에 대한 특별한 이야기를 만들고 그 장소에 대한 자부심을 공유하고 싶은 욕망이 '장소성'의 구축으로 표출되는 것은 매우 자연스러운 현상이다. 이는 더 이상 지역을 중앙의 주변부로만 규정할 수 없으며, 오히려 새로운 혁신이 시작되는 출발점이자, 독창적인 창의성이 전국으로 전파되는 중심지가 될 수 있다는 점에서 큰 의미를 지닌다. 특히 최근 많은 주목을 받고 있는 리빙랩(Living Lab)[4]과 같이, 사회적 가치

___

4) 우리 말로는 '생활 실험실'로 번역할 수 있는데, 말 그대로 우리가 살아가는 삶의 현장 곳곳을 실험실로 삼아 다양한 사회 문제의 해법을 찾아보려는 시도를 가리킨다. 학술적으로는 '사용자가 적극적으로 혁신활동에 참여 가능한 사용자 주도 개방형 혁신 생태계'라고 정의되며, 생활 현장(Real-Life setting)에서 사용자와 생산자가 공동으로 혁신을 만들어가는 실험실의 의미를 갖고

창출과 혁신을 목표로 지역의 특성을 깊이 이해하고 주민과 함께 문제를 해결하려는 문화적 맥락이 바로 이러한 현상의 중요한 배경이 되고 있다.

도시의 도로, 건물, 통신망과 같은 하드웨어는 도시 기능성의 기초를 이루며 시민의 생존을 가능하게 한다. 하지만 그 도시를 '살고 싶은 곳', '가고 싶은 곳'으로 만드는 매력도를 증진하는 것은 바로 그 안에 담긴 콘텐츠와 소프트웨어다. 이들을 어떻게 조화롭게 연결할 것인가가 모든 도시의 숙제다. 다양한 콘텐츠와 창의적인 인력이 서로 시너지를 내며 조화되는 생태계로서의 플랫폼을 만들어 가는 것이 무엇보다 중요하다. 좋은 콘텐츠를 만든다는 것은 결국 '플랫폼'을 통해 가용한 모든 자원을 최적의 솔루션으로 변화시키는 과정과 같다.

이러한 맥락에서, 문화도시와 같은 특정 지역 내에서 다양한 주체 간의 상호작용과 협업을 촉진하는 기제가 작동하기 위해 로컬크리에이터의 역할이 가장 핵심적인 요소가 될 수 있다. 이때 도시 행정이 시민들에게 단순히 서비스를 일방적으로 전달하는 주체에 머무는 것이 아니라, 시민들과 함께 고민하고 함께 만들어가는 파트너로서 작동해야 한다는 점이 정말로 중요하다. 장소는 다양한 구성원들의 사회문화적인 속성을 담고 있는 매우 중요한 플랫폼이며, 로컬크리에이터를 염두에 둔 지리적 사고는 지역의 잠재력을 끌어 내고 발전을 도모할 수 있는 매우 의미 있고 중요한 화두가 될 수 있다.

물론 우려되는 지점도 존재한다. 많은 사람들이 로컬크리에이터들의 활동과 관련하여 사회적 경제와 지역 혁신을 이야기하지만, 때로는 이들을 단기적인 성과를 위한 도구로 이용하는 경우도 많다. 협동조합 등 다양한 주체들의 참여를 형식적으로 유도하지만, 실제 의사결정 과정에서는 이들이 적극적

있다. 혁신주체 간 상호작용을 촉진하고, 그 결과가 모두에게 이득이 되는 개방형 혁신 네트워크의 대안적 모델이라 할 수 있다(성지은 외, 2013).

　　　　뉴노멀 시대 문화도시와 로컬의 힘

인 주체라고 하기 힘든 경우도 비일비재하다. 아직까지 정책적으로도 로컬크리에이터에 대한 담론이 충분히 성숙했다고 보기는 어려우며, 정책의 유연성이 부족하여 실제 현장의 기획자나 활동가들이 답답함을 느끼는 경우도 많다. 이러한 점에서 최근 민간에서 수요가 폭발적으로 늘어나고 있는 독립서점 사례 등과 같이 자발적인 움직임을 정책이 어떻게 더 크게 키우고, 문화다양성을 바탕으로 한 진정한 지역 브랜드 육성에 중점을 둘 수 있을까 하는 것이 핵심 과제라 하겠다.

따라서 로컬크리에이터가 지역 발전의 지속가능한 동력으로 꾸준히 기능하기 위해서는, 개별 창작자에게 자금을 지원하는 단기적 방식을 넘어, 이들이 안정적으로 활동하고 함께 성장할 수 있는 '지속가능한 생태계'를 구축하는 데 초점을 맞춰야 한다. 이는 단기적인 경제 성과만을 쫓는 것이 아니라, 문화적·사회적 가치를 포괄하는 장기적이고 통합적인 접근을 요구한다.

지속가능한 로컬 생태계의 모델

지속가능한 로컬 생태계를 보다 명확하게 이해하기 위해 다음과 같은 두 가지 유용한 모델을 살펴볼 수 있다.

첫째는 문화와 경제의 관계를 한 축으로, 공간의 확장성을 다른 축으로 하여 로컬크리에이터의 유형을 구분하는 모델로서 로컬 비즈니스를 네 가지 유형으로 나눈다(〈그림 3-7〉).

- [A] 경제기반 융합형 인재: 대량생산과 규모의 경제를 통해 고용 창출 등 경제적 성과를 최우선으로 중시하는 확장형 모델이다.
- [B] 글로벌 문화 창의인재: K-Pop 한류와 같이, 문화콘텐츠의 규격화와 대

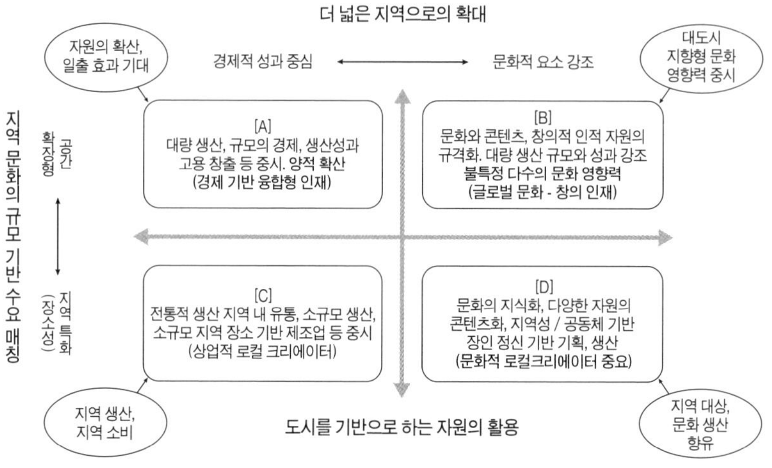

〈그림 3-7〉 문화경제의 관계와 공간의 확장에 따른 지역 인재의 유형별 특징

출처: 佐々木雅幸 外, 2019, p.145; 이병민 외, 2022, p.9 재구성

량생산을 통해 상업적 성공과 글로벌 확산에 초점을 맞춘다.

- [C] 상업적 로컬크리에이터: 지역 내 생산과 소비에 머무르는 전통적인 소규모 상공업 모델로, 외부로 확장되는 데 한계를 보인다.

- [D] 문화적 로컬크리에이터: 이 유형이 바로 우리가 주목해야 할 유형이다. 이 유형은 지역의 특화된 장소성을 기반으로, 지역성과 공동체가 지닌 인문적 가치를 매우 높게 평가한다. 대량 생산보다는 고유한 향유 경험을, 외부 고객 유치보다는 지역 주민의 내부 만족을 우선시하며, 수동적인 '지방'이 아닌 능동적인 라이프스타일이 강조되는 '로컬'을 지향한다. 이때 중요한 역할을 하는 '문화적 로컬크리에이터'는 반드시 그 지역 태생이 아니더라도, 지역의 인문적 가치를 진심으로 소중히 여기고 지역 생태계에 깊이 녹아드는 사람을 의미한다.

둘째 모델은 로컬크리에이터를 중심으로, 지역의 다양한 자원과 주체들이

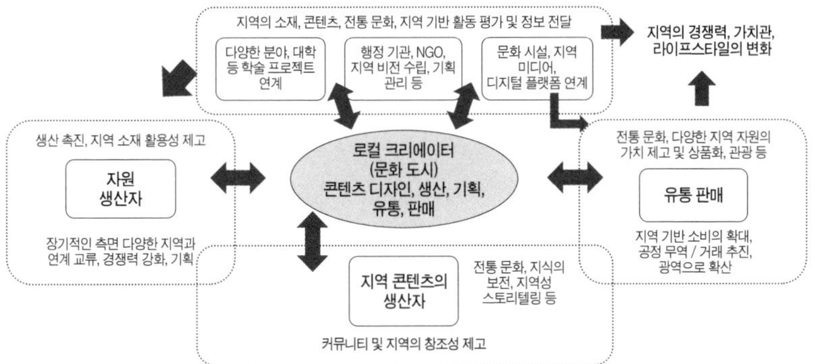

〈그림 3-8〉 문화도시의 발전방향(안): 로컬크리에이터 중심 지역의 자원 활동

출처: 佐々木雅幸 外, 2019, p.267; 이병민 외, 2022, p.2 재구성

문화도시라는 플랫폼 안에서 어떻게 유기적으로 연결되고 상호작용하는지를 보여 주는 관계도이다(〈그림 3-8〉).

이 모델에서 로컬크리에이터는 전체 생태계의 흐름을 조율하고 연결하는 핵심 허브(Hub) 역할을 수행한다. 이들은 지역의 자원생산자(농어민, 장인, 예술가 등)로부터 고유한 소재와 전통 지식, 기술을 공급받아, 이를 현대적인 감각으로 재해석하여 새로운 콘텐츠로 기획, 디자인, 생산한다. 이렇게 만들어진 매력적인 콘텐츠와 상품, 서비스는 우선적으로 지역 기반의 소비를 확대하고(유통, 판매), 나아가 공정무역이나 가치 소비 트렌드와 결합해 광역 단위로 확산된다.

이 모든 과정에서 행정기관, NGO, 대학 등은 비전 수립, 기획 관리, 학술 프로젝트 연계 등을 통해 든든한 지원군이 되어준다. 또 지역의 문화시설, 미디어, 디지털 플랫폼 등은 이들의 활동과 콘텐츠를 널리 알리고 그 가치를 확산시키는 '스피커' 역할을 한다. 로컬크리에이터는 이 모든 과정의 중심에서 각기 다른 주체들을 매개하고 연결하며, 궁극적으로 지역의 전반적인 경쟁력을 강화하고 커뮤니티의 창조성을 한 단계 높이는 핵심적인 축이 되는 것이다.

다차원적 지원 시스템 구축과 지방정부의 역할

이러한 지속가능한 생태계를 실제로 구축하기 위해서는 단편적인 지원을 넘어선 다차원적인 지원 시스템과, 이를 뒷받침하는 지방정부의 현명한 역할이 필수적이다.

첫째, 진입 경로와 성장 단계를 모두 고려한 맞춤형 지원이 필요하다. 한 연구에 따르면, 로컬크리에이터는 지역 연고의 유무(지역 내/지역 외)와 창업 경험의 유무(예비/기창업자)라는 두 가지 축을 기준으로 네 가지 유형으로 나눌 수 있으며, 각 유형에 따라 필요로 하는 지원이 서로 전혀 다르다(송주연·이병민, 2022). 예를 들어, 지역에 연고가 없는 '지역 외 예비창업자'에게는 자금을 지원하는 것보다 지역의 문화와 사람들을 깊이 이해하고 관계를 맺도록 돕는 '지역성 탐색 프로그램'(예: 주민과 함께하는 로컬 투어, 지역 문제 해결 워크숍)이 훨씬 더 효과적일 수 있다. 반면, 이미 사업 안정기에 접어든 '기창업자'에게는 투자유치 전략, 조직 관리, 브랜딩 심화와 같은 전문적인 경영 컨설팅이 더 시급한 과제일 것이다.

둘째, 전문성을 갖춘 중간지원조직의 역할을 강화하고 관련 인력을 체계적으로 양성해야 한다. 강원창조경제혁신센터의 사례를 살펴보면, 지역에 대한 깊은 이해를 바탕으로 한 전문 인력(코디네이터, 멘토)이 로컬크리에이터와 긴밀하게 소통하며, 행정과 현장을 잇고 실질적인 도움을 주는 중간지원조직의 존재가 매우 중요하다는 것을 알수 있다. 이들을 통해 볼 때, 중간지원조직은 행정 서류 작업을 돕는 것을 넘어 지역 내 네트워크를 연결해 주고, 협업 파트너를 찾아주며, 때로는 심리적 지지자 역할을 하는 등 현장에 밀착된 지원을 제공해야 한다.

셋째, 로컬크리에이터의 지속가능성에 있어 지방정부의 역할은 아무리 강조해도 지나치지 않다. 가장 중요한 것은 지방정부가 모든 것을 직접 통제하고 관리하려는 태도를 버리고, 민간 주체들이 자발적으로 마음껏 활동할 수 있는 토대를 마련해 주는 '플랫폼 정부(Platform Government)'로서의 역할을 수행해야 한다는 점이다. 구체적으로, 지방정부는 ① 지역의 유·무형 자원을 지속적으로 발굴하고 디지털화하여 누구나 쉽게 활용할 수 있도록 아카이빙하고 공유하는 시스템을 구축하고, ② 지역 내 공공 프로젝트(공간 디자인, 축제 기획, 정책 홍보 등)에 로컬크리에이터가 전문성을 발휘하며 참여할 기회를 적극적으로 제공하며, ③ 무엇보다 이들을 단순한 지원 대상이나 용역 업체가 아닌, 지역의 미래를 함께 만들어가는 동등한 파트너로 인식하고 깊은 신뢰에 기반한 거버넌스를 구축해야 한다.

나오는 글

희망의 영토를 구축하는 이들을 위하여

로컬크리에이터는 인구 감소와 지방 소멸이라는 거대한 위기 속에서, 지역에 새로운 가능성과 희망을 불어넣는 가장 주목할 만한 대안적 주체다. 이들은 단순히 경제적 가치를 창출하는 창업가를 넘어서, 자신들의 고유한 삶의 방식을 통해 장소에 새로운 의미를 부여하고, 문화를 매개하며, 흩어진 공동체를 다시 활성화시키는 사회문화적 실천가다. 우리가 살펴본 중국 청두, 미국 포틀랜드 등 국내외의 다양한 사례들은 로컬크리에이터가 어떻게 지역의 하드웨어(공간)와 소프트웨어(콘텐츠)를 동시에 구축하며 창조적 커뮤니티를 확장해 나가는지를 명확하게 보여 준다.

그러나 이들의 열정과 활동이 지속가능한 흐름으로 이어지기 위해서는 앞서 진단한 젠트리피케이션, 지역 사회 적응의 어려움, 만성적인 경제적 불안정성 등의 복합적인 과제들을 반드시 해결해야만 한다. 이를 위해서는 개별 창작자에 대한 단기적이고 시혜적인 지원을 넘어서, 관계와 네트워크, 그리고 서로의 다름을 존중하는 문화적 포용성에 기반한 장기적이고 통합적인 로컬 생태계를 구축하는 정책적 접근이 시급하다.

결론적으로, 로컬크리에이터의 성공적인 활성화는 비즈니스적 '혁신'과 공동체적 '공감'이라는 두 가지 핵심 가치를 어떻게 조화롭게 엮어 내느냐에 달려 있다. 정부와 지방자치단체는 직접적인 개입과 통제를 통해 성과를 관리하려는 관성에서 벗어나, 로컬크리에이터들이 각자의 자율성과 창의성을 마음껏 발휘하며 연대하고 성장할 수 있는 유연하고 안정적인 플랫폼을 제공하는데 모든 역량을 집중해야 한다. 진입 경로와 성장 단계에 따른 세심한 맞춤형 지원, 현장과 행정을 잇는 전문성을 갖춘 중간지원조직의 육성, 그리고 지역 공동체와의 깊은 신뢰에 기반한 파트너십 구축을 통해, '미세한 가능성이라도 있는 희망의 영토를 구축하려는' 이들의 고독한 노력을 진심으로 응원하고 지지해야 할 것이다. 이것이 바로 다가오는 시대에 문화도시가 지향해야 할 진정한 지역 발전의 길이 될 것이다.

○ 토론 주제

1. 상업화와 진정성의 딜레마: 로컬크리에이터의 활동이 성공적으로 평가받기 위해서는 어느 정도의 경제적 자립이 필수적이다. 하지만 지나친 상업화는 지역 고유의 매력과 진정성(Authenticity)을 훼손하고 젠트리피케이션을 유발할 위험이 있다. 로컬크리에이터와 지역 공동체는 경제적 지속가능성

 뉴노멀 시대 문화도시와 로컬의 힘

과 로컬의 진정성 사이에서 어떻게 균형을 잡을 수 있을까? 이를 위한 구체적인 전략이나 제도는 무엇이 있을까?

2. 정부 지원의 바람직한 역할과 방식: 정부의 지원은 로컬크리에이터의 초기 정착에 큰 도움이 되지만, 때로는 획일적인 기준으로 창의성을 저해하거나 관료주의적 절차로 인해 현장과의 괴리를 낳기도 한다. '지원하되 간섭하지 않는' 바람직한 정부(특히 지방정부)의 역할은 무엇일까? 현재의 직접적인 자금 지원 방식을 넘어, 로컬 생태계 자체의 자생력을 키워줄 수 있는 혁신적인 정책 지원 방식에는 어떤 것들이 있을까?

3. '성공한 로컬'의 기준: 우리는 어떤 상태를 '성공적인 로컬 생태계'라고 부를 수 있을까? 전통적인 경제 지표인 매출액, 고용 창출, 방문객 수만으로 평가하는 것이 타당할까? 만약 그렇지 않다면, 지역 주민의 삶의 질, 공동체의 유대감, 문화적 다양성 보존, 로컬크리에이터의 주관적 만족도와 같은 질적 지표들을 어떻게 측정하고 정책 성과에 반영할 수 있을까?

· 참고문헌 ·

국내문헌

곽정연. (2021). "로컬크리에이터 중심의 지역문화 발전을 위한 독일 창업 지원방안 연구". 『문화콘텐츠연구』, 23, 77-101.

김순한·장웅조. (2022). "가치 기반 경제 속의 로컬크리에이터 연구: 제주 〈해녀의 부엌〉 사례를 중심으로". 『문화경제연구』, 25(1), 133-159.

김이나·이병민. (2023). "로컬콘텐츠 기획자 뿌리내림 과정과 특성: 중국 청두시(成都市) 사례를 중심으로". 『문화경제연구』, 26(3), 3-34.

김혁주. (2020). 『로컬크리에이터의 등장』. 비로컬.

김현호. (2002). "장소판촉과 장소자산". 『공간과 사회』, 17, 62-84.

김홍규·이상열. (2014). 지역문화전문인력 양성체계 구축방안 연구. 한국문화관광연구원.

노영순. (2017). UN 지속가능발전목표(UN SDGs)와 문화정책의 대응 방안. 한국문화관광연구원.

모종린. (2019). "어디에서, 어떻게 운영? 상권이 아닌 상생의 가능성을 봐야". 『동아비즈니스리뷰』, 281호 (2019년 9월issue).

모종린. (2021). 『머물고 싶은 동네가 뜬다』. 알키.

박민하·이병민. (2019). "홍대앞 사례를 통한 문화적 포용성 개념의 적용". 『한국경제지리학회지』, 22(4), 539-554.

성지은·송위진·박인용. (2013). 리빙랩의 운영체계와 사례. STEPI INSIGHT, 127. 과학기술정책연구원.

송주연·이병민. (2022). "로컬크리에이터의 지역정착 지원방안: 진입경로 유형별 특성을 중심으로". 『인문콘텐츠』, 67, 101-126.

안채린. (2023). "로컬크리에이터 육성지원사업에 대한 시론적 연구 - 지역정체성 개념을 중심으로". 『한국엔터테인먼트산업학회논문지』, 17(3), 17-29.

안태욱·강태원. (2021). "지역창업 활성화를 위한 청년창업 애로 요인에 관한 연구". 『벤처창업연구』, 15(2), 67-79.

야마자키 료. (2012). 『커뮤니티 디자인』. 안그라픽스.

야마자키 미쓰히로 외. (2019). 『포틀랜드 메이커스』. 제주상회.

오형은. (2011). 커뮤니티 비즈니스, 사람 중심의 도시형 마을 만들기. 2011 전략과제 제4차 워크숍 발표자료. 충남발전연구원.

이병민. (2016). "문화자산을 토대로 한 도시재생과 지역발전: 〈서울동화축제〉 사례를 중심으로". 『한국경제지리학회지』, 19(1), 51-67.

이병민. (2017). "4차산업혁명과 문화콘텐츠". 문화예술지식DB. 『아키스브리핑』 107. 한국문화관광연구원.

이병민. (2020). "포스트코로나 시대 접경지역 발전전략". 『한국경제지리학회지』, 23(4), 197-214.

이병민·김혜지·남기범·정수희·정지은. (2022). 『문화기반 중소도시 발전전략: 로컬크리에이터의 역할을 중심으로』. 경제·인문사회연구회.

이병민·남기범. (2016). "글로컬라이제이션과 지역발전을 위한 창조적 장소만들기". 『대한지리학회지』, 51(3), 421-439.

이송하. (2020). "로컬 크리에이터의 경험을 통한 지역 문화예술교육의 대안 모색". 『모드니 예술』, 17, 33-53.

이원빈·김계환·이두희·강지현·모종린. (2019). 창의인재기반산업 육성을 위한 지역생태계 구축방안. 산업연구원.

이푸투안. (1999). 『공간과 장소』. 대윤.

정수희·이병민. (2014). "창조적 자산으로서의 예술자산의 유형과 사례 연구". 『한국경제지리학회지』, 17(1), 28-44.

정수희·이병민. (2016). "지역의 문화자산으로서 문화콘텐츠와 문화콘텐츠관광연구: 일본 콘텐츠 투어리즘 사례를 중심으로". 『관광연구논총』, 28(4), 55-80.

정수희·이병민. (2018). "'사회적 예술활동'의 개념 규정과 유형화에 대한 연구". 『예술경영연구』, 46, 5-33.

정수희·이병민. (2023). "'로컬'의 인문학적 의미와 실천을 통한 지역발전: 한국과 일본 '로컬크리에이터' 사례 비교를 중심으로". 『아태연구』, 30(1), 5-42.

정수희·허동숙. (2023). "로컬콘텐츠로서의 소도시 만들기: 한국과 일본의 마을스테이 사례를 중심으로". 『한국경제지리학회지』, 26(1), 23-39.

조희정. (2021). 『로컬, 새로운 미래』. 강원창조경제혁신센터.

중소기업벤처기업부. (2025). 지역과 창의적인 아이디어를 연결해 새로운 가치를 창출하는 지역가치 창업가(로컬크리에이터) 모집.

최종석. (2016). "도시창조성 요인과 도시재생의 관계 분석". 연세대학교 대학원 박사학위논문.

토마스 L 프리드먼. (2009). 『렉서스와 올리브나무』, 장경덕 역. 21세기북스.

하수정·남기찬·민성희·전성제·박종순. (2014). 지속가능한 발전을 위한 지역 회복력 진단과 활용 방안연구. 국토연구원.

허욱. (2022). "로컬관광크리에이터의 지역관광거버넌스 참여 경험에 대한 현상학적 연구". 한양대학교 대학원 석사학위논문.

국외문헌

Douglas, M. (2016). "Convivial Cities for Human Flourishing and Resilient Economies". *Conference: 2016 Open Daegu for Creativity & Future,* Daegu, South Korea.

Granovetter, M. (1985). "Economic Action and Social Structure: The Problem of Embeddedness". *American Journal of Sociology,* 91(3), 481-510.

Ingebjørg Vestrum. (2014). "The embedding process of community ventures: creating a music festival in rual community". *Entrepreneurship & Regional Development,* 26, 619-644.

Jack, S. L., & Anderson, A. R. (2002). "The effects of embeddedness on the entrepreneurial process". *Journal of Business Venturing,* 17(5), 467-487.

Martin, R., Sunley, P., Gardiner, B., and Tyler, P. (2016). "How regions react to recessions: resilience and the role of economic structure". *Regional Studies,* 50(4), 561-585.

Meijers, E. J., Burger, M. J., and Hoogerbrugge, M. M. (2016). "Borrowing Size in Networks of Cities: City Size, Network Connectivity and Metropolitan Functions in Europe". *Papers in Regional Science,* 95(1), 181-198.

Park, S.O. (2015). *Dynamics of Economic Spaces in the Global Knowledge-based Economy: Theory and East Asian Cases.* Routledge.

Pierce, J., Martin, D.G., and Murphy, J.T. (2011). "Relational place making: the networked politics of place". *Transactions of the Institute of British Geographers,* 36(1), 54-70.

Richards, G., & Duif, L. (2019). *Small Cities with Big Dreams: Creative Placemaking and Branding Strategies.* Routledge.

United Nations. (2016). *The Sustainable Development Goals Report 2016.*

Simsek, Z., Lubatkin, M. H., & Floyd, S. W. (2003). "Inter-Firm Networks and Entrepreneurial Behavior: a Structural Embeddedness Perspective". *Journal of Management,* 29(3), 427-442.

Zukin, S., & DiMaggio, P. (1990). *Structures of capital: The social organization of the economy.* Cambridge University Press.

佐々木雅幸 外. (2019).『創造社會の都市と農村 SDGSへの文化政策』, 水曜社.

제4장

문화도시와 문화적 포용성의 가치

들어가는 글

현대 도시의 새로운 과제, 포용성

21세기 도시 담론의 중심에는 '포용성(Inclusiveness)'[1]이라는 가치가 자리 잡고 있다. 세계화와 신자유주의적 경쟁 질서가 한편으로는 전례 없는 풍요를 가져왔지만, 다른 한편으로는 불평등과 사회적 배제를 심화시켰다는 성찰 속에서 포용성은 도시의 지속가능성을 위한 핵심 의제로 부상했다. 유엔(UN), 경제협력개발기구(OECD) 등 국제기구는 물론, 세계 각국 정부는 사회 구성원 모두가 발전의 성과에서 소외되지 않고 동등한 기회를 누리는 '포용도시'를 미래 도시의 이상적인 모델로 제시하고 있다. 이러한 흐름은 도시를 단순한 경

---

1) 포용성(Inclusiveness): 사회나 집단에 속한 사람들이 타인을 너그럽게 감싸 주거나 받아들이는 것을 의미하며, 정책적으로는 사회 구성원 모두가 차별 없이 동등한 기회를 누리고 참여할 수 있도록 보장하는 것을 목표로 한다.

제 성장의 엔진이 아니라, 다양한 사람들이 어우러져 살아가는 삶의 터전으로 인식하는 패러다임의 전환을 의미한다.

그러나 포용도시에 대한 논의는 주로 경제적 기회균등이나 물리적 공간 접근성 향상에 집중되는 경향이 있다. 물론 이 또한 중요한 과제이지만, 진정으로 활력 있고 회복력 있는 도시를 만들기 위해서는 그보다 더 근본적인 차원, 즉 소위 '문화적 포용성'이라 불리는 개념에 대한 깊이 있는 고찰이 요구된다. 도시는 경제 활동의 장소일 뿐만 아니라, 다양한 정체성을 가진 사람들이 만나고 상호작용하며 새로운 의미와 문화를 창조하는 역동적인 공간이다. 문화적 차원에서의 '포용'은 단순히 소외된 집단을 사회의 주류 시스템 안으로 편입시키는 것을 넘어, 다름과 차이를 도시의 창의성과 혁신의 원천으로 인식하고 이를 적극적으로 증진하는 것을 목표로 한다.

제4장의 논의는 이 지점에서 출발한다. 문화도시가 지향해야 할 핵심 가치로서 문화적 포용성의 개념을 정립하고, 그것이 도시 공간과 정책 속에서 어떻게 구현될 수 있는지를 탐색하고자 한다. 이를 위해 본 장은 다음과 같은 논리적 흐름에 따라 논의를 전개한다. 첫째, 포용성의 개념을 '사회적 포용성'[2]과 '문화적 포용성'으로 구분하여 그 의미와 한계를 명확히 하고, '문화다양성'과 '다문화주의'의 개념적 차이를 분석함으로써 논의의 이론적 토대를 마련한다. 둘째, 문화적 포용성을 실현하기 위한 구체적인 작동 기제로서 '협력적 거버넌스'[3]와 '공감[4]의 콘텐츠'라는 두 축을 분석한다. 마지막으로, 이러한 이

---

[2] 사회적 포용성(Social Inclusiveness): 개인이나 집단이 겪는 사회적 배제를 해소하기 위해, 이들이 주거, 복지, 교육, 노동 등 사회의 주요 제도와 관계망에 동등하게 접근하고 참여할 수 있도록 보장하는 것을 목표로 하는 개념 및 정책적 접근. 주로 영역(Domain)에 기반한 통합을 강조한다.

[3] 거버넌스(Governance): 과거 정부 중심의 일방적인 통치(Government)와 구별되는 개념으로, 정부, 시장(기업), 시민사회가 협력과 네트워크를 통해 사회 문제를 함께 해결해 나가는 방식을 의미한다. 도시 정책에서는 다양한 이해관계자들이 정책 결정과 실행과정에 동등한 주체로 참여

론적 논의를 구체적인 사례에 적용하여, 문화적 포용성이 실제 도시 공간에서 어떻게 역동적으로 발현되는지를 보여 주고자 한다.

궁극적으로 본 장은 문화도시의 성공이 단순히 화려한 문화 시설이나 대규모 이벤트에 있는 것이 아니라, 다양한 문화적 주체들이 서로의 다름을 존중하고, 자유롭게 교류하며, 새로운 문화를 함께 만들어나갈 수 있는 '과정' 그 자체에 있음을 주장하고자 한다. 이를 통해 문화적 포용성이 어떻게 도시의 새로운 성장 동력이자 지속가능한 발전의 핵심 기반이 될 수 있는지에 대한 통찰을 제공할 것이다. 주요 내용은 박민하·이병민(2019)의 논의를 중심으로 재정리되었음을 밝힌다.

1. 포용성의 재구성: 사회적 통합에서 문화적 공존으로

사회적 포용성의 기반과 한계

문화적 포용성을 논하기 위해서는 먼저 그 개념적 토대가 되는 '포용성' 자체에 대한 면밀한 이해가 선행되어야 한다. 포용성은 사회적 배제에 대한 대안으로 등장했지만, 그 접근 방식에 따라 상이한 함의를 지닌다. 이 장에서는

하는 협치(協治)의 의미로 사용된다. '협력적 거버넌스'라, 이때, 다양한 이해관계자들이 함께 협력하여 공공 정책을 결정하고 실행하는 과정을 의미한다. 즉, '다른방법으로는 성취하기 힘든 공동목적을 달성하기 위하여 정부기관의 경계, 정부의 수준, 공적/사적/시민사회영역을 가로질러 행위자들을 참여하게 하는 공공정책 결정 및 관리의 과정과 구조'라고 볼 수 있다(이슬기, 2020).

4) 공감(Empathy)은 타인에 대한 온전한 이해를 통해 타인의 입장에서 그 사람의 감정을 느끼고 이해하고, 반응하는 능력이라고 알려져 있으며, 단순히 타인의 어려움에 대해 안타까움을 느끼고 일방적으로 도움을 주는 시혜적 관계를 의미하는 동정(Sympathy)이나 연민(Compassion)과는 구별된다고 한다. 이러한 공감은 타인의 감정을 함께 경험할 수 있는 조건이자 능력이라 할 수 있다(장원호·정수희, 2019, p.125).

포용성의 개념을 사회적 차원과 문화적 차원으로 나누어 분석하고, 관련 개념인 문화다양성과 다문화주의를 비교함으로써 문화적 포용성의 고유한 특성과 중요성을 부각하고자 한다.

사회적 포용성은 사회적 배제(Social Exclusion)의 반대 개념으로, 개인이 사회의 제도와 관계에 접근하고 통합될 수 있는 상태를 지향한다. 이는 주로 빈곤, 실업, 차별 등으로 인해 사회의 주류 시스템에서 소외된 개인이나 집단에게 노동 시장, 공공 서비스, 주거, 교육, 정치 참여 등의 기회를 보장하는 데 초점을 맞춘다. 즉, 사회적 포용성의 핵심 논리는 '영역성(領域性)'에 기반한다. 이는 특정 개인을 사회라는 정해진 영역의 '내부'로 끌어들여 소속감과 안정감을 부여하고, 시민으로서의 권리를 온전히 누리게 하는 것을 목표로 한다.

이러한 접근은 도시에서 발생하는 많은 불평등 문제를 해결하는 데 분명한 이점을 가진다. 소외 계층의 기본적인 삶의 질을 보장하고 사회 통합에 기여하기 때문이다. 그러나 사회적 포용성 모델은 그 자체로 몇 가지 구조적인 한계를 내포한다. 첫째, 문제 해결의 방식이 하드웨어 중심, 즉 물리적 인프라나 제도적 장치 마련에 치우칠 수 있다. 이는 접근성 향상에는 기여할 수 있으나, 더 깊은 차원의 관계 형성을 촉진하는 데는 한계가 있다. 둘째, 더 근본적인 문제로서, 사회적 포용성은 은연 중에 '동화주의(Assimilationism)'적 압력을 가할 수 있다. 이는 포용의 대상을 기존 사회 시스템에 적응해야 할 존재로 상정하기 때문이다. 이 과정에서 소수 집단은 주류 사회의 가치와 규범을 수용하도록 요구받으며, 자신들의 고유한 문화적 정체성을 드러내기보다는 '요구받는 정체성'을 만들어야 하는 압력을 받을 수 있다. 이는 결국 차이와 다양성의 가치를 간과하고, 경계를 허무는 것이 아니라 보이지 않는 새로운 경계를 만들어 내는 결과를 낳을 수 있다. 한국의 초기 다문화 정책이 결혼 이주여성에게 한국어와 한국 문화를 가르쳐 한국 사회에 '적응'시키는 데 집중했던 것은 이러한 동화주의적 경향을 보여 주는 대표적인 예이다.

따라서 사회적 포용성에만 머무는 문화도시 정책은 표면적인 통합은 이룰지 몰라도, 진정한 의미의 다양성을 꽃 피우지는 못한다. 다양성이란 단지 '용인'되는 것을 넘어 도시의 활력을 만드는 '생산적인 힘'으로 존중받고 적극적으로 발현될 때 진정한 의미가 있기 때문이다. 바로 이 지점에서 사회적 포용성을 넘어서는 새로운 개념, 즉 문화적 포용성에 대한 논의가 필요해진다.

문화적 포용성의 개념화: 관계적 접근

전통적인 공간 개념은 소속감과 안정감을 주는 '영역성'을 기반으로 했다. 그러나 정보통신기술의 발달과 이동성의 증가는 이러한 경계를 허물고 있다. 지리학자 도린 매시(Doreen Massey)는 현대의 공간을 고정된 영역이 아닌, 끊임없이 변화하는 '관계의 산물(The Product of Interrelations)'로 보아야 한다고 주장했다(Massey, 2005). 이러한 관계적 관점에서 공간의 경계는 배타적인 장벽이 아니라, 서로 다른 문화와 차이들이 넘나들며 새로운 혼종(Hybrid)의 가능성을 만들어 내는 '개방적 경계'가 된다.

문화적 포용성은 바로 이 '개방적 경계'를 지향한다. 이는 단순히 여러 문화를 물리적으로 모아두는 것을 넘어, 각각의 다양성이 고유성을 유지하면서도 서로 자유롭게 교류하고 영향을 주고받는 환경을 조성하는 것이다. 즉, 문화적 포용성은 통합이 아닌 '공존'을, 결속이 아닌 '개방성'을, 일방적 수용이 아닌 '상호작용'을 핵심 가치로 삼는다. 이러한 과정 속에서 개인은 수동적인 수혜자가 아니라, 도시 공간에서 자신의 문화를 표현하고 새로운 관계를 형성하며 문화적 의미를 창출하는 능동적인 주체가 된다.

이런 맥락에서 문화적 포용성은 사회적 포용성의 기반 위에 '관계성(關係

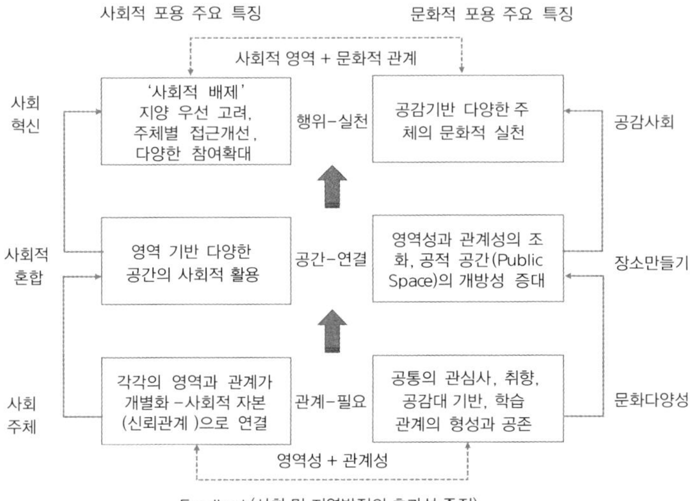

〈그림 4-1〉 도시의 문화적 포용성 주요 특징의 개념화(안)

性)'이라는 핵심 차원을 더함으로써 그 개념을 확장하고 심화시킨다. 문화적 포용성의 목표는 단순히 소외된 이들을 포함시키는 것(Inclusion)이 아니라, 다양한 문화적 배경을 가진 주체들이 서로 동등한 위치에서 상호작용하고 영향을 주고받으며 새로운 혼종적(Hybrid) 문화를 창조해 나가는 '공존(Coexistence)'의 상태를 만드는 것이다. 여기서 강조점은 정적인 시스템으로의 통합에서 역동적인 문화 생태계로의 참여라고 할 수 있다. 이러한 문화적 포용성은 특정한 과정을 통해 발전하는 것으로 개념화할 수 있다. 박민하·이병민(2019)의 연구에 따르면, 이 과정은 '관계→공간→행위'라는 세 단계의 선순환 구조를 통해 구체화된다(〈그림 4-1〉 참조).

- 1단계 관계(Relationship)의 형성: 문화적 포용성은 공통의 관심사, 취향, 정서, 공감대를 기반으로 한 자발적이고 수평적인 관계 맺기에서 시작된다.

  뉴노멀 시대 문화도시와 로컬의 힘

이는 제도나 정책에 의해 강제되는 것이 아니라, 개인들의 자발적인 선택에 의해 형성되고 해체되는 유연한 특징을 지닌다. 이러한 관계망 속에서 개인들은 강한 유대감을 형성하고, 이는 창의적인 문화 활동의 기반이 된다.

- 2단계 공간(Space)의 연결: 형성된 관계는 물리적, 혹은 가상적 '공간'을 통해 유지되고 증폭된다. 여기서 공간은 단순한 배경이 아니라, 다양한 주체들이 만나고 교류하며 새로운 의미를 창출하는 '공적 공간(Public Space)'이자 '장소(Place)'로서 기능한다. 폐쇄적인 영역이 아닌 개방성을 전제로 한 공간에서 다양한 문화적 실험과 실천이 이루어진다.
- 3단계 행위(Action)의 실천: 관계와 공간의 상호작용은 구체적인 '문화적 행위'로 이어진다. 이는 축제, 공연, 창작 활동, 커뮤니티 운영 등 다양한 형태로 나타나며, 이 과정에서 개인은 문화의 수동적인 소비자에서 능동적인 생산자이자 포용성을 만들어 가는 주체로 거듭난다.

이 모델이 시사하는 바는 문화적 포용성이 완벽한 조화의 상태라는 최종 '결과'가 아니라, 끊임없이 생성되고 변화하며 때로는 갈등을 포함하는 역동적인 '과정'이라는 점이다. 따라서 성공적인 문화도시 정책은 이러한 생산적 긴장 상태를 억지로 없애려 하기보다는, 그것을 건강하게 관리하고 창의적 에너지로 전환시킬 수 있는 플랫폼을 제공하는 데 집중해야 한다.

문화다양성과 다문화주의: 동태적 상호작용과 정태적 공존

문화적 포용성의 논의를 더욱 정교화하기 위해서는 '문화다양성(Cultural Diversity)'과 '다문화주의(Multiculturalism)'의 개념을 명확히 구분할 필요가 있다. 두 용어는 종종 혼용되지만, 지향하는 바에 중요한 차이를 보인다.

다문화주의는 하나의 사회 안에 여러 문화가 마치 모자이크처럼 각자의 형태를 유지하며 공존하는 상태를 의미하는 경우가 많다. 이러한 관점에서 정책은 주로 각기 다른 문화 집단을 인정하고 관리하며, 이들 간의 갈등을 최소화하는 데 초점을 맞춘다. 그러나 이는 자칫 문화를 고정되고 분리된 실체로 간주하여, 문화 간의 상호작용이나 창조적 변화의 가능성을 간과하는 '정태적 공존'에 머무를 위험이 있다.

반면, 문화다양성은 유네스코(UNESCO)의 정의에서 볼 수 있듯 훨씬 더 동태적이고 적극적인 개념이다.[5] 이는 단순히 여러 문화가 존재한다는 사실을 넘어, 그 문화들이 다양한 방식으로 '표현'되고, '교류'하며, '전승'되는 과정 자체를 보호하고 증진하는 것을 목표로 한다. 문화다양성은 문화적 차이를 인류 전체의 공동 자산이자 창의성과 혁신의 원천으로 간주한다. 즉, 다름을 관리의 대상으로 보는 것이 아니라, 새로운 가치 창출의 동력으로 보는 것이다. 2021년 한국 정부가 발표한 '제1차 문화다양성 보호 및 증진 기본계획'은 소수자의 문화 참여 보장과 문화적 표현의 다양성 보호를 강조하며, 과거의 이민자 중심 다문화 정책에서 벗어나 이러한 포괄적인 문화다양성의 관점으로 나아가려는 정책적 의지를 보여 준다.[6]

---

5) 문화다양성은 서로 다른 생각과 표현의 차이를 이해하고 존중함으로써 다양함이 공존하는 풍요로운 사회를 이루고자 하는 정신이자 실천을 뜻하는데, 유네스코는 국제사회의 변화 속에서 다양한 문화들의 통폐합이 아닌 공존을 강조하고 국가의 고유한 문화적 정체성 및 문화주권 보호를 위한 해결책으로 '문화다양성'을 이야기한다. 1999년 제30차 유네스코 총회에서 각자의 문화를 지키며 상호 존중할 수 있도록 문화다양성 보호 선언의 필요성이 처음 제기되었고, 이후 2년간 그동안 국제회의에서 언급된 문화정책과 관련한 여러 제안과 보고서, 각국의 전문가의 의견과 설문조사 등 다양한 절차를 거쳐 선언문을 만들었다. 이에, 2001년, 파리에서 열린 제31차 유네스코 총회에서 〈세계 문화다양성 선언〉이 공식적으로 채택·발표되었다. 출처: https://cda.or.kr/IntruduceCDA

6) 2025년 6월 현재 2021년부터 2024년까지의 제1차 기본계획이 시행 완료되었으며, 2025년에는 문화다양성을 국민 모두가 체감하는 일상 속 가치로 확산하는 내용을 담은 제2차 문화다양성 보호 및 증진 기본계획(2025~2028)이 발표되었다(2025.10.31).

　　　　　　　　　　　　　　뉴노멀 시대 문화도시와 로컬의 힘

〈표 4-1〉 포용성 및 다양성 관련 개념 비교

개념	핵심 논리	주요 목표	핵심 특징	잠재적 한계
사회적 포용성	영역 기반 (영역성)	통합 및 접근	권리, 서비스, 제도에 대한 접근성 보장	동화주의 압력, 문화적 가치 간과
다문화주의	집단 기반 공존	관용 및 관리	개별 문화 집단의 존재 인정	정태적 '모자이크', 문화적 고립 가능성
문화적 포용성	관계 기반 (관계성)	공존 및 공동 창조	상호작용, 혼종성, 새로운 문화 형식 촉진	과정 중심, 갈등과 협상 내포
문화다양성	표현 기반 상호작용	보호 및 증진	문화적 차이를 인류의 창의적 자산으로 가치 부여	포용적 실천과 연결되지 않으면 추상적일 수 있음

출처: 박민하·이병민, 2019; 김승환, 2007 재구성

이러한 개념들을 종합하여 비교하면 다음 〈표 4-1〉과 같다. 이 표는 각 개념의 핵심 논리와 목표, 특징을 명확히 구분함으로써 문화적 포용성을 이해하는 데 필요한 분석적 틀을 제공하고 있다.

결론적으로, 문화도시가 지향해야 할 포용성은 사회적 포용성을 기초로 하되, 정태적인 다문화주의를 넘어, 관계 맺기와 상호작용을 통해 새로운 가치를 창출하는 문화적 포용성과 문화다양성의 차원으로 나아가야 한다. 이는 도시를 구성하는 모든 개인이 자신의 문화적 정체성을 존중받으며, 다른 문화와 자유롭게 소통하고, 도시의 문화적 삶을 함께 만들어가는 능동적인 주체가 되도록 하는 것이다.

2. 포용성의 작동 원리: 거버넌스와 공감의 콘텐츠

문화적 포용성이 단지 추상적인 이념에 그치지 않고 도시의 현실 속에서 구

체적으로 뿌리내리기 위해서는 이를 실현할 수 있는 실질적인 방법론이 필요하다. 이 장에서는 문화적 포용성을 구현하는 두 가지 핵심적인 작동 원리, 즉 '협력적 거버넌스'와 '공감의 콘텐츠'에 대해 탐구한다. 거버넌스가 포용성을 위한 구조적·제도적 틀을 제공한다면, 공감의 콘텐츠는 그 틀 안에서 사람들 사이의 정서적 연결과 상호 이해를 촉진하는 역할을 한다.

문화도시를 위한 협력적 거버넌스

전통적인 도시 관리는 정부가 일방적으로 정책을 수립하고 집행하는 하향식(Top-Down) 방식에 의존해 왔다. 그러나 도시 문제가 점차 복잡해지고 다양한 이해관계가 얽히면서, 이러한 방식은 한계에 부딪혔다. 이에 대한 대안으로 등장한 것이 바로 '협력적 거버넌스'이다. 협력적 거버넌스란 공공 부문(정부), 민간 부문(기업, 상인), 그리고 시민 사회(시민 단체, 예술가, 주민)가 특정 사회 문제 해결을 위해 수평적인 네트워크를 구축하고, 의사결정 과정에 공동으로 참여하며, 책임을 공유하는 협치체계를 의미한다.[7]

문화도시 정책에서 협력적 거버넌스는 특히 중요하다. 문화는 본질적으로 다양한 주체들의 자발적인 참여와 창의성에 의해 만들어지기 때문에, 정부의 일방적인 통제보다는 다자간의 협력과 소통이 훨씬 효과적이기 때문이다. 성공적인 협력적 거버넌스는 다음과 같은 다양한 모델을 통해 구현될 수 있다.

- 광역-기초 지자체 간 협력 모델: 대전광역시와 주변 8개 시·군이 연계하여

---

7) 이와 관련하여 박종택(2021)은 협력적 거버넌스에 문화교류의 의미를 더하여 '협력적 문화교류 거버넌스'를 정의한 바 있어 참조할만 하다. 협력적 문화교류 거버넌스는 '문화교류와 관련한 공동의 목적을 달성하기 위하여 국가, 공공기관, 민간단체, 개인의 경계를 넘어 다양한 참여자(행위자)들이 자율적으로 네트워크를 구성하여 참여한 공동의 의사결정 과정'이라고 정의된다.

관광자원, 교통망, 지역 축제를 공동으로 개발하고 홍보하려는 '대전대도시권(G9) 협력사업'은 지자체 간 협력을 도모하는 사례다. 이는 개별 지자체의 한계를 넘어 광역권 전체의 경쟁력을 높이는 시너지 효과 창출의 가능성을 보여 준다(구교준 외, 2013).

- 민·관·시민 파트너십 모델: 많은 지자체에서 시행하고 있는 '주민참여예산제도'[8]는 시민과 시민 단체가 예산 편성 과정에 직접 참여하여 자신들의 필요와 요구를 정책에 반영하는 모델이다. 이는 행정의 투명성과 민주성을 높이고, 시민을 단순한 수혜자에서 시정의 주체로 격상시키는 효과를 가진다(신상준 외, 2015).
- 상업-커뮤니티 연계 모델: 일본 도쿄의 '기치조지(吉祥寺)'와 '시모키타자와(下北沢)' 지역은 대형 백화점과 쇼핑몰, 그리고 골목 상권을 형성하는 소규모 상점가 연합회, 지역 행정이 긴밀하게 협력하여 지역의 독특한 상업적·문화적 정체성을 유지하고 발전시키는 사례다. 이는 대자본과 소상공인이 대립하는 것이 아니라, 상생의 거버넌스를 통해 지역 전체의 매력을 높일 수 있음을 시사한다(임화진 외, 2015).

그러나 협력적 거버넌스가 언제나 순탄하게 작동하는 것은 아니다. 참여주체들간의 자원과 권력의 불균형은 협력의 가장 큰 걸림돌이 될 수 있다. 예를 들어, 대전대도시권 협의회에서는 광역단체인 대전광역시의 영향력이 다른 기초단체들에 비해 월등히 커서, 대전시의 독주를 견제하기 위한 제도적 장치(예: 공동회장체제)가 필요했다. 마찬가지로, 민간 개발 사업에서는 막대한 자본

---

8) 주민들이 지방자치단체의 예산 편성 및 집행 과정에 직접 참여하여 예산 운영의 투명성과 공정성을 높이는 제도이다. 주민들은 예산 제안, 토론, 투표 등을 통해 자신들의 의견을 반영하고, 지역의 발전을 위한 사업을 결정하는 데 참여할 수 있다.

을 가진 개발사의 입김이 지역 주민이나 영세 상인의 목소리를 압도할 위험이 상존한다.

따라서 효과적인 협력적 거버넌스를 구축하기 위해서는 단순히 다양한 주체를 참여시키는 것을 넘어, 그 구조를 세심하게 '설계'하는 것이 중요하다. 〈그림 4-2〉는 문화정책 영역에서 가능한 지역 수준의 협력적 거버넌스 모델을 도식화한 것이다. 이 모델은 각 주체가 동등한 파트너로서 기능하기 위한 핵심 요소들을 보여 준다. 성공적인 거버넌스는 참여자 간의 힘의 균형을 맞추기 위한 제도적 장치를 마련하고, 투명한 정보 공유를 보장하며, 모든 참여자가 의사결정 과정에 실질적으로 개입할 수 있는 공식적인 절차를 갖추어야 한다. 이러한 구조적 기반 위에서만 진정으로 포용적인 문화도시 정책이 탄생할 수 있다.

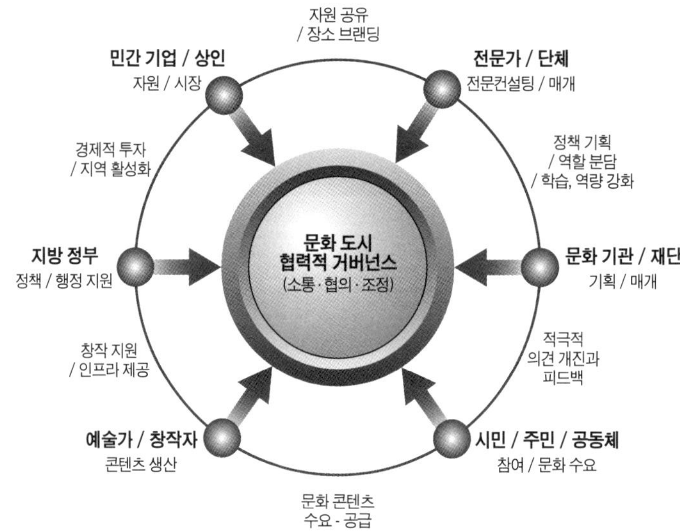

〈그림 4-2〉 지역문화정책을 위한 협력적 거버넌스 모델(안)

주: 본 다이어그램은 지방정부, 문화기관, 민간 부문, 예술가, 시민 등 다양한 주체들이 상호 소통하고 자원을 교환하며, 공동으로 정책 결정에 참여하는 이상적인 협력적 거버넌스의 구조를 나타낸다.

 뉴노멀 시대 문화도시와 로컬의 힘

공감의 역할과 '공감의 콘텐츠'

잘 설계된 거버넌스가 문화적 포용성을 위한 '뼈대'라면, 그 안을 채우고 생명을 불어넣는 '혈액'과 같은 역할을 하는 것이 바로 '공감(Empathy)'이다. 문화적 차이와 이질성에서 비롯되는 갈등과 오해를 넘어 서로를 이해하고 연결될 수 있도록 만드는 힘은 논리적 설득보다는 정서적 교감, 즉 공감에서 비롯되는 경우가 많다. 철학자 데이비드 흄(David Hume)이 "인간 본성의 가장 놀라운 성질은 다른 사람의 감정을 공감하고 수용할 수 있는 성향"이라고 말했듯이, 공감은 사회적 연대의 근본적인 토대가 된다(이영재, 2014).

이러한 맥락에서 '공감사회(Empathy Society)'라는 개념이 등장한다. 공감사회란 이성, 효율, 경쟁의 원리를 넘어, 디지털 기술을 통한 소통과 문화적 교류를 통해 다양한 집단 간의 상호 이해와 공감을 바탕으로 새로운 가치 체계를 만들어 나가는 사회를 의미한다. 문화도시에서 이러한 공감사회를 구현하는 가장 중요한 매개체는 바로 '공감의 콘텐츠'이다. 공감의 콘텐츠는 단순히 재미나 정보를 제공하는 것을 넘어, 창작자와 향유자, 그리고 향유자들 사이에 정서적 유대감을 형성하고 소통을 촉진하는 문화적 산물이다.

공감은 '말하기–공유하기–협력하기–듣기'라는 소통의 순환 과정을 통해 증폭된다. 창작자가 자신의 이야기를 콘텐츠에 담아 세상에 '말하면', 향유자들은 이를 소비하고 SNS 등을 통해 '공유'한다. 이 과정에서 공감대를 형성한 이들은 팬덤을 만들고 2차 창작을 하는 등 '협력'하며 새로운 의미를 만들어 내고, 이러한 반응을 다시 창작자가 '들음'으로써 다음 창작에 반영하는 선순환이 이루어진다. 이스라엘과 팔레스타인 학생이 K–pop이라는 공통의 관심사를 통해 만나 대화하며 서로에 대한 편견을 허물게 된 사례는, 문화콘텐츠가 어떻게 적대적인 집단 사이에서도 공감의 다리를 놓을 수 있는지를 극적으

<표 4-2> 사회적 자본과 소셜 네트워크 리소스의 특징 비교

구분	사회적 자본 (Social Capital)	소셜 네트워크 리소스 (Social Network Resources)
핵심 개념	신뢰, 호혜성, 네트워크	개방성, 공유, 참여, 협력
신뢰 기반	양적 신뢰(평판, 추천 수 등)	질적 신뢰(관계에 대한 믿음)
공간적 특성	주로 근거리, 클러스터 기반 (오프라인 중심)	글로컬(Glocal), 시공간 초월 (온·오프라인 혼용)
유대 형태	강한 유대(Bonding) 중심	강한 유대와 약한 유대(Bridging)의 혼용
주요 기능	공동체 결속 강화, 집단 문제 해결	창조성 및 아이디어 결합 촉진, 기술 혁신 도모

로 보여 준다(장원호·송정은, 2018).

이러한 공감의 형성과 확산은 현대 사회의 새로운 자원인 '소셜 네트워크 리소스(Social Network Resources)'에 의해 더욱 가속화된다(이병민, 2013). 이는 전통적인 '사회적 자본(Social Capital)' 개념이 디지털 시대에 맞게 진화한 것이다. 사회적 자본이 주로 지리적 근접성에 기반한 강한 유대와 신뢰를 강조했다면, 소셜 네트워크 리소스는 디지털 플랫폼을 통해 시공간을 초월하여 형성되는, 개방성·공유·참여·협력을 특징으로 하는 유연한 네트워크 자원을 의미한다. 사람들은 이제 혈연이나 지연이 아닌, 공통의 '취향'을 기반으로 온라인 커뮤니티를 형성하고(이른바 '신부족주의'9)), 이곳에서 지식과 정보를 공유하며 새로운 창조적 결과물을 만들어 낸다. 문화도시에서는 디지털사회의 변화

---

9) 프랑스 사회학자 미셸 마페졸리가 주로 연구하고 명명한 개념으로, 개인주의적 주체가 아니라 기존 근대 사회의 개인주의적 보편주의가 한계에 부딪히면서 새로운 부족주의가 출현했다고 설명한다. 이들은 사회적·정치적·경제적 정체성보다 집단적 감정과 분노, 열광으로 결속하며 문화적이고 감정적인 혁명을 이루는 현상으로 본다. 신부족주의는 전통적인 민족주의가 아닌, 다원적이고 가변적인 소집단 네트워크를 통해서 형성되며, 인터넷이 시간과 공간의 한계를 넘어 다양한 부족의 연결망을 가능하게 한다. 이런 측면에서 신부족주의는 개인주의 이후 포스트모던 사회에서 나타나는 다양한 소규모 정서적·문화적 집단이 결집하는 사회적 흐름이라 할 수 있다.

에 따라 이러한 자산의 역할이 더욱 중요해진다.

〈표 4-2〉에서 볼 수 있듯, 소셜 네트워크 리소스는 느슨하지만 광범위한 연대를 가능하게 하고, 다양한 아이디어의 결합을 촉진하여 문화적 혼종성(Hybridity)과 창의성을 극대화한다. 따라서 문화도시 정책은 단순히 문화콘텐츠 생산을 지원하는 것을 넘어, 이러한 소셜 네트워크 리소스가 활발하게 생성되고 순환할 수 있는 디지털·물리적 플랫폼을 조성하는 데 주목해야 한다. 이를 통해 다양한 배경을 가진 시민들이 공감의 콘텐츠를 매개로 서로 연결되고, 궁극적으로는 문화적 포용성을 스스로 체화하고 실천하는 공감사회의 주체로 성장할 수 있을 것이다.

3. 사례 연구: 홍대앞[10]의 문화적 포용성 동학(動學)

분석의 개요

앞서 논의한 문화적 포용성의 이론적 틀, 즉 '관계 → 공간 → 행위'의 과정과 협력적 거버넌스, 공감의 콘텐츠라는 작동 원리가 실제 도시 공간에서 어떻게 나타나는지를 탐색하기 위해 서울의 '홍대앞' 지역을 심층 사례로 분석한다. 홍대앞은 한국의 대표적인 문화지구로서, 지난 수십 년간 역동적인 변화를 겪으며 문화적 포용성의 다양한 측면을 압축적으로 보여 주는 살아있는 실험실과 같은 공간이다. 한편으로는 본래 예술가와 민간이 주도하는 '예술창작형'·'민간주도형' 문화생태계가 특징이었으나, 최근에는 행정의 지원과 개입

---

10) 서울특별시 마포구 홍익대학교 주변 지역을 일컫는 말로, 동교동, 서교동, 상수동 등을 포괄하는 행정적 범위를 넘어 독특한 문화적 정체성을 지닌 장소를 의미한다.

이 늘어나면서 정책적 거버넌스와 상업화가 동시에 진행되고 있으며, '정형화된 문화 관광 거리'로 바뀌었다는 평가도 있다.

맥락: 대항문화의 중심지에서 글로컬 핫플레이스로

1980~1990년대 홍대앞은 주류 문화에 대한 대안을 모색하는 비주류 미술, 인디 음악, 독립 영화 등 대항문화(Counter-Culture)의 중심지였다. 폐쇄적이면서도 강한 연대를 가진 예술가 공동체를 기반으로 독특한 문화적 정체성을 형성했다. 그러나 2000년대 이후 상업화와 대중화가 급격히 진행되고, 2010년 공항철도 개통 이후 외국인 관광객이 급증하면서 홍대앞은 거대한 변화의 소용돌이에 휩싸였다. 급등하는 임대료를 견디지 못한 예술가들과 원주민들이 떠나는 젠트리피케이션이 심화되었고, 개성 있는 문화 공간들은 프랜차이즈 상점으로 대체되었다. 이로 인해 홍대앞은 고유의 창작 문화 기반을 잃고 거대한 문화소비 지역으로 변모했다는 비판에 직면했다.

그러나 이러한 위기 속에서도 홍대앞은 새로운 방식으로 문화적 생명력을 이어가고 있다. 과거의 동질적인 예술가 공동체는 해체되었지만, 그 자리를 독립서점 등 더욱 다양하고 이질적인 주체들이 채우면서 새로운 관계망과 문화적 실천들이 나타나고 있기 때문이다. 이는 홍대앞이 문화적 포용성의 가능성과 과제를 동시에 안고 있는 복합적인 공간임을 시사한다. 최근 연구에서는 이를 다양한 사람들이 섞이는 것을 넘어, 개인의 취향과 가치관에 따라 자발적으로 형성되고 해체되는 유연한 관계로서의 느슨한 공동체(Loose Community)로 표현하기도 한다(구선아·장원호, 2020).

뉴노멀 시대 문화도시와 로컬의 힘

'관계-공간-행위' 틀로 본 홍대앞 분석

홍대앞의 현재를 문화적 포용성의 관점에서 분석하기 위해 '관계 → 공간 → 행위'의 분석틀을 적용하면 다음과 같은 동학을 발견할 수 있다.

관계(關係): 이질적 네트워크의 중첩

2010년대 이후 홍대앞의 관계망은 과거 예술가 중심의 폐쇄적인 네트워크에서 벗어나, 매우 다층적이고 중첩된 형태로 변화했다. 이곳에는 20년 이상 활동해 온 터줏대감 예술가, 젠트리피케이션을 피해 새롭게 유입된 신진 창작자, 지역의 변화에 목소리를 내는 주민과 상인, 문화를 향유하는 젊은 세대와 중장년층, 그리고 다양한 국적의 관광객들이 공존한다.

이들은 과거처럼 특정 장르나 이념을 중심으로 뭉치기보다는, 개별적인 공간을 거점으로 취향과 관심사에 따라 유연하게 연결된다. 예를 들어, 한 복합문화공간에서는 서예를 가르치고 싶어하는 노년의 서예가와 이를 배우려는 청년들이 만나 세대 간 교류가 이루어지기도 하고, 독립서점을 중심으로 출판 관계자, 작가, 디자이너들이 새로운 네트워크를 형성하기도 한다. 특히 젠트리피케이션이라는 공동의 문제에 대응하기 위해 문화 활동가, 상인, 주민이 서로를 동등한 주체로 인정하고 상생을 모색하는 움직임은 과거에는 볼 수 없었던 새로운 수평적 관계의 형성 가능성을 보여 준다. 이처럼 홍대앞은 다양한 주체들이 각자의 목적과 관심사에 따라 이합집산하며 끊임없이 새로운 관계의 저변을 넓혀가는, 문화다양성을 전제로 한 관계 맺기의 실험장이 되고 있다.

공간(空間): 개방적이고 경합적인 장소의 생산

　이러한 다층적 관계는 홍대앞의 다양한 공적 공간들을 통해 발현되고 유지된다. 이 공간들은 고정된 기능을 가진 장소가 아니라, 그곳을 이용하는 사람들의 행위에 의해 끊임없이 새로운 의미가 부여되고 '생산'되는 개방적인 장소들이다. 다만, 이는 공공의 개입에 따라 부정적으로 변화하기도 한다.

- 홍대앞 놀이터와 상업화: 이곳은 각각 '프리마켓'과 '희망시장', 그리고 '버스킹'의 핵심 공간으로 과거 기능했다. 창작자들은 이곳에서 중간 유통 과정 없이 소비자와 직접 만나 자신의 작품을 판매하고 소통하며, 거리 공연가들은 불특정 다수의 관객과 즉흥적으로 교감했다. 이 공간들은 문화의 생산과 소비, 향유가 동시에 일어나는 열린 무대이자, 외부 방문객들이 잠시 멈춰 홍대앞의 문화를 체험할 수 있는 창구 역할을 했었다. 하지만 현재는 넓고 단순한 개방형 광장으로 변화되었으며, '홍익문화공원'으로 바뀌어 예전의

〈그림 4-3〉 홍대앞 '홍익문화공원'　　　〈그림 4-4〉 서울의 백빈건널목(땡땡거리)
출처: 트립인포

아티스트·학생·주민들이 모여 있던 다채로운 풍경은 찾기 어렵다는 평가가 있다.

- 상수동 카페 골목과 땡땡거리: 젠트리피케이션으로 밀려난 예술가들이 정착하면서 새로운 문화 거점으로 부상한 공간들이다. 주택가 골목 전체가 축제의 장이 되기도 하고(상수동 골목 축제), 과거 인디문화의 기억을 간직한 유휴지가 주민과 예술가가 공존하는 문화 활동의 장으로 재탄생하기도 한다(땡땡거리). 매달 첫째 주 토요일 땡땡거리 마켓에서는 예술가, 지역 주민, 상인이 직접 만든 작품을 판매하고 다양한 문화 행사가 개최됐다. 이곳은 도심 속 장터로 기능함으로써, 공식적인 광장이 아닌 일상적인 골목과 거리가 문화적 교류의 중심지가 될 수 있는 가능성을 보여 준 사례이다. 하지만 임대료 상승과 외부 방문객 급증으로 인해 현재는 활성화되지 않고 있으며, 예술인의 지속가능한 창작 환경이 제한된 사례이기도 하다.[11]
- 경의선 책거리: 행정 주도로 조성되었지만, 주변 서점 및 출판사와의 연계, 주민 참여형 프로그램을 통해 단순한 공원을 넘어 책 문화를 매개로 한 소통의 공간으로 진화하는 모습을 보여 준 바 있다. 하지만, '경의선 책거리'는 2024년 '레드로드 발전소'로 명칭이 변경되고 책 관련 부스들이 철수하고 복합문화 예술시설로 바뀌는 등 큰 변화를 겪었다.

〈표 4-3〉은 이러한 홍대앞의 핵심 문화 공간과 정책의 특성들에 대한 장단점을 정리한 것이다. 이 공간들은 '개방성'을 특성으로 했었지만, 소음 문제(버스킹), 상업화, 정책의 일관성 문제 등으로 다양한 주체들의 이해관계가 충돌

---

11) 땡땡거리의 정식 명칭은 '백빈건널목'이며, 경의중앙선과 경춘선이 달리는 곳이다. '열차 통과 정지'라는 붉은 글자 앞에 멈춘 사람들은 잠시 숨고르기를 하는 곳이며, 드라마 〈나의 아저씨〉에서 주인공이 고단한 하루 일과를 끝내고 귀가하는 길의 배경이 되어 주었던 곳으로 레트로 감성의 상징이기도 하다.

〈표 4-3〉 홍대앞 문화공간과 정책의 장단점 정리

구분	사례 및 내용	장점	단점 및 문제점
복합 예술 벨트 조성	당인리 문화창작발전소, 레드로드, 로드갤러리 등 예술공간 확충	예술인 창작환경 개선, 지역주민·관광객 문화향유 기회 확대, 도시 브랜드가치 상승	상업화·관광객 유입으로 인한 젠트리피케이션, 원주민·예술가 이탈 가능성
민간주도 문화 생태계	인디음악, 거리예술, 협동조합·사회적기업 활동, 다양한 예술장르의 자생적 성장	창의적 실험, 다양한 문화 콘텐츠 생산, 지역 정체성 강화	정책 일관성 부족, 산발적 활동, 공공정책과의 충돌 가능성
관광특구·상업화	홍대앞 관광특구 추진, 거리축제, 예술공연장 및 문화복합타운 조성	지역경제 활성화, 상권 발전, 글로벌 관광도시 이미지	임대료 상승, 예술생태계 파괴, 상업적 소비문화 확산, 예술가 및 소규모 창작자 기반 약화
공공정책 지원	예술인 전시공간 제공, 문화예술 지원사업, 주민참여형 문화정책	예술인 복지 향상, 주민 행복지수 상승, 문화복지 실현	행정의 일방적 정책 추진 시 현장과 괴리, 실질적 예술지원 미흡 사례 발생

주: 이는 2025년 6월 현재 시점에서 기술되어 장단점을 판단한 것으로 절대적인 내용은 아님.

하고 경합하는 '경합적(Contested)' 공간의 특징을 보여 주기도 한다.

행위(行爲): 공존과 갈등의 문화적 실천

관계와 공간의 상호작용은 홍대앞에서 다양한 문화적 실천, 즉 '행위'로 구체화된다. 이러한 행위들은 공존을 모색하는 동시에 갈등을 드러내는 이중적 성격을 띤다.

• 진화하는 버스킹과 새로운 팬덤 문화: 현재의 버스킹은 단순히 노래나 연주를 선보이는 것을 넘어, SNS를 적극적으로 활용하여 관객과 소통하고 온라인 팬덤을 형성하는 등 적극적인 관계 맺기의 방식으로 진화했다. 이는 공

연자와 관객이 함께 만들어 가는 참여적 문화 실천의 예이다.

- 시민 주도 축제와 공론장의 확산: 2010년대 이후 홍대앞의 축제들은 과거의 '대안'이라는 키워드에서 벗어나 '일상', '시민', '공존'을 주제로 삼는 경향을 보인다. 시민참여형 거리공연 축제 등은 민관 거버넌스 형태로 추진되며, 지역 주민과 상인, 예술가가 동등한 주체로 참여한다. 또 젠트리피케이션, 문화예술 생태계의 지속가능성 등을 주제로 한 포럼과 토론회가 꾸준히 개최되며, 이는 홍대앞의 문제를 공동으로 해결하려는 공론장이 형성되고 있음을 보여 준다.

- '매개자'의 등장과 역할: 홍대앞의 다양한 주체들을 연결하고 소통을 촉진하는 '매개자(Mediator)'의 등장은 주목할 만한 특징이다. 이들은 특정 문화 공간 운영자, 문화 기획자, 혹은 '홍우주사회적협동조합'[12]과 같은 단체의 형태로 존재하며, 갈등을 중재하고 협업을 이끌어 내는 등 홍대앞 문화 생태계의 윤활유 역할을 한다.

- 갈등과 상호 조정: 문화적 포용성의 과정은 필연적으로 갈등을 수반한다. 버스킹 소음을 둘러싼 공연가와 주변 상인 간의 마찰이 대표적이다. 이에 대해 마포구청이 '버스킹 사전 신청제'를 도입하고, 공연자들 스스로 소리를 줄이는 등 자율적인 노력을 기울이는 모습은, 완전한 합의는 아니더라도 갈등을 관리하고 공존을 모색하려는 상호 조정의 과정이 작동하고 있음을 보여 준다.

---

12) '홍대앞에서 시작해서 우주로 뻗어나갈 문화예술 사회적협동조합', 줄여서 홍우주사회적협동조합("홍우주")는 한국의 대표적인 문화예술 클러스터인 서울 홍대앞을 기반으로 활동하고 있는 창작자·기획자·공간운영자·제작자·향유자·활동가들이 모인 문화예술 사회적협동조합이다. 2014년에 창립해 2025년 현재, 155명 가량의 조합원이 함께 하고 있으며, 음악 분야를 비롯한 다양한 장르의 예술가들이 교류할 수 있는 허브로서 기능하고 있으며 예술가의 지속가능한 창작 활동을 고민하며 문화예술 비즈니스 모델을 실험하고, 교육과 네트워킹 사업을 진행하고 있다 (출처: https://www.honguju.com).

- 온·오프라인의 결합: 느슨한 공동체의 특징을 따라 온라인(정보 탐색, 관계 유지)과 오프라인(신뢰 구축, 경험 심화)을 유기적으로 넘나드는 취향 공동체의 특징을 강조한다. 예를 들어, 독립서점과 같은 공간들은 인스타그램, 뉴스레터, 오픈채팅방 등 다양한 디지털 채널을 통해 잠재적 방문자와 연결되고 오프라인 경험으로 유도되며, 큐레이션, 작가와의 만남, 독서모임, 워크숍 등 다양한 문화활동이 나타나는 특징이 있다.

불완전하지만 진화하는 포용성

홍대앞 사례는 문화적 포용성이 이상적인 상태가 아니라, 끊임없이 갈등하고 타협하며 스스로를 재구성해나가는 역동적인 과정임을 명확히 보여 준다. 젠트리피케이션과 과도한 상업화라는 거대한 위협 속에서도, 홍대앞의 다양한 주체들은 새로운 관계를 맺고, 열린 공간을 창출하며, 공존을 위한 문화적 실천들을 멈추지 않고 있다.

물론 이러한 포용성은 불완전하다고 할 수 있다. 관 주도의 관광 정책은 지역의 문화적 맥락과 충돌하기도 하고, 주체들 간의 이해관계는 여전히 첨예하게 대립한다. 그러나 중요한 것은 이러한 문제들을 회피하지 않고, 포럼, 축제, 협의체 등 다양한 방식을 통해 공론화하고 해결책을 모색하려는 자생적인 노력이 계속되고 있다는 점이다. 기초지자체로서 마포구는 홍대앞을 포함한 일대를 청년예술의 중심이 되는 복합예술벨트로 육성하고자 다양한 정책을 펼치고 있으며, 많은 문제가 있으나, 문화체육관광부와 협력해 당인리 문화창작발전소 등 문화인프라를 확충하고, 지역 내 예술인 창작·전시 활동 지원, 거리 예술 공간 조성 등도 추진 중이다. 이처럼 불완전함 속에서도 끊임없이 관계를 맺고 공존을 실험하는 홍대앞의 모습이야말로, 문화적 포용성을 향해 나

　　　　뉴노멀 시대 문화도시와 로컬의 힘

아가는 도시의 가장 현실적인 초상이라 할 수 있다.

나오는 글

진정으로 포용적인 문화도시를 향하여

본 장은 문화도시의 핵심 가치로서 '문화적 포용성'의 개념을 정립하고, 그 이론적 토대와 실천적 방법론을 탐구했다. 논의를 종합하면, 진정으로 포용적인 문화도시를 구축하기 위한 몇 가지 핵심적인 방향성을 도출할 수 있다.

첫째, 도시의 포용성에 대한 접근은 사회적 통합을 넘어 문화적 공존으로 진화해야 한다는 점이다. 단순히 소외 계층에게 제도적 접근성을 보장하는 사회적 포용성은 필요조건일 뿐 충분조건은 아니다. 문화도시의 목표는 다양한 문화적 정체성을 가진 주체들이 동등한 관계 속에서 서로 교류하고, 그 과정에서 새로운 혼종적 문화를 창조해 나가는 역동적인 생태계를 만드는 데 있어야 한다. 이는 다름을 관리의 대상이 아닌 창의성의 원천으로 보는 패러다임의 전환을 요구한다.

둘째, 문화적 포용성은 권력 관계에 민감하게 설계된 협력적 거버넌스를 통해 제도적으로 뒷받침되어야 한다. 다양한 주체의 참여를 보장하는 것만으로는 부족하며, 참여자들 간에 존재하는 힘의 불균형을 완화하고 소수 의견이 존중받을 수 있는 구체적인 장치가 필요하다. 이는 투명한 정보 공개, 공정한 의사결정 절차, 그리고 상대적으로 자원이 부족한 주체(소규모 상인, 신진 예술가, 주민 등)의 역량을 강화하는 지원책을 포함해야 한다.

셋째, 포용적인 문화 생태계의 지속가능성은 시민들 사이에 정서적 유대를 형성하는 '공감의 콘텐츠'에 달려 있다. 문화 정책은 단순히 콘텐츠 생산의 양적 확대를 넘어 시민들이 콘텐츠를 매개로 서로 소통하고 공감하며, 스스로 문화를 창조하고 공유하는 주체로 성장할 수 있는 플랫폼을 제공하는 데 집중해야 한다. 특히 디지털 시대의 소셜 네트워크 리소스는 시공간을 초월한 새로운 공감 공동체를 형성하는 강력한 도구이므로, 이를 적극적으로 활용하는 전략이 필요하다.

궁극적으로 본 장의 분석이 시사하는 바는, 문화적 포용성이 완벽한 조화나 갈등 없는 유토피아라는 최종 '상태'가 아니라, 끊임없이 차이를 마주하고 협상하며 공존의 방식을 모색해 나가는 역동적인 '과정'이라는 점이다. 홍대앞 사례가 보여 주듯, 이 과정은 때로 혼란스럽고 갈등을 수반하지만, 바로 그 생산적인 긴장 속에서 도시는 새로운 문화적 활력을 얻고 진화한다. 따라서 포용적인 문화도시를 만들고자 하는 정책 입안자와 시민들이 지향해야 할 목표는 갈등을 없애는 것이 아니라, 차이를 생산적으로 탐색하고 이질성이 공존할 수 있는 회복력 있는 도시 시스템을 구축하는 것이다. 이는 결국 도시의 발전 패러다임을 경제적 효율성 중심에서 인간 중심, 관계 중심으로 전환하는 것이며, 이것이야말로 21세기 문화도시가 나아가야 할 진정한 방향일 것이다.

○ 토론 주제

1. 도시의 문화 정책이 고유한 지역 정체성을 보존하는 것과 문화다양성에서 비롯되는 문화적 혼종성을 촉진하는 것 사이에서 어떻게 효과적으로 균형을 맞출 수 있는가? 홍대앞 사례를 바탕으로 잠재적인 갈등과 시너지 효과에 대해 토론해 보자.

2. 문화기반 협력적 거버넌스 모델을 비판적으로 평가해 보라. 이해관계자들

(정부, 기업, 소상공인, 예술가, 주민 등) 사이에 내재된 가장 중요한 권력 불균형은 무엇이며, 이를 완화하고 보다 공평한 참여를 보장하기 위해 실행할 수 있는 구체적이고 실질적인 메커니즘은 무엇인가?

3. 지역 공동체 차원의 상호작용에서 비롯되는 진정한 '공감의 콘텐츠'와, 관광이나 도시 브랜딩을 위해 상품화된 '포장된 다양성'의 차이에 대해 토론해 보라. 정책 입안자와 시민들은 후자를 비판적으로 인식하면서 전자를 식별하고 지원하기 위해 어떤 노력을 할 수 있는가?

· 참고문헌 ·

국내문헌

구교준·김성배·기정훈. (2013). "협력적 거버넌스 모형을 통한 지역 간 협력 사례 분석: 대전 대도시권 협력사업을 중심으로".『지방정부연구』. 17(3), 23-46.

구선아·장원호. (2020). "느슨한 사회적 연결을 원하는 취향공동체 증가현상에 관한 연구".『인문콘텐츠』. 57, 65-89.

김승환. (2007). "다문화주의와 문화다양성 개념의 교육적 함의".『교육사회학연구』, 17(3), 75-97.

문화체육관광부·관계부처 합동. (2025.10) 제2차 문화다양성 보호 및 증진 기본계획.

박민하·이병민. (2019). "홍대앞 사례를 통한 문화적 포용성 개념의 적용".『한국경제지리학회지』, 22(3), 374-394.

박종택. (2021) "협력적 문화교류 거버넌스 형성과 핵심요인에 관한 연구: 재외한국문화원 문화교류 사업을 중심으로". 건국대학교 박사학위논문.

신상준·이숙종·C. 핵두터너. (2015). "협력적 거버넌스의 성공요인 및 과정-인천광역시 주민참여예산제도 조례 개정 사례를 중심으로".『한국지방자치학회보』, 27(2), 79-111.

이병민. (2013). "소셜 네트워크 리소스(Social Network Resource)의 적용과 활용: 공간적 의미의 변화를 중심으로".『한국경제지리학회지』, 16(1), 50-70.

이슬기.(2020). 협력적 거버넌스와 책임성, 한·미 지방행정 정책포럼 발표자료.

이영재. (2014). "데이비드 흄의 '공감' 개념에 관한 연구".『한국정치학회보』, 48(4), 155-

174.

임화진·임상연·김종수. (2015). "상업지역 활성화를 위한 협력적 거버넌스 형성에 관한 연구".『국토계획』, 50(7), 87–110.

장원호·송정은. (2018). "한류의 비경제적 가치 분석: BTS와 ARMY의 공감적 소통 사례를 중심으로".『2018 한류 파급효과 연구』. 서울: 한국국제문화교류진흥원.

장원호·정수희. (2019). "도시의 문화적 공감대로서 콘텐츠씬의 인식: 콘텐츠 투어리즘 사례를 중심으로",『한국경제지리학회지』, 22(2), 123–140.

최병두. (2017). "관계적 공간과 포용의 지리학".『대한지리학회지』, 52(6), 661–682.

한국관광공사. (2022). 2021 외래관광객조사.

한국국제문화교류진흥원. (2024). 2024 해외한류실태조사 요약편.

한국문화예술교육진흥원. (2025). 문화다양성아카이브 https://cda.or.kr/IntroduceCDA

국외문헌

Barbarossa, L. (2020). "The post-pandemic city: A research agenda". *Territorio,* 94, 129-136.

Massey, D. (2005). *For Space.* London: Sage.

Sasaki, M. (2010). "Urban regeneration through cultural creativity and social inclusion: Rethinking creative city theory through a Japanese case study". *Cities,* 27(9), S3-S9.

Sharp, J., Pollock, V., & Paddison, R. (2005). "Just art for a just city: Public art and social inclusion in urban regeneration". *Urban Studies,* 42(5-6), 1001-1023.

제5장

문화도시와 창조적 공동체

들어가는 글

왜 지금 창조적 공동체인가?

21세기 도시 발전의 패러다임은 물리적 인프라 구축과 대규모 개발 중심의 하드웨어 성장에서 벗어나, 지역이 보유한 고유한 문화와 자산을 기반으로 시민의 창의성을 발현시키는 소프트웨어 성장으로 전환되고 있다. 이러한 소프트웨어 성장의 핵심 동력은 거대 담론이나 전문가의 기획이 아닌, 평범한 시민들의 '일상성(La quotidienneté)' 그 자체에서 발현되는 창의력과 상상력에 주목하는 것에서 출발한다(김동윤, 2016). 이러한 흐름 속에서 '문화도시'는 단순한 문화시설의 집적지가 아닌, 시민들이 일상에서 문화를 향유하고, 창조적 활동의 주체가 되며, 이를 통해 도시 전체의 활력을 이끌어 내는 역동적인 공간으로 주목받고 있다.

문화도시의 지속가능한 발전을 담보하는 핵심 동력은 바로 그 안에서 살아

숨 쉬는 '창조적 공동체(Creative Community)'[1]이다. 과거의 도시 정책이 전문가와 행정 주도의 하향식(Top-Down) 방식으로 진행되었다면, 오늘날의 문화도시는 시민들의 자발적 참여와 수평적 네트워크를 기반으로 하는 상향식(Bottom-Up) 접근을 강조한다. 이러한 변화의 중심에 창조적 공동체가 있다. 이들은 예술가, 기획자, 기술자, 상인, 주민 등 다양한 배경을 가진 사람들이 느슨하거나 긴밀한 관계로 연결되어, 지역의 문화적 자산을 재발견하고 새로운 가치를 창출해내는 사회적 구심점 역할을 한다.

본 장에서는 문화도시의 심장이라 할 수 있는 창조적 공동체의 개념과 중요성을 심도 있게 탐색하고자 한다. 먼저, 창조적 공동체를 구성하고 뒷받침하는 이론적 토대로서 '창의적 환경(Creative Milieu)'[2]과 '생활문화공동체' 등의 개념을 살펴보고, 이들 개념이 어떻게 상호작용하며 시너지를 내는지 분석할 것이다. 이어서 공동체의 활동 기반이 되는 '문화적·사회적 자산'의 의미와 유형을 고찰하고, 이러한 자산을 발견하고 활성화하는 실천적 방법론으로서 '커뮤니티 매핑(Community Mapping)'의 가능성을 제시한다.

또, 국내외 구체적인 사례 분석을 통해 이론적 논의를 뒷받침하고자 한다. 지역의 공예 전통을 기반으로 성장한 도시와, 시민들의 생활문화 창작 활동을 지원하는 공간 등의 사례를 통해 창조적 공동체가 실제로 어떻게 형성되고 작동하는지 생생하게 살펴볼 것이다.

궁극적으로 본 장은 문화정책 및 도시 연구 분야의 학자, 학생, 그리고 현장

---

1) 창조적 공동체(Creative Community): 지리적 근접성이나 혈연·학연을 넘어 공통의 관심사와 가치를 기반으로 자발적으로 형성된 집단. 구성원 간의 활발한 상호작용과 협력을 통해 새로운 아이디어나 문화적 가치를 생산하고 공유하며, 지역 사회에 창조적 활력을 불어넣는 사회적 단위를 의미한다.

2) 창의적 환경(Creative Milieu): 창조적 개인이나 집단이 지식과 아이디어를 창출하고 교환하며 혁신을 일으키도록 촉진하는 사회적, 문화적, 제도적, 공간적 총체이다. 인적 자원, 네트워크, 장소의 분위기가 상호작용하며 형성되는 창조 생태계를 의미한다(이병민, 2014).

의 기획자와 행정가들에게 창조적 공동체에 대한 깊이 있는 이해를 제공하고, 이를 육성하기 위한 정책적·실천적 시사점을 도출하는 것을 목적으로 한다. 이를 통해 독자들이 각자의 현장에서 시민과 함께 호흡하는 살아있는 문화도시를 만들어나가는 데 이바지하기를 기대한다.

1. 창조적 공동체와 창의적 환경의 이론적 탐색

창조적 공동체의 개념과 중요성

문화도시의 성공은 단순히 창조적인 개인 몇몇에 의해 좌우되는 것이 아니라, 그들의 활동을 촉진하고 영감을 불어넣는 사회적·공간적 토양 위에서 가능하다. 이 절에서는 창조적 공동체의 개념을 정의하고, 공동체의 발현을 뒷받침하는 '창의적 환경'과 공동체의 뿌리가 되는 '생활문화공동체'의 이론적 배경을 탐색하며 이들 개념 간의 유기적 관계를 분석하고자 한다.

창조적 공동체는 앞의 설명에 더하여 "공통의 관심사나 정체성을 기반으로 모인 사람들이 상호작용과 협력을 통해 새로운 아이디어나 문화적 가치를 창출해내는 집단"으로 정의할 수 있다. 이는 지리적 근접성에 기반한 전통적 공동체의 개념을 넘어, 온라인과 오프라인을 넘나들면서 관심사와 가치를 공유하는 유연하고 개방적인 네트워크의 성격을 띤다. 리저드 플로리다(Richard Florida)가 언급한 '창조계급(Creative Class)'이 도시 발전의 인적 자원이라면, 창조적 공동체는 이들이 서로 연결되고 시너지를 창출하는 사회적 플랫폼이라 할 수 있다(Florida, 2002). 더글라스(Douglas, 2015)는 '창조적 공동체(Creative Communities)란, 특정 장소의 사회적 관계망과 문화적 환경 속에서 자생적으로 형성되는 집단을 의미하며, 이들은 예술가, 장인, 문화 생산자 등이 모여 공동의 창작 활동을 펼치며, 도시의 문화적 활력과 정체성을 형성하는 데 핵심적인 역할을 한다'고 강조했다. 서울 인사동, 홍대, 중국 베이징 798 예술구와 상하이 톈즈팡 등이 대표적인 사례로, 저렴한 임대료와 쇠퇴한 지역에서 보헤미안적(반체제적·실험적) 문화를 바탕으로 성장한 경우가 많다.

이러한 창조적 공동체는 다음과 같은 주요 특성을 갖는 것으로 나타나며, 사회적·문화적 삶의 무대를 만듦에 따라 도시민의 삶의 질 향상과 정체성 강화에 기여하며, 문화산업, 관광, 지역경제 등 다양한 분야에서 시너지 효과를 창출하며, 활성화를 꾀한다. 또한, 시민사회의 성장과 민주적 도시 거버넌스 실현에도 긍정적 영향을 미침에 따라 중요한 의미를 갖는다(Douglas, 2015). 이에, 아래와 같은 특성들을 나타낸다.

- 장소 기반의 사회적 관계: 지역에 뿌리를 둔 네트워크와 상호작용을 통해 창조적 활동이 이루어진다.
- 자생성 및 다양성: 외부의 기획이 아닌, 지역 구성원들의 자발적 참여와 다양한 문화적 실험이 공존한다.
- 문화적 유산과 현대성의 결합: 전통과 현대가 융합된 독특한 문화 경관을 형성하며, 지역의 정체성을 유지·발전시킨다.
- 반(反)자본주의적 성향: 대기업(재벌) 중심의 자본 논리와는 달리, 소규모 창작자와 지역 상인 중심의 경제 구조를 지향한다.
- 취약성: 성공적으로 문화적 명소가 되면 외부 자본 유입, 젠트리피케이션, 프랜차이즈 침투 등으로 본래의 공동체성이 약화될 위험이 있다.

이러한 특성들 때문에 문화도시에서 창조적 공동체가 중요한 이유는 다음과

뉴노멀 시대 문화도시와 로컬의 힘

같다.

첫째, 문화적 혁신의 인큐베이터 역할을 한다. 예술가, 디자이너, 기술자 등 다양한 분야의 전문가와 시민들이 교류하며 기존에 없던 새로운 장르의 예술, 문화콘텐츠, 창의적 비즈니스가 탄생한다. 이에 창조적 공동체는 문화경제와 창조도시 전략을 통해 도시 재생과 경제 활성화에 기여하기도 하며, 이러한 전략의 중심에 선다.

둘째, 지역 정체성 강화에 기여한다. 문화도시는 단순히 경제적 성장만을 목표로 하지 않고, 지역 고유의 문화와 공동체성을 보존·발전시키는 데 중점을 둔다. 창조적 공동체는 이 과정에서 도시의 문화적 다양성과 정체성을 실질적으로 구현하는 주체가 된다. 이들은 지역의 역사, 설화, 전통 기술 등 잊혀가는 유·무형의 자산을 재해석하고 현대적으로 활용함으로써 지역만의 고유한 매력을 발산하는 데 핵심적인 역할을 한다.

셋째, 사회적 자본(Social Capital)을 축적한다. 공동체 활동을 통해 형성된 신뢰와 호혜성의 네트워크는 단순한 문화 활동을 넘어 지역 사회의 다양한 문제를 해결하는 동력으로 작용한다(Putnam, 2000). 다만 대기업 중심의 도시 개발(재벌 도시화)과 창조적 공동체의 가치가 충돌하면서, 도시 공간의 생산과 소유를 둘러싼 정치적·사회적 갈등이 심화될 수도 있다. 따라서, 지역 공동체와 시민사회가 주도적으로 참여할 때 문화도시의 지속가능성이 높아진다.

이러한 특성을 기반으로 창조적 공동체는 그 형성 방식과 활동 내용에 따라 다양하게 유형화할 수 있다. 예를 들어, 특정 예술 장르(공예, 독립영화, 거리예술 등)를 중심으로 모인 '장르 기반 공동체', 낙후된 구도심이나 유휴 산업시설을 창조 공간으로 재생시키는 데 앞장서는 '공간 기반 공동체', 그리고 지역의 전통과 주민들의 일상적 문화 활동에 뿌리를 둔 '생활문화공동체' 등으로 구분할 수 있다.

창의적 환경의 조건

창조적 공동체가 꽃을 피우기 위해서는 적절한 토양, 즉 '창의적 환경(Creative Milieu)'이 조성되어야 한다. 창의적 환경은 앞에서 이야기한 바와 같이 단순히 물리적인 공간이나 인프라를 의미하는 것을 넘어, 창조적 활동을 촉발하고 지원하는 사회적, 문화적, 제도적 맥락 전체를 포괄하는 개념이다(이병민, 2014). 이는 창조적 인재들이 모여들고, 자유롭게 교류하며, 실패를 두려워하지 않고 새로운 시도를 할 수 있도록 만드는 무형의 생태계와 같다.

창의적 환경을 구성하는 핵심 요소는 크게 세 가지로 나눌 수 있다(Borrup, 2010; 이병민, 2014). 이러한 요소들의 관계를 〈그림 5-1〉에서 확인할 수 있다.

- 사람(People)과 지식: 창의적 환경의 가장 중요한 자원은 사람이다. 다양한 배경과 재능을 가진 창조적 인재들이 얼마나 밀도 높게 모여 있는가가 환경의 질을 결정한다. 이들이 보유한 명시적 지식(Explicit Knowledge)과 암묵적 지식(Tacit Knowledge)이 자유롭게 교환되고 융합될 때 혁신이 일어난다.
- 네트워크(Network)와 상호작용: 창의적 환경은 '관계의 밀도'가 높은 곳이다. 공식적·비공식적 네트워크를 통해 사람들 간의 정보 교환과 협력이 활발하게 일어난다. 카페, 코워킹 스페이스, 지역 축제, 온라인 포럼 등은 이러한 상호작용을 촉진하는 중요한 '제3의 공간'[3)]이 된다. 이러한 상호작용은 신뢰, 규범, 네트워크로 구성되는 사회적 자본의 형성을 촉진한다(Bourdieu,

---

3) 제3의 공간은 미국 도시사회학자 레이 올든버그(Ray Oldenburg)가 1989년 그의 저서 『The Great Good Place』에서 처음 제안한 개념으로, 집(제1의 공간)과 직장(제2의 공간)에 이은 세 번째 삶의 공간을 뜻한다. 이 공간은 비공식적이고 중립적인 공공장소로, 사람들이 목적 없이 자유롭게 모이고 대화를 나누며 커뮤니티를 형성할 수 있는 곳이다. 대표적인 예로 카페, 도서관, 커뮤니티 센터 등이 있다.

 뉴노멀 시대 문화도시와 로컬의 힘

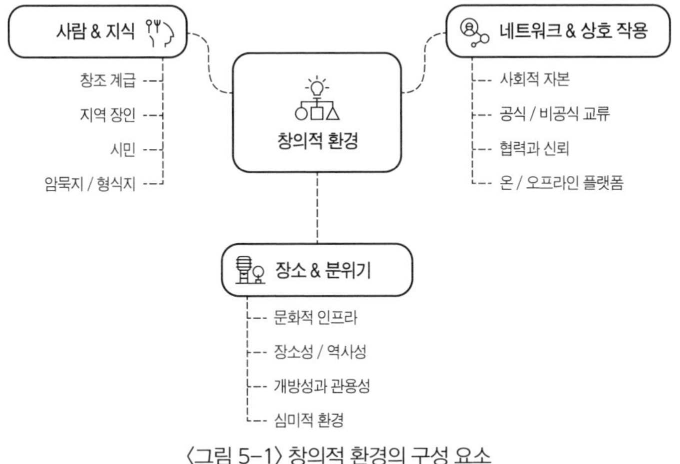

〈그림 5-1〉 창의적 환경의 구성 요소

1986; Coleman, 1990).

- 장소(Place)와 분위기: 장소가 가진 고유한 역사, 문화, 그리고 심미적 분위기는 창의성에 큰 영향을 미친다. 보존된 역사적 건축물, 특색 있는 거리 풍경, 개방적이고 관용적인 사회적 분위기 등은 창조적 인재들에게 영감을 주고 지역에 대한 애착을 갖게 한다. 플로리다가 강조한 '3T'(Technology, Talent, Tolerance) 중 관용성(Tolerance)은 바로 이러한 장소의 분위기를 의미한다(Florida, 2002). 또한, 앞 장에서 언급한 바와 같이 최근에는 '장소자산(Territorial Asset)'이라는 T가 더해져 넷째 T를 추가하기도 한다.

생활문화공동체, 일상에 뿌리내린 창조성

창조적 공동체가 소수의 예술가나 전문가 집단에 국한될 때, 자칫 지역 사회와 유리될 위험이 있다. 이러한 한계를 넘어 도시의 창조성을 지속가능하게 만들기 위해서는 시민들의 '일상'과 '생활'에 주목할 필요가 있다.

최근 문화콘텐츠 연구는 창의성의 원천을 거시적이고 합리적인 기획이 아닌, 삶의 구체적인 현장인 '일상성'에서 찾고 있다. 일상성은 자본에 의해 식민화되거나 이론에 의해 규정되는 수동적 공간이 아니라, '살아가려는 의지(Vouloir-vivre)가 충만한 생명력 넘치는 공간'이다(김동윤, 2016). 계몽주의적 근대성이 추구했던 거대 서사(Master Narratives)가 힘을 잃은 자리에, 개인들의 구체적인 경험과 감각으로 채워지는 '작은 이야기들'이 일상성을 구성하며, 이것이 바로 새로운 문화적 가치와 상상력의 원천이 된다는 것이다. 따라서 문화를 협의의 예술 활동으로 국한하는 것이 아니라, '문화적인 것(Le Culturel)', 즉 삶의 총체적인 과정에서 발현되는 모든 실천을 문화의 범주로 포섭하는 포스트모던적 관점이 중요해진다.

여기서 '생활문화공동체(Living Culture Community)'의 중요성이 부각된다. 생활문화4)는 "사람들이 일상적인 삶의 공간에서 자발적으로 참여하여 관계를 형성하고 문화를 만들어 나가는 모든 활동"을 의미한다. 이는 거창한 예술 활동이 아니라, 동네 책방에서 열리는 독서 모임, 주민들이 함께 가꾸는 마을 텃밭, 퇴근 후 취미를 공유하는 동호회 활동 등 삶과 밀착된 모든 문화적 실천을 포괄한다.

생활문화공동체는 이러한 생활문화를 매개로 형성된 공동체로, 자발성과 과정 중심, 지역 밀착성, 포용성과 개방성이라는 특징을 지닌다. 이는 문화예술 향유의 문턱을 낮추고, 보다 많은 시민들이 창조적 활동의 주체로 성장할 수 있는 기반을 마련한다.

이러한 내용을 기반으로 살펴볼 때, '창의적 환경'이 창조적 활동이 일어나

---

4) 생활문화(Living Culture): 특별한 재능이나 전문성이 없더라도 누구나 일상 속에서 문화를 즐기고, 만들고, 나누는 모든 활동. 취미, 학습, 동호회, 축제 등 개인의 삶의 질을 높이고 공동체 관계를 형성하는 자발적이고 과정 중심적인 문화 실천을 의미한다.

기 위한 전반적인 '조건'이라면, '생활문화공동체'는 그 환경 속에서 가장 풀뿌리 수준의 창조성을 발현하고 공급하는 '뿌리'와 같다. 전문 예술가 중심의 창조적 공동체와 생활문화공동체가 서로 교류하고 상생하는 선순환 구조를 만들 때, 문화도시는 소수만이 아닌 모든 시민을 위한 지속가능한 창조 생태계를 구축할 수 있다. 생활문화공동체는 이러한 생활문화를 매개로 형성된 공동체로, 다음과 같은 특징을 지닌다.

- 자발성과 과정 중심: 특정 성과나 결과물을 목표로 하기보다는, 활동 자체의 즐거움과 과정에서 형성되는 관계를 중시한다. 행정 주도의 동원형 프로그램과 달리, 구성원들의 자발적인 필요와 욕구에서 출발한다.
- 지역 밀착성: 주로 거주지나 생활권을 중심으로 활동이 이루어지며, 동네의 작은 공간들(마을회관, 카페, 공원 등)을 거점으로 활용한다. 이는 지역에 대한 애착과 소속감을 높이는 효과를 가져온다.
- 포용성과 개방성: 전문가가 아니더라도 누구나 '생활문화인'으로서 참여하고 주체가 될 수 있다. 이는 문화예술 향유의 문턱을 낮추고, 보다 많은 시민들이 창조적 활동의 주체로 성장할 수 있는 기반을 마련한다.

이와 관련된 생활문화센터는 「지역문화진흥법」에 법적 근거를 둔 시설로, 주민의 자발적이고 일상적인 문화 활동을 지원하기 위해 조성된 공간이다. 이는 기존의 문화 공급자 중심의 정책에서 벗어나, 시민 개개인이 문화의 주체로서 활동하는 '문화의 일상화'를 실현하기 위한 핵심 정책의 일환이다. 다만, 법적 개념이 포괄적이어서 실제 정책 사업 현장에서는 그 의미와 범위를 구체화할 필요성이 제기되고 있다. 특히, 2019년부터 추진된 '생활SOC 복합화 사업'의 주요 대상에 포함되면서, 생활문화센터는 단순한 문화 시설을 넘어 보육, 복지, 체육 등 다양한 공공 서비스와 연계되는 지역 커뮤니티의 거점 공간으로 그 역할이 확장되고 있다. 즉, 주민의 문화적 욕구 충족과 삶의 질 향상을 목표로 하는 지역 밀착형 여가문화 기반 시설로 개념을 구체화할 수 있다.

하지만, 한편으로는 운영 관리의 비효율성, 거버넌스 및 네트워크의 부재, 체계적인 관리 및 평가 시스템의 한계, 프로그램 및 콘텐츠의 부족 등으로 한계를 드러내기도 한다(노수경·손유진, 2021). 구체적으로 시설의 양적 확충에 비해 이를 효과적으로 운영·관리할 전문 인력과 시스템이 부족해, 개별 시설들이 연계되지 않고 고립적으로 운영되어 시너지 효과를 창출하지 못하는 경우가 많고, 지역 내 다양한 문화·여가 시설(공공도서관, 체육시설 등)간의 협력적 거버넌스가 부재한 경우도 많다. 시설 간 연계 및 협력을 통해 프로그램을 다각화하고 주민 참여를 유도할 수 있는 통합적 네트워크가 구축되지 않은 점이 가장 큰 문제로 지적된다. 또, 지자체가 자체적으로 조성한 생활문화센터까지 포함하는 전국 단위의 통일된 현황 데이터베이스가 없어 정책 수립에 어려움이 있거나, 시설 건립 이후 운영 성과를 체계적으로 평가하고 환류하는 제도가 미비하여, 우수 사례의 확산이나 부진한 시설에 대한 개선 조치가 이루어지기 어렵다는 문제도 있다. 궁극적으로 전문 인력 부족과 재정적 한계로 인해 주민의 다양한 수요를 충족시킬 수 있는 독창적이고 지속가능한 프로그램을 기획하고 운영하는 데 어려움을 겪고 있다.

이러한 내용을 기반으로 살펴볼 때, 앞에서 언급한 바와 같이 창의적 환경이 창조적 활동이 일어나기 위한 전반적인 '조건'이고, 생활문화공동체는 그 환경 속에서 가장 풀뿌리 수준의 창조성을 발현하고 공급하는 '뿌리'와 같기 때문에 이에 대한 조화를 잘 이루고 상생하는 구조를 만드는 것이 중요하다. 전문 예술가 중심의 창조적 공동체와 생활문화공동체가 서로 교류하고 상생하는 선순환 구조를 만들 때, 문화도시는 소수만이 아닌 모든 시민을 위한 지속가능한 창조 생태계를 구축할 수 있다. 이에 대한 다양한 전략과 대응이 필요하다고 하겠다.

2. 문화도시의 동력, 문화적 자산과 커뮤니티 매핑

창조적 공동체 논의의 필요성

창조적 공동체가 활동하고 창의적 환경이 조성되기 위해서는 구체적인 '재료'가 필요하다. 이 재료가 바로 지역이 품고 있는 유·무형의 '문화적·사회적 자산'이다. 그러나 이러한 자산은 발굴되고, 공유되며, 활성화되지 않으면 잠재력에 머물 뿐이다. 이 절에서는 문화도시의 핵심 동력인 문화 자산의 개념과 유형을 살펴보고, 이를 시민의 참여로 발굴하고 가시화하는 강력한 도구 중 하나인 '커뮤니티 매핑'의 방법론과 의의를 탐구한다.

창조적 장소자산으로서의 문화 자산

모든 지역은 고유한 자산(Asset)을 가지고 있다. 전통적인 경제개발 관점에서는 주로 토지, 자본, 노동력 등 유형의 경제적 자산에 주목했지만, 창조도시 담론에서는 장소가 가신 무형의 가지, 즉 '장소자산(Place Asset)'의 중요성을 강조한다. 장소자산은 "특정 장소의 정체성과 매력을 형성하는 유·무형의 자원"을 총칭하며, 역사, 문화, 경관, 공동체 네트워크 등을 모두 포함한다(정수희·이병민, 2014a).

이러한 장소자산 중에서도 특히 창조적 활동의 원천이 되는 핵심 자산을

'문화 자산(Cultural Asset)'이라 할 수 있다. 문화 자산은 크게 다음과 같이 분류할 수 있으며, 구체적인 내용들을 아래 내용과 〈표 5-1〉에서 확인할 수 있다.

- 유형 문화 자산(Tangible Assets): 눈에 보이는 물리적 형태를 가진 자산이다.
  - 문화유산 및 공간: 고궁, 사찰, 역사적 건축물, 근대 산업유산, 오래된 골목길, 광장, 공원 등 역사와 기억을 담고 있는 공간.
  - 문화시설: 박물관, 미술관, 도서관, 공연장, 작은 책방, 대안 공간 등 문화 활동이 이루어지는 인프라.
- 무형 문화 자산(Intangible Assets): 물리적 형태는 없지만, 지역의 정체성을 구성하는 중요한 자산이다.
  - 지역 지식 및 기술: 특정 지역에서 오랫동안 전승되어 온 고유의 기술(예: 도자기 제작, 한지 공예), 토착 지식, 방언 등.
  - 이야기(Story)와 기억: 지역의 역사적 사건, 인물, 전설, 설화 등 공동체 구성원들이 공유하는 집단 기억과 서사. 이는 스토리텔링을 통해 강력한 문화콘텐츠로 재탄생할 수 있다.
  - 네트워크 및 사회적 자본: 지역 내에 형성된 주민 조직, 예술가 네트워크, 상인회 등 사회적 관계망. 이는 협력과 신뢰를 바탕으로 공동의 목표를 추진하는 기반이 된다(Fukuyama, 1995).

특히 정수희·이병민(2014a)은 문화 자산 중에서도 '예술자산(Art Asset)'을 창조적 지역재생의 독립된 콘텐츠로 주목해야 한다고 강조한다. 예술자산은 예술가, 예술작품, 예술 활동 및 공간 등을 포괄하는 개념으로, 지역에 창조적 활력을 불어넣고 독특한 장소 이미지를 형성하는 데 결정적인 역할을 한다. 이는 단순히 지역을 홍보하는 수단을 넘어, 지역 경제 활성화와 공동체 재생의

<표 5-1> 창조적 장소자산으로서 문화 자산의 유형

구분	대분류	중분류	세부 내용 및 사례
유형 문화 자산	문화유산 및 공간	역사적 자산	고궁, 성곽, 고택, 근대건축물, 산업유산
		자연/경관 자산	강, 산, 해변, 전통적 농업 경관, 오래된 골목길
	문화시설	공공 문화기반시설	박물관, 미술관, 도서관, 문화의 집, 공연장
		민간 문화공간	갤러리, 소극장, 대안공간, 독립서점, 공방
무형 문화 자산	지역 지식 및 기술	전통 기술/기능	도예, 섬유공예, 목공예 등 지역 기반의 장인 기술
		토착 지식	지역 고유의 생태 지식, 음식 조리법, 민간요법
	이야기와 기억	역사/인물 서사	지역 출신 위인, 역사적 사건 관련 이야기
		전설/설화	지역에 구전되어 내려오는 신화, 전설, 민담
		생활/개인 기억	주민들의 생애사, 특정 장소에 얽힌 개인적 기억
	네트워크와 사회적 자본	공동체 조직	주민자치회, 마을기업, 협동조합, 상인회
		예술/창작 네트워크	장르별 예술가 모임, 창작 동호회, 기획자 그룹
		지역 축제/이벤트	마을 축제, 전통 의례, 정기적으로 열리는 문화 행사

출처: 정수희·이병민, 2014a 재구성

핵심 동력이 될 수 있다.

커뮤니티 매핑, 잠재된 자산을 발굴하는 실천

지역에 풍부한 문화 자산이 존재하더라도, 그것이 주민들에게 인식되고 공유되지 않으면 '잠자는 자산'에 불과하다. 커뮤니티 매핑(Community Mapping)[5]은 이러한 잠자는 자산을 깨우고, 지역 공동체의 역량을 강화하는 매우 효과적인 실전 방법론이다.

---

5) 커뮤니티 매핑(Community Mapping): 'Community Participatory Mapping'의 약자로 지역 주민들의 참여를 통한 지도 만들기를 의미한다(임완수, 2021). 지역 공동체 구성원들이 자발적으로 참여하여 지역의 자산, 이슈, 이야기 등을 직접 조사하고 이를 지도라는 매체 위에 시각화하는 과정. 단순한 정보 기록을 넘어, 공동의 인식을 형성하고 문제 해결을 위한 행동을 촉진하는 공동체 활성화 도구이다.

커뮤니티 매핑은 '지역 주민들이 주체가 되어 자신들의 마을에 있는 유·무형의 자산과 문제점, 기회 등을 직접 조사하고 이를 지도 위에 시각적으로 표현하는 과정이자 결과물'을 의미한다. 함께 행동하여 지역의 문제를 풀어나가고 사회적·공동체적 가치를 창출하는 활동이기에 커뮤니티매핑을 우리말로 풀어 옮기면 '함께 만드는 공동체 지도'가 적합하다는 의견이 있다. 이는 전문가가 제작하는 객관적이고 표준화된 지도와 달리, 주민들의 시각과 목소리, 경험과 기억이 담긴 '살아있는 지도'라 할 수 있다(임완수, 2021; 정수희·이병민, 2014b).

웹의 눈부신 기술발전과 스마트폰의 보급은 커뮤니티 매핑의 확산에 기폭제가 되었다. 이제 누구나 쉽게 사진을 찍고 위치 정보를 태그하여 온라인 지도 플랫폼에 업로드할 수 있게 되면서, 집단지성(Collective Intelligence)을 활용한 대규모 협업 매핑이 가능해졌다(O'Reilly, 2005; 정수희·이병민, 2014b).

이러한 기술과 콘텐츠의 발전에 따라 문화도시 맥락에서 커뮤니티 매핑은 다양하게 활용될 수 있다.

- 문화자산 매핑(Cultural Asset Mapping): 지역 내 숨겨진 문화유산, 오래된 가게, 특색 있는 공방, 아름다운 골목길, 동네 이야기 등을 주민들이 직접 찾아내 지도에 표시할 수 있다. 이는 지역 문화자원의 목록을 구축하는 동시에, 주민들이 자신들의 지역에 대한 자긍심을 갖게 하는 교육적 효과가 크다.
- 네트워크 매핑(Network Mapping): 지역 내 활동하는 공동체, 동호회, 단체들의 분포와 상호 관계를 지도로 표현할 수 있다. 이를 통해 어떤 그룹들이 활동하고 있는지 파악하고, 그룹 간의 연계와 협력을 촉진할 수 있다.
- 참여적 도시계획 및 디자인: 개발 계획 수립 과정에서 주민들이 커뮤니티 매핑을 통해 선호하는 공간, 개선이 필요한 공간, 보존하고 싶은 장소 등에

     뉴노멀 시대 문화도시와 로컬의 힘

대한 의견을 개진할 수 있다. 이는 행정의 의사결정 과정에 시민 참여를 실질적으로 보장하는 도구가 된다.

커뮤니티 매핑의 가장 중요한 의의는 '과정' 그 자체에 있다. 지도를 만드는 과정에서 주민들은 함께 마을을 걸어 다니고, 서로 대화하며, 이전에는 몰랐던 사실들을 발견하게 된다(〈그림 5-2〉). 이 과정에서 자연스럽게 공동체 의식이 싹트고 지역 문제 해결에 대한 주체성이 함양된다. 즉, 커뮤니티 매핑은 사회자본을 축적하고 지역 공동체를 활성화하는 강력한 실천 프로그램인 것이다(정수희·이병민, 2014b).

결론적으로, 창의적 환경과 생활문화공동체의 관계처럼, 문화 자산은 창조적 공동체의 활동을 위한 '원천'이며, 커뮤니티 매핑은 그 원천을 발굴하고 가공하여 공동체가 활용할 수 있도록 만드는 '엔진'과 같다. 이 두 요소가 결합되고 창의적 환경과 생활문화공동체와 연결될 때, 지역은 스스로의 힘으로 문화

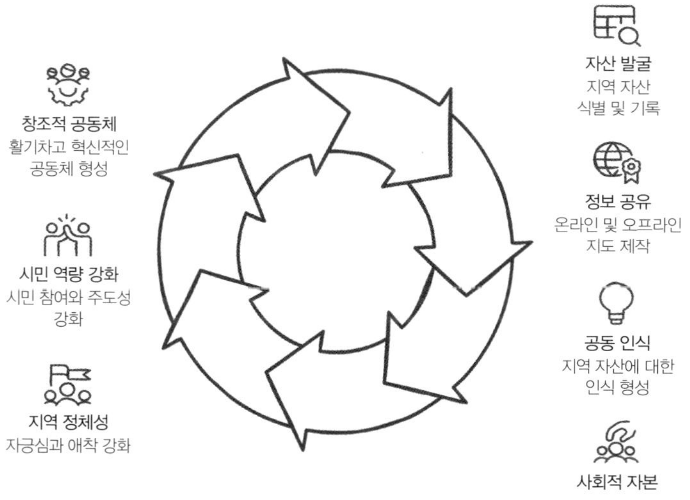

〈그림 5-2〉 커뮤니티 매핑을 통한 창조적 공동체 형성 과정

적 가치를 창출하고 성장하는 선순환 구조를 만들 수 있다.

3. 국내외 창조공동체 육성 사례 분석

앞서 논의한 이론적 배경을 바탕으로, 이 절에서는 창조적 공동체가 실제로 어떻게 형성되고 지역 발전에 기여하는지를 국내외 사례를 통해 구체적으로 살펴본다. 공예라는 전통 문화 자산을 기반으로 국제적인 창조도시로 성장한 사례와, 시민들의 일상 속 창작 활동을 지원하며 생활문화공동체의 거점이 된 사례를 통해 창조공동체 육성의 다양한 전략과 시사점을 도출하고자 한다.

1) 공예 자산을 기반으로 한 창조공동체: 청주시 사례

한국의 청주시는 담배공장이라는 근대 산업유산을 '청주공예비엔날레'라는 국제적인 문화 행사의 주 무대로 성공적으로 전환시키며 공예 분야의 창조도시이자 법정 문화도시로 자리매김했다. 청주의 사례는 지역 고유의 문화 자산(공예)을 중심으로 다양한 주체들이 어떻게 창조적 공동체를 형성하고 상호작용하는지를 잘 보여 준다(Huh, Chung & Lee, 2020). 최근에는 복합문화예술공간으로 탄생시킨 '문화제조창'이 문화체육관광부의 '로컬100'으로 선정되기도 하였으며, 문화도시 사업을 통해 (기록문화 창의도시) 다양한 기록유산을 문화콘텐츠로 활용하고 있는 점이 높게 평가받았다.[6]

---

6) 청주시 문화제조창은 2023년 '로컬100' 1기로 선정된 바 있다. 로컬100(지역문화매력100선) 사업은 지역문화에 기반을 둔 문화명소와 문화콘텐츠, 문화명인을 100건 선정해 국내외 홍보와 마케팅을 지원하는 사업이다. 2023년 7월 전국 기초지자체와 국민발굴단에게 약 1,000곳을 추천받아 8월에 국민발굴단과 전문가 심사를 통해 100곳이 선정된 바 있다. 문화제조창 일대는 방치

(1) 핵심 자산과 발전 과정

청주는 직지심체요절의 고장이자 오랜 공예 전통을 간직한 도시다. 이러한 역사적·문화적 자산은 청주가 '공예 도시'라는 정체성을 구축하는 데 강력한 기반이 되었다. 1999년 시작된 청주국제공예비엔날레는 이러한 자산을 세계에 알리는 결정적 계기가 되었다. 초창기 행사가 관 주도로 진행되었다면, 시간이 흐르면서 지역의 공예가, 대학, 문화재단, 시민들이 참여하는 폭이 넓어졌다.

특히 2011년, 가동을 멈춘 거대한 연초제조창을 비엔날레의 주 전시장으로 리모델링한 것이 하나의 전환점이 되었다. 낡고 거친 산업유산의 공간적 특성은 현대 공예 작품과 어우러져 독특한 미학적 경험을 선사했으며, 도시재생의 성공 모델로 평가받았다. 이는 유형의 문화 자산(산업유산)과 무형의 문화 자산(공예)이 결합하여 새로운 가치를 창출한 대표적 사례다.

(2) 창조적 공동체의 형성과 상호작용

청주의 공예 창조공동체는 여러 층위의 주체들로 구성된다.

- 공예 작가 그룹: 청주에는 다수의 공예 작가들이 상주하며 창작 활동을 하고 있다. 이들은 비엔날레의 핵심적인 콘텐츠 생산자이자, 지역 공예의 정체성을 이끌어가는 주체다.
- 문화재단 및 행정: 청주시와 청주공예비엔날레조직위원회(현 청주시문화산

됐던 담배공장을 복합문화공간으로 탈바꿈하면서 청주만의 C-컬쳐를 형성해 가는 지역 대표 문화 랜드마크가 됐다. 공예인과 예술인의 창의성이 표현되고 전수되는 공간인 한국공예관과 국립현대미술관이 위치해 있으며, 콘텐츠로 문화경제를 움직이는 아트팩토리 첨단문화산업단지, 시민의 일상을 문화로 풍성하게 만드는 예술 놀이터 동부창고가 운영되고 있다(출처: https://cheongju.go.kr).

업진흥재단으로 통합)는 비엔날레를 기획·운영하고, 국내외 네트워크를 구축하며, 창작 스튜디오 운영, 작가 레지던시 프로그램 등을 통해 안정적인 창작 환경을 지원하는 역할을 수행한다. 이들은 창조 생태계의 '조력자'이자 '플랫폼 제공자'이다(Huh, Chung & Lee, 2020).

- 시민 및 지역 공동체: 비엔날레 기간 동안 시민들은 자원봉사자, 서포터즈로 참여하거나, '시민 참여 워크숍', '공예 페어' 등을 통해 직접 공예를 체험하고 작품을 구매한다. 이를 통해 공예는 전문가의 영역을 넘어 시민들의 일상으로 확산된다.
- 동부창고/문화제조창 인프라: 옛 담뱃잎 창고의 원형을 유지한 동부창고는 복합예술공간으로 지역문화 활성화에 기여하고 있는 성과를 인정받아 2024년 문화의 달 기념에서 '2024 로컬100 지역 문화대상' 장관 표창을 받았다.

이들 주체 간의 상호작용은 비엔날레라는 구심점을 통해 촉진된다. 작가들은 새로운 작품을 선보일 기회를 얻고, 재단은 행사를 성공적으로 개최하며, 시민들은 수준 높은 문화를 향유하고 지역에 대한 자긍심을 느낀다. 이러한 선순환 구조는 청주가 공예 도시로서의 명성을 유지하고 발전시키는 원동력이 된다.

(3) 시사점

청주 사례는 다음과 같은 시사점을 제공한다.

첫째, 지역이 가진 고유한 문화 자산을 명확히 인식하고 이를 중심으로 장기적인 비전을 설정하는 것이 중요하다.

둘째, 대규모 국제 행사가 지역의 창조적 공동체를 결집시키고 활성화하는

  뉴노멀 시대 문화도시와 로컬의 힘

강력한 촉매제가 될 수 있다.

셋째, 행정 및 중간지원조직은 직접적인 통제자가 아닌, 창작 활동을 지원하고 다양한 주체들을 연결하는 '생태계 조성자'로서의 역할에 충실해야 한다(Huh, Chung & Lee, 2020).

넷째, 청주 문화제조창 도시재생사업은 버려진 연초 제조창을 복합문화공간으로 탈바꿈시킨 성공적인 사례로, 문화와 상업 시설이 어우러진 공간으로 재탄생하여, 지역 경제 활성화와 더불어 시민들의 문화 향유 기회를 확대하는 데 기여했다.

이러한 사례는 지역자산의 재활용, 문화와 상업의 조화, 시민의 참여, 문화 향유기회의 확대, 관광 자원화 등 다양한 사시점을 제공한다. 특히, 국립현대미술관 청주의 경우 국립미술관 분관을 유치하여 문화 시설을 확충하고, 지역 문화 수준을 향상시켰다고 평가된다. 특히, 매년 열리는 공예 비엔날레를 통해 문화제조창을 널리 알리고, 지역의 대표적인 문화 행사로 자리매김했다는 측면에서 시너지 효과가 크다.

2) 주민 주도의 생활문화공간: 울산 북구 생활문화센터 사례

울산광역시 북구는 전통적인 산업도시의 이미지를 넘어, 주민 주도의 생활문화 공간 확대를 목표로 하여 2019년 생활문화센터를 조성하였다.

(1) 배경 및 발전 과정

울산 북구생활문화센터는 2021년 기준 강동미디어협동조합이 위탁 운영하였으며, 센터장, 실장, 담당자를 포함한 총 3인의 상근 인력이 근무했다.[7] 이 센터는 주민들의 동아리 활동을 지원하는 프로그램을 핵심으로 운영하고 있는데, 대표적으로 2021년에는 '동아리 프로듀스 20' 프로그램을 진행하여 20개 동아리의 활동을 지원하고, 연말에는 우수 동아리를 선정해 시상하는 등 적극적인 활성화 정책을 펼쳤다. 이러한 노력을 통해 지역 내 사업장 소속 주민을 포함한 다양한 주민들의 참여를 이끌어 내며 다수의 동아리가 결성되는 성과를 거뒀다. 2022년에는 생활문화기자단 운영을 통해 지역 안에서 공존하는 생활문화들을 취재하고 웹진을 제작하여 문화를 상호 교류하려고 노력하였으며, 2025년에는 자생적인 문화동아리 발굴 및 지원을 통해 생활문화 동아리 지원사업도 시행하고 있다.

(2) 미디어 특화 공간과 프로그램의 제공

이 센터의 가장 큰 특징은 2021년 기준으로 운영 주체인 '강동미디어협동조합'의 강점을 살려 미디어 분야에 특화된 공간과 프로그램을 제공했다는 점이다. 미디어실, 노래연습실과 같은 특화 시설을 구축하여 주민들에게 대관하였으며, 강사를 초빙하는 교육 프로그램도 지원하여 주민들의 문화적 역량 강화를 도왔다. 이처럼 단순한 공간 제공을 넘어 주민들의 자발적인 문화 활동을 촉진하고 지원하는 데 중점을 둔다는 점이 특징이다.

• 지역 주민들의 문화참여 확대: 울산 북구 생활문화센터는 지역 주민들의 문

---

7) 다만, 2024년 기준으로 북구생활문화센터, 세대공감창의놀이터, 북구예술창작소 민간위탁 운영 협약 체결결과에 따르면, 3개 시설은 울산문화아카데미, 문화예술스튜디오노래숲, 플랜디파트가 각각 2025년 1월 1일부터 2027년 12월 31일까지 3년 동안 운영 및 관리를 맡게 되는 것으로 나타나고 있어, 주민의 다양한 생활문화 동아리 활동지원(북구생활문화센터), 영유아부터 성인까지 전 세대 대상의 문화프로그램 기획·운영(세대공감창의놀이터), 예술가 창작 지원 및 주민 예술프로그램 기획·운영(소금나루2014) 등 주민 문화향유 기회 확대와 지역문화 진흥을 위한 다양한 사업을 전문적으로 펼쳐 나간다는 측면이 강조될 수 있으나, 기관 간의 시너지와 일관성, 지속가능성의 문제는 제기될 수 있다(출처: 코리아타임뉴스(2024.12.24. 기사) https://www.koreatimenews.com/news/article.html?no=682745).

화 활동 참여를 유도하고, 다양한 동아리 활동을 지원하여 주민들의 문화적 역량을 강화하고 있다.

- 다양한 문화 프로그램 운영: 센터 내에서는 공연, 전시, 체험, 교육 등 다양한 문화 프로그램을 운영하여 주민들이 자신의 취향과 관심사에 맞는 활동을 선택할 수 있도록 지원한다.

- 성과 공유 및 전시회 개최: 동아리 활동을 통해 얻은 성과를 전시회나 공연 등을 통해 지역 주민들과 공유하며, 성취감을 높이고 문화적 교류를 촉진한다.

- 평생교육 활성화 기여: 평생교육 활성화 지원 사업에 참여하여 주민들의 학습 기회를 확대하고, 전문 시민학사 양성 등 다양한 교육 프로그램을 제공한다.

- 지역문화 공동체 형성: 생활문화센터를 중심으로 다양한 문화 활동이 이루어지면서 지역 주민들 간의 소통과 교류가 활발해져, 자연스럽게 지역 문화 공동체 형성에 기여하고 있다.

- 공간 공유 및 문화 소통 활성화: 센터 내 다목적 공간, 키즈 북카페, 동아리 방, 미디어실 등 다양한 공간을 주민들에게 제공하여 문화 활동을 위한 공간을 공유하고, 주민들의 문화적 소통을 활성화하고 있다

(3) 시사점

울산 북구생활문화센터의 사례는 다음과 같은 시사점을 제공한다.

첫째, 전문성을 활용한 특성화가 필요하다. 전문성을 갖춘 민간 단체가 운영을 맡음으로써, 해당 단체의 강점을 활용해 다른 문화시설과 차별화된 정체성과 특성화를 성공적으로 구축할 수 있음을 보여 준다.

둘째, 적극적인 프로그램 기획이 있어야 한다. '동아리 프로듀스'와 같은 기

획 프로그램을 통해 주민들의 참여를 적극적으로 유도하고, 신규 동아리 결성을 촉진하는 것이 센터 활성화의 핵심 동력으로 작용할 수 있다.

셋째, 수요 기반 시설 운영이 이루어져야 한다. 미디어나 노래 등 주민 수요가 높은 분야의 특화된 시설과 교육 프로그램을 제공함으로써 센터의 경쟁력을 높이고 주민들의 만족도를 제고할 수 있다.

넷째, 운영기관 간의 시너지와 지속가능성이 중요하다. 앞에서 지적된 바와 같이 생활문화센터의 예산 및 여건에 따라 위탁운영될 수밖에 없는 현실로 인해 다양한 사업운영의 역할분담이 이루어질 수 있으나, 기관들의 전문성과 시너지, 지속가능성을 통한 일관성 문제는 지역문화발전을 위해 충분히 고려해야 할 부분이다.

3) 예술가 공동체 기반의 창조도시: 미국 샌타페이 사례

미국 뉴멕시코주의 주도인 샌타페이는 2024년 기준 인구 9만 명 남짓의 작은 도시지만, 미국에서 세 번째로 큰 미술 시장을 형성하고 있는 세계적인 예술 도시이다.[8] 샌타페이의 성공은 하루아침에 이루어진 것이 아니라, 100년이 넘는 시간 동안 예술가들이 자발적으로 모여들고 독특한 창의적 환경을 만들어온 결과다(이병민, 2014).

---

8) 미국 내 미술시장 순위에서 샌타페이는 뉴욕, 로스앤젤레스에 이어 세 번째로 큰 미술시장으로 꼽힌다. 샌타페이는 약 300개 이상의 갤러리가 밀집해 있고, 미술품 거래액 규모도 미국 내 상위권에 위치한다. 특히 샌타페이 인디언 시장과 국제 포크 아트 마켓 등 대형 예술 행사가 열려 활발한 미술 시장을 형성하고 있는데, 샌타페이의 미술시장은 그 규모와 예술적 독특성으로 주목받고 있다(출처: https://www.quora.com/Which-cities-make-up-the-top-5-largest-art-markets-in-the-US).

(1) 창의적 환경의 형성

19세기 후반, 뉴멕시코의 독특한 자연 풍광과 인디언 및 히스패닉 문화에 매료된 화가와 작가들이 샌타페이로 이주하기 시작했다. 이들은 도시의 이국적인 분위기와 저렴한 생활비에 끌려 이곳에 터를 잡고 예술가 군집(Artist Colony)을 형성했다. 이들 1세대 예술가들이 샌타페이 창의적 환경의 '씨앗'이 되었다.

이후 뉴멕시코 미술관(1917) 건립, 인디언 마켓(1922) 시작, 샌타페이 오페라 (1957) 창설 등 굵직한 문화적 이벤트와 기관들이 생겨나면서 샌타페이는 예술 도시로서의 명성을 굳혔다. 특히 샌타페이는 자신들의 전통 건축 양식(푸에블로 스타일)을 보존하는 강력한 도시 계획 정책을 통해 도시 전체의 미학적 통일성과 매력을 유지했다. 이는 '장소의 분위기'가 창의적 환경에 얼마나 중요한지를 보여 주는 사례다(이병민, 2014).

(2) 창조경제로의 발전

오늘날 샌타페이 경제는 예술과 관광을 중심으로 움직인다. 캐년 로드 (Canyon Road)에는 100개가 넘는 갤러리가 밀집해 있으며, 수많은 예술가, 장인, 디자이너들이 활동하고 있다. 이들은 창조적 공동체를 이루어 정보를 교류하고, 협업하며, 샌타페이만의 독특한 예술 생태계를 구성한다.

이곳의 창조적 공동체는 단순히 예술 작품을 생산하는 데 그치지 않는다. 갤러리, 레스토랑, 호텔, 문화 관광 등 연관 산업의 발전을 이끌며 지역 경제에 막대한 파급 효과를 내고 있다. 예술가들이 만든 창의적 환경이 도시 전체의 경쟁력이 된 것이다.

(3) 시사점

샌타페이 사례는 창조도시가 정부의 인위적인 계획만으로 만들어지는 것이 아니라, 유기체처럼 오랜 시간에 걸쳐 성장한다는 점을 보여 주며, 핵심 시사점은 다음과 같다.

첫째, 창조적 인재들이 자발적으로 모여들 수 있는 '관용적이고 매력적인 환경'을 조성하는 것이 정책의 출발점이 되어야 한다.

둘째, 지역의 고유한 문화와 전통을 보존하고 발전시키는 것이 장기적으로는 가장 강력한 경쟁력이 된다.

셋째, 예술가 공동체와 지역 경제가 선순환하는 생태계를 구축하기 위한 섬

〈표 5-2〉 창조적 공동체 육성 사례 비교 분석

구분	청주시 문화제조창 (공예)	울산 북구 생활문화센터 (생활문화)	미국 샌타페이 (미술)
핵심 자산	공예 전통, 산업유산(연초제조창)	유휴 공공건물, 생활문화 동아리, 지역 주민 역량	독특한 자연/문화 경관, 예술가
주요 주체	지역 장인, 공예 작가, 문화재단, 청주시, 시민	주민, 문화매개자, 지자체 문화담당부서	예술가(화가, 조각가), 갤러리스트, 관광객
공동체 형성 계기/공간	청주공예비엔날레, 창작 스튜디오	자율활동 공간, 커뮤니티 공간, 다목적홀, 체험실	예술가들의 자발적 이주, 캐년 로드
발전 전략	국제 행사(비엔날레)를 통한 집적 및 확산	미디어/콘텐츠 관련 매개자 양성, 프로그램 다양화, 지역축제 연계	예술가 친화적 환경 조성, 문화유산 보존
특징 및 시사점	• 지역 자산과 국제 행사의 시너지 • 중간지원조직의 플랫폼 역할 • 행정–예술가–시민의 협력 모델	• 주민주도, 다세대 참여, 문화자율성 강화 • 생활문화 기반 지역 공동체 재생모델로 기능 • 전문성 기반 특화전략 시행	• 자생적, 장기적 관점의 성장 • '장소성'과 '분위기'의 가치 • 예술 생태계와 지역 경제의 선순환

출처: Huh, Chung & Lee, 2020; 노수경·손유진, 2021; 이병민, 2014 재구성

　　　　뉴노멀 시대 문화도시와 로컬의 힘

〈그림 5-3〉 청주 문화제조창

출처: 문화제조창 홈페이지

〈그림 5-4〉 울산 북구생활문화센터

출처: 울산북구생활문화센터 홈페이지

〈그림 5-5〉 미국 예술도시 샌타페이

출처: CASAS de SantaFe

세한 정책 설계가 필요하다.

세 사례는 각기 다른 맥락과 전략을 통해 창조적 공동체를 육성하고 도시의 활력을 만들어냈다(〈표 5-2〉 참조). 예를 들어 청주는 '이벤트 기반', 울산 북구 생활센터는 '주민참여 기반', 샌타페이는 '생태계 기반' 모델로 요약할 수 있다. 이는 문화도시를 지향하는 다른 지역들이 자신들의 조건과 자산에 맞는 맞춤형 전략을 수립하는 데 중요한 참고자료가 될 것이다.

나오는 글

지속가능한 창조도시를 위한 정책 제언 및 향후 과제

본 장은 문화도시의 핵심 동력으로서 '창조적 공동체'의 중요성을 강조하고, 그 이론적 배경과 실천적 방법론, 그리고 구체적인 국내외 사례를 종합적으로 살펴보았다. 논의를 통해 우리는 창조적 공동체가 단순히 문화예술 향유자를 넘어, 지역의 문화적 자산을 재발견하고 새로운 가치를 창출하는 능동적 주체임을 확인했다. 또, 이러한 공동체는 개방적이고 상호작용이 활발한 '창의적 환경' 속에서, 지역 고유의 '문화 자산'을 양분 삼아 성장하며, '커뮤니티 매핑'과 같은 참여적 방법론을 통해 더욱 활성화될 수 있음을 알 수 있었다.

청주시의 사례는 공예라는 지역 자산과 비엔날레라는 국제적 플랫폼이 결합하여 전문 예술가 중심의 창조 생태계를 구축한 모델을, 울산 북구 생활문화센터 사례는 생활문화센터의 기본 원칙(공공성, 자율성, 개방성)을 잘 구현한 사례로, 유사 지역에의 적용 가능성이 높으며 정책 평가에서도 우수 사례로 언급되고 있다. 또 미국의 샌타페이 사례는 인위적 계획이 아닌, 예술가들이 자발적으로 모여드는 매력적인 환경 조성이 장기적으로 얼마나 강력한 창조적인 문화도시의 기반이 되는지를 일깨워 주었다.

이러한 논의를 바탕으로, 지속가능한 문화도시를 만들고 창조적 공동체를 효과적으로 육성하기 위한 정책적·실천적 시사점을 제언하면 다음과 같다.

첫째, '직접 건설'에서 '생태계 조성'으로 정책 패러다임을 전환해야 한다. 정부나 지방자치단체는 더 이상 문화시설을 짓고 프로그램을 직접 운영하는 '공급자' 역할에 머물러서는 안 된다. 대신, 다양한 창조적 공동체들이 자생적으로 성장할 수 있는 '토양'을 만드는 '생태계 조성자(Ecosystem Builder)'로서의 역할로 전환해야 한다. 이는 정책의 초점을 가시적인 성과나 특정 장르의 육성에서, 시민들의 일상 속에서 자연스럽게 발현되는 창의적 실천들을 지지하고 연결하는 방향으로 이동해야 함을 의미한다(김동윤, 2016). 이를 위해 경직된 단년도 직접 보조금 지원 방식에서 벗어나, 공동체들이 안정적으로 활동할 수 있는 공유 공간(Co-Working Space, Community Space)을 저렴하게 제공하고, 활동에 필요한 초기 비용이나 운영비를 지원하는 유연한 펀딩 시스템을 마련해야 한다. 많은 생활문화센터의 경우 정부 정책의 기조에 따라 운영비와 인력이 부족해 어려움을 겪는 경우가 많다. 또한, 공동체의 자율성을 저해하는 불필요한 행정 규제를 완화하고, 실패를 용인하며 새로운 시도를 장려하는 사회적 분위기를 조성하는 데 힘써야 한다.

둘째, 사람을 연결하고 공동체를 촉진하는 '중간지원조직'을 강화해야 한다. 창조적 공동체는 행정과 시민 사회의 경계에서 양자를 매개하고 협력을 촉진하는 중간지원조직(Intermediary Organization)을 통해 더욱 활성화될 수 있다. 청주 사례의 문화산업진흥재단처럼, 문화재단이나 창조도시 지원센터 등은 단순한 행정 업무 대행 기관이 아니라, 지역의 문화 자산을 조사·연구하고, 다양한 분야의 사람들을 연결하여 새로운 프로젝트를 기획하며, 공동체가 겪는 어려움을 컨설팅해 주는 '네트워크 허브'이자 '커뮤니티 인큐베이터'로서의 전문성을 갖추어야 한다. 이를 위해 중간지원조직의 독립성과 자율성을 보장하고, 역량 있는 커뮤니티 매니저, 코디네이터, 기획자를 발굴하고 양성하는 체계적인 투자가 필요하다.

셋째, '커뮤니티 매핑' 등 시민 참여 기술을 정책 과정에 적극 도입해야 한다. 문화도시 계획 수립 단계부터 지역의 문화 자산을 발굴하고 비전을 설정하는 과정에 커뮤니티 매핑과 같은 시민 참여 도구를 적극적으로 활용해야 한다. 이는 정책의 현실 적합성을 높일 뿐만 아니라, 계획 수립 과정 자체가 주민들에게는 지역을 배우고 공동체를 형성하는 소중한 경험이 된다. 지자체는 시민들이 손쉽게 사용할 수 있는 온라인 매핑 플랫폼을 제공하고, 매핑 활동가(퍼실리테이터)를 양성하여 주민들의 참여를 지원해야 한다. 이렇게 수집된 '시민의 데이터'는 아카이브로 축적되며, 지역의 문화자산이 되기에 향후 문화정책, 도시 계획, 관광콘텐츠 개발 등에 중요한 기초 자료로 활용될 수 있다.

넷째, 전문 창작과 생활문화의 선순환 구조를 설계해야 한다. 전문 예술가 중심의 창조산업 육성과 시민들의 보편적인 문화 향유를 지원하는 생활문화 정책은 분리된 것이 아니라 상호 보완적이다. 청주 비엔날레가 시민 참여 프로그램을 통해 저변을 넓히듯, 전문 예술가들이 시민들을 위한 워크숍이나 멘토링 프로그램에 참여하도록 유도하고, 많은 생활문화 공간에서 발굴된 재능 있는 시민이 전문 창작자로 성장할 수 있는 '성장 사다리'를 마련해야 한다. 이처럼 전문 창작 영역과 생활문화 영역이 서로 자양분을 주고받는 유기적 연결고리를 만들 때, 도시의 창조 생태계는 더욱 풍성하고 건강해질 수 있다.

다섯째, 공동체와 관련된 운영 모델 및 거버넌스 구축의 유기적인 체계가 필요하다. 기초지자체 단위에서 지역 내 여러 생활문화 등과 관련된 시설을 연결하고 중개하는 '플랫폼'을 구축하고, 거점 시설을 중심으로 협력적 거버넌스를 형성하고, 공동 사업을 개발하는 역할을 수행하는 노력이 필요하다. 이때, 사업 목적에 따라 지역 내 유관 기관들과 유연하게 협력 체계를 구성하여 세대, 기능, 지역 특성을 고려한 맞춤형 사업을 추진하고 시너지 효과를 창출해야 한다. 광역-기초 간 역할 분담을 통한 거버넌스 확립도 중요한데, 기초(지자체)의 경우, 플랫폼의 실질적 구축 및 운영 주체로서 매개 역할을 담당하고, 광역(시·도)의 경우는 지역 플랫폼 간의 연계를 촉진하고, 갈등을 관리하며, 중앙정부와의 소통 창구 역할을 하는 '총괄 디렉터' 기능을 수행해야 한다. 궁극적으로는 전국의 담당자들이 교류하고 협력할 수 있는 사업을 정기적으

　뉴노멀 시대 문화도시와 로컬의 힘

로 추진하여 자발적인 운영 개선과 네트워크 강화를 유도하며, 교류·협력 활성화 사업을 지속적으로 추진해야 한다.

앞서 제언한 내용과 더불어, 향후 우리나라의 도시들이 모두 함께 고민해 보아야 할 중장기적인 과제는 다음과 같다.

첫째, 창조적 공동체의 지속가능성 문제에 대한 연구와 이를 해결해나갈 모델 개발이 필요하다. 많은 공동체들이 초기에는 열정으로 뭉치지만, 재정적 어려움, 내부 갈등, 구성원의 변화 등으로 인해 지속되기 어려운 경우가 많다. 공동체의 생애주기별 성장통과 위기 요인을 분석하고, 이를 극복하기 위한 내적·외적 조건과 지원 모델 개발에 대한 고민이 필요하다.

둘째, 창조적 공동체가 창출하는 사회·문화적 가치를 측정하고 평가하는 지표 개발이 요구된다. 경제적 파급효과와 같이 계량화하기 쉬운 성과뿐만 아니라, 공동체 의식 증진, 사회적 신뢰 형성, 지역 정체성 강화, 주민 행복감 증대 등 무형의 사회적 가치를 포착할 수 있는 다면적인 성과 평가 모델을 개발해야 한다. 이는 문화 정책의 효과를 제대로 평가하고 장기적인 투자의 정당성을 확보하는 데 기여할 것이다.

셋째, 창조적 공동체 활성화의 부작용, 즉 젠트리피케이션(Gentrification) 문제에 대한 비판적 성찰과 대안 모색이 지속적으로 필요하다. 예술가와 창조적 공동체가 낙후된 지역에 활력을 불어넣으면, 역설적으로 임대료가 상승하여 기존 주민과 예술가들이 다시 쫓겨나는 현상이 발생할 수 있다. 이를 방지하기 위한 상생 협약, 지역자산화(커뮤니티 토지신탁 등), 공공임대상가 공급 등 선제적이고 종합적인 정책 대안 제시가 필요하다.

문화도시의 미래는 결국 사람과 공동체에 달려 있다. 시민 한 사람 한 사람의 창의성이 존중받고, 이들이 자유롭게 교류하며 새로운 상상력을 펼칠 수 있는 도시, 그러한 도시를 향한 여정에서 본 장의 논의가 창조적 공동체에 대한 이해를 높이고, 더 나은 정책과 실천을 모색하는 데 의미 있는 디딤돌이 되기를 희망한다.

○ 토론 주제

1. 우리 지역의 문화도시 전략을 수립한다면, 가장 핵심적인 '문화 자산'은 무엇이라고 생각하며, 그 자산을 기반으로 어떤 유형의 '창조적 공동체'를 육성하는 것이 효과적이라고 보는가?

2. 창조적 공동체의 활성화가 종종 젠트리피케이션으로 이어지는 문제를 어떻게 해결할 수 있을까? 지역의 발전을 이끌면서도 기존 주민 및 공동체의 터전을 보호할 수 있는 구체적인 정책 방안(예: 제도, 거버넌스, 상생 모델)에 대해 토론해 보자.

3. 성공적인 창조적 공동체를 지원하기 위해 중간지원조직(문화재단 등)과 행정(지방 정부)은 어떤 방식으로 역할을 분담하는 것이 가장 이상적이라고 생각하는가? 또 각 주체가 갖추어야 할 핵심 역량과 두 기관이 효과적으로 협력하기 위한 방안은 무엇이라고 보는가?

· 참고문헌 ·

국내문헌
국가균형발전위원회. (2021). 지역 공공 여가·문화시설의 효율적 운영방안.
김동윤. (2016). "문화콘텐츠의 창의적 원천으로서의 일상성·원형·상상력 – M. 마페졸리의 포스트모더니티 개념을 중심으로–". 『인문콘텐츠』, 43, 73–98.
노수경·손유진. (2021). 생활문화범위 설정 및 생활문화센터 건립·운영방안, 한국문화관광연구원.

레이 올든버그. (2019). 『제3의 장소(The Great Good Place)』. 김보영 편역, 풀빛.

이병민. (2014). "창조경제시대 창조적 환경과 지역발전의 의미: 창조도시를 중심으로". 『문화콘텐츠연구』, 3, 7-31.

임완수. (2021). 『세상과 나를 바꾸는 지도, 커뮤니티매핑』, 빨간소금.

정수희·이병민. (2014a). "창조적 장소자산으로서 예술자산의 유형과 사례 연구". 『한국경제지리학회지』, 17(1), 28-44.

정수희·이병민. (2014b). "지역공동체의 실천적 집단지성의 발현으로서 커뮤니티매핑에 대한 소고". 『서울도시연구』, 15(4), 185-204.

국외문헌

Borrup, T. (2010). "Shaping a Creative Milieu: Creativity, Process, Pedagogy, Leadership, and Place". *Journal of Urban Culture Research,* 1, 40-57.

Bourdieu, P. (1986). "The Forms of Capital". In J. G. Richardson (Ed.), *Handbook of theory and research for the sociology of education* (pp.241-258). New York: Greenwood Press.

Coleman, J. S. (1990). *Foundations of social theory.* Cambridge: Harvard University Press.

Douglas, M. (2015). "Creative Communities and the Cultural Economy — Insadong, chaebol urbanism and the local state in Seoul". *Cities* 56, 148-155.

Florida, R. (2002). *The Rise of the Creative Class: And How It's Transforming Work, Leisure, Community and Everyday Life.* New York: Basic Books.

Fukuyama, F. (1995). *Trust: The Social Virtues and the Creation of Prosperity.* London: Hamish Hamilton.

Huh, D., Chung, S. H., & Lee, B. M. (2020). "Strategy & Social Interaction for Making Creative Community: Comparative Study on Two Cities of Crafts in South Korea". *Journal of Urban Culture Research,* 21, 16-33.

O'Reilly, T. (2005). *What is Web 2.0? Design Patterns and Business Models for the Next Generation of Software.* O'Reilly Media. http://www.oreilly.com/pub/a/web2/archive/what-is-web-20.html

Putnam, R. D. (2000). *Bowling Alone: The Collapse and Revival of American Community.* New York: Simon & Schuster.

제2부

문화도시의 실천과 쟁점

제6장

글로벌 담론과 한국적 맥락: 유네스코 창의도시와 공진화 전략

들어가는 글

도시 발전 담론 전환의 시대

21세기 도시 발전 담론은 중요한 전환점을 맞이했다. 과거 물리적 인프라 구축과 같은 '경성(Hard)' 개발에 집중했던 패러다임에서 벗어나, 오늘날 지역의 경쟁력은 문화, 정체성, 상징과 같은 '연성(Soft)'자산[1]에서 비롯된다는 인식이 확산되고 있다. 이러한 흐름 속에서 '문화도시(Cultural City)'와 '창의도시(Creative City)'는 단순한 수사적 구호를 넘어, 도시의 생존과 번영을 위한 핵심 전략으로 부상했다. 문화는 더 이상 경제 발전의 부수적 요소가 아니라, 도시의 정체성을 구축하고, 창의적 인재를 유치하며, 지속가능한 성장을 견인하는

---

1) 연성(Soft) 자산: 도로, 항만, 건물 등 물리적 실체를 지닌 '경성(Hard)자산'과 대비되는 개념으로, 문화, 예술, 역사, 지식, 공동체, 도시의 이미지나 브랜드 가치 등 형태가 없는 무형의 자산을 의미한다.

능동적 동력으로 재평가되고 있다.

이러한 전 지구적 흐름 속에서, 본 장은 다음과 같은 핵심적인 질문을 제기하고자 한다. 유네스코 창의도시 네트워크(UNESCO Creative Cities Network, UCCN)와 같은 글로벌 정책 프레임워크와 대한민국의 '법정 문화도시'와 같은 국가적 정책은 어떻게 상호작용하며 도시의 운명을 만들어가는가? 특히, 이두 정책이 도시의 낡은 산업유산이나 잊혀진 무형의 자산을 재해석하는 과정을 통해 도시의 브랜드와 정체성, 그리고 지속가능한 미래를 어떻게 함께 만들어가는가, 즉 '공진화(Co-evolution)'하는가?

본 장은 이러한 질문에 답하기 위해 먼저 문화도시와 창의도시를 둘러싼 이론적 지형과 정책적 맥락을 탐색한다. UCCN과 대한민국 문화도시 정책의 목표와 특성을 비교 분석하고, 두 정책 모두에서 핵심 자산으로 부상하는 '유산(Heritage)'의 재발견 과정을 조명할 것이다. 이어서, 김이나 · 이병민(2025) 논문의 내용을 중심으로 대한민국 청주시, 일본의 가나자와, 중국의 징더전 등 국내외 주요 사례를 심층 분석하여 문화도시와 창의도시가 실제로 어떻게 공진화하는지를 구체적으로 살펴본다. 마지막으로, 이러한 공진화 전략 이면에 내재된 문화의 상품화, 진정성(Authenticity)[2]의 위기, 정책 주도성과 시민 주체성 간의 긴장과 같은 본질적 위험과 모순을 비판적으로 성찰하고, 이를 극복하기 위한 지속가능하고 포용적인 창의생태계 구축 방안을 제언하고자 한다.

궁극적으로 본 장이 드러내고자 하는 핵심 논지는, 현대 도시문화정책이 '기업가적 도시(Entrepreneurial City)'[3]와 '공생적 도시(Convivial City)'[4]라는 두

---

2) 진정성(Authenticity): 어떤 대상이 원본이고 진짜이며 고유하다는 속성. 문화나 관광의 맥락에서는 가공되거나 상업적으로 연출되지 않은, 지역 고유의 실제적인 삶과 문화를 의미한다.

3) 기업가적 도시(Entrepreneurial City): 도시를 하나의 기업처럼 간주하고, 경제 성장과 경쟁력 강화를 최우선 목표로 삼아 도시 개발, 투자 유치, 마케팅 등 기업가적 전략을 적극적으로 추구하는 도시 모델.

패러다임 사이의 근본적인 긴장 관계 속에서 펼쳐진다는 점이다. 창의도시 정책은 쇠퇴하는 산업 경제의 대안으로서 도시 경쟁력을 확보하려는 기업가적 필요에서 출발하지만, 동시에 유네스코와 비판적 담론이 강조하는 지속가능성, 포용성, 시민의 문화적 권리라는 공생적 가치와 끊임없이 충돌한다. 예를 들어, 청주시와 같은 도시가 국가적 '문화도시'와 세계적 '창의도시'라는 두 개의 타이틀을 동시에 추구하는 과정은 단순히 정책을 채택하는 것을 넘어, 바로 이 깊은 이념적 긴장 관계를 항해하는 여정 그 자체이다. 이 긴장이야말로 본 장에서 분석할 다양한 도전과 위기의 근원적 동력이다.

1. 문화도시와 창의도시의 이론적 지형과 정책적 맥락

창조도시 담론의 진화와 유네스코 창의도시 네트워크(UCCN)

'창조도시'라는 개념은 하루아침에 등장한 것이 아니다. 그 지적 계보는 도시의 다양성과 경제적 활력의 관계를 통찰한 제인 제이콥스(Jane Jacobs)에서부터 시작된다. 그녀는 획일적인 도시계획을 비판하며, 다양한 사람들이 어우러져 예기치 않은 상호작용을 일으키는 역동적인 거리의 삶이야말로 도시 혁신의 원천임을 강조했다(제이콥스, 2010) 이후 찰스 랜드리(Charles Landry)는 창의적 인재들이 모여 비공식적 대면 접촉을 통해 아이디어를 교환하는 '창의적 환경(Creative Milieu)'의 중요성을 역설했으며, 리처드 플로리다(Richard Florida)는 기술(Technology), 인재(Talent), 관용성(Tolerance)이라는 '3T'가 창조

---

4) 공생적 도시(Convivial City): 경제적 효율성이나 경쟁보다는 시민들의 문화적 권리, 공동체적 가치, 사회적 포용, 지속가능성을 중시하며 더불어 살아가는 삶의 질을 강조하는 도시 모델.

뉴노멀 시대 문화도시와 로컬의 힘

도시의 핵심 성공 요인이라는, 영향력 있지만 동시에 많은 비판을 받은 이론을 제시했다.

이러한 학술적 담론을 배경으로, 2004년 유네스코는 '창의도시 네트워크(UNESCO Creative Cities Network:UCCN)'라는 구체적인 글로벌 정책 프로그램을 출범시켰다. UCCN의 핵심 목표는 도시들이 '창의성'을 지속가능한 도시 발전의 전략적 요소로 인식하고, 이를 통해 도시 간 국제 협력을 촉진하는 것이다. UCCN은 도시의 창의적 자산을 문학, 영화, 음악, 공예 및 민속예술, 디자인, 미식, 미디어아트의 7개 분야로 나누어 지정했으며, 최근에는 건축 분야가 여덟 번째로 추가되었다.[5]

초기 UCCN은 문화산업 육성과 새로운 투자 및 고용 창출 등 산업적 측면을 강조하는 경향이 있었으나, 점차 그 의제를 발전시켜 왔다. 오늘날 UCCN은 UN의 2030 지속가능발전목표(SDGs), 특히 '지속가능한 도시와 공동체'를 목표로 하는 SDG 11의 달성을 위한 핵심 파트너로서의 역할을 강조한다. 이는 문화가 단순한 경제 성장 동력을 넘어, 포용적이고 안전하며 회복력 있는 도시를 만드는 데 필수적인 요소임을 천명하는 것이다. UCCN은 이제 정기적인 모니터링 보고서 제출을 의무화하고, 문화유산 보호, 사회적 약자의 문화 접근성 보장, 시민 참여 강화를 중요한 가치로 내세우며, 초기 산업주의적 관점에서 벗어나 한층 포용적이고 지속가능한 방향으로 진화하고 있다.

하지만 이러한 진화에도 불구하고 창조도시 담론에 대한 비판은 여전히 유효하다. 플로리다의 '창조 계급(Creative Class)론'은 특정 엘리트 집단에만 초점을 맞춰 기존의 사회적 불평등을 심화시키고, 도시를 '승자 독식'의 경쟁 구도로 몰아간다는 비판에 직면했다. 또, 많은 창의도시 정책들이 성공 사례를 무

---

5) 출처: https://unesco.or.kr/250918_01/ (2025년 9월 30일 검색)

분별하게 벤치마킹하면서 도시의 고유한 맥락을 무시한 채 정책의 표준화를 낳고, 문화를 경제적 성과를 위한 도구로만 취급하는 '수단화'[6]의 위험을 안고 있다는 지적도 계속되고 있다.

대한민국 문화도시 정책과 UCCN과의 관계

대한민국 정부 역시 이러한 세계적 흐름에 발맞춰 고유의 문화도시 정책을 추진하고 있다. 지역문화진흥법에 근거하여 2019년부터 지정되기 시작한 '법정 문화도시'는 '지역의 고유한 문화자원을 활용하여 지역발전을 촉진하고, 문화를 통한 지속가능한 지역발전 및 지역주민의 문화적 삶 확산'을 목표로 한다. 이 정책은 지정된 도시에 5년간 최대 200억 원(국비 100억 원, 지방비 100억 원) 규모의 예산을 지원하여, 문화 기반의 지역 자생력 강화를 도모하는 대규모 국책 사업이다.[7]

대한민국의 법정 문화도시와 유네스코 창의도시는 도시 발전을 위해 문화를 전략적으로 활용한다는 공통점을 가지지만, 그 성격과 운영 방식에는 뚜렷한 차이가 존재한다. 법정 문화도시는 지역문화진흥법이라는 국내법에 근거한 법적 지정으로, 중앙정부(문화체육관광부)가 주도하는 하향식(Top-Down) 정책이며, 수도권에 집중된 발전을 완화하고 지역 균형 발전을 도모하려는 국내적 목표가 강하다. 반면, UCCN은 유네스코 헌장에 기반한 국제적 네트워크로, 회원 도시 간의 수평적 교류와 협력, 즉 상향식(Bottom-Up) 및 동료 주

---

6) 수단화(Instrumentalization): 본래의 내재적 가치를 존중하기보다는, 다른 목적(주로 경제적 이익)을 달성하기 위한 도구나 수단으로만 여기는 것. 본문에서는 문화가 그 자체의 가치를 인정받기보다 경제 성장을 위한 도구로 전락하는 현상을 비판하는 의미로 사용되었다.

7) 출처: https://www.rcda.or.kr/webzine/202108/webzine_view06.jsp (2025년 9월 30일 검색)

〈표 6-1〉 대한민국 법정 문화도시와 유네스코 창의도시 정책 비교

주요 속성	대한민국 법정 문화도시	유네스코 창의도시 네트워크 (UCCN)
법적/제도적 기반	지역문화진흥법 등	유네스코 헌장 및 관련 규정
범위 및 성격	국가적(National), 지역 균형 발전	세계적(Global), 국제 협력 네트워크
거버넌스	중앙정부 주도(Top-Down), 경쟁 심사를 통한 지정	회원 도시 간 수평적교류(Peer-to-Peer), 자발적 신청 및 심사
핵심목표	문화 기반 지역 활성화, 주민 삶의 질 향상, 지역 자생력 강화	지속가능한 도시 발전, 문화다양성 증진, 국제적 지식 공유
선정과정	공모 및 심사 (문화체육관광부 주관)	국내 위원회 추천 후 유네스코 본부 최종 심사
주요 혜택	법적 지위 부여, 5년간 국비 및 지방비 지원(최대 200억 원)[8]	'유네스코 창의도시' 브랜드 사용권, 글로벌 네트워크 참여 및 교류 기회

도(Peer-Driven)의 성격이 강하며, SDGs 달성과 같은 전 지구적 의제에 기여하는 것을 목표로 한다. 법정 문화도시가 직접적인 재정 지원을 통해 구체적인 사업 실행을 담보한다면, UCCN은 '유네스코 창의도시'라는 강력한 글로벌 브랜드를 부여하고 국제적 교류의 장을 제공함으로써 도시의 발전을 촉진한다. 〈표 6-1〉은 두 정책의 주요 특징을 비교한 것이다.

유산의 재발견, 창의도시의 핵심 자산

창의도시와 문화도시 담론의 중심에는 '유산(Heritage)'의 재발견이 자리하고 있다. 특히 산업화 시대의 영광을 뒤로하고 쇠퇴의 길을 걷던 도시들에게,

---

8) 2023년 기준 문화도시의 주요 혜택은 위의 사항에 따르되, 2024년 기준 지정된 대한민국 문화도시(13개 지자체 기준) 경우는 도시당 약 200억원(총 2,600억원)이 3~5년간 지원되며, 해당지역은 법적지위를 획득하고 정부의 정책적, 재정적 지원을 받기에 조금 다른 특성은 있다(문화체육관광부, 2024).

낡고 버려진 산업 시설은 더 이상 철거의 대상이 아닌 새로운 가능성의 원천이 되었다. 이러한 흐름을 '문화주도 도시재생(Culture-led Urban Regeneration)'이라 부르며, 문화를 통해 쇠퇴한 도시의 물리적 환경을 개선하고 경제적 활력을 되찾으려는 전략을 의미한다.

이 과정에서 눈여겨볼 만한 개념은 '산업유산(Industrial Heritage)'이다. 산업유산은 단순히 낡은 공장 건물이나 기계를 의미하지 않는다. 국제기념물유적협의회(ICOMOS)의 정의에 따르면, 산업유산은 역사적, 산업적 가치뿐만 아니라 사회적, 미학적, 경관적 가치를 포괄하며, 유형의 구조물과 함께 그곳에 깃든 사람들의 이야기, 도시 경관 등 무형의 요소까지 포함하는 개념이다(TIC-CIH, 2011). 따라서 산업유산을 창의 자산으로 전환하는 과정은 단순한 리모델링을 넘어, 그 장소의 시간과 공간적 맥락을 재해석하고 새로운 의미를 부여하는 '유산화(Heritagization)[9]' 또는 '재맥락화(Recontextualization)'[10]의 과정이라 할 수 있다.

이러한 재맥락화는 유형의 유산뿐만 아니라 무형의 유산, 즉 그 장소에 얽힌 이야기, 기억, 공동체의 삶의 방식, 전통 기술 등을 발굴하고 현대적으로 재해석하여 새로운 '지역문화콘텐츠'로 창조하는 작업을 포함한다. 이는 곧 그 장소만이 가질 수 있는 고유한 분위기와 영혼, 즉 '장소의 혼(Genius Loci)'을 강화하는 과정이다. 결국, 잊혀진 유산은 창의도시의 가장 독창적이고 모방 불가능한 자산이 되며, 도시 브랜딩과 정체성 구축의 핵심적인 원천으로 작용한다. 〈그림 6-1〉은 이러한 산업유산의 창의 자산 전환 과정을 도식화한 것이다.

---

9) 유산화(Heritagization): 과거의 특정 사물, 장소, 관습 등을 현재의 관점에서 '보존할 가치가 있는 유산'으로 규정하고 의미를 부여하는 사회적 과정.

10) 재맥락화(Recontextualization): 특정 대상이나 개념을 원래의 맥락에서 벗어나 새로운 맥락 속에 배치함으로써 그 의미를 재해석하고 새로운 가치를 부여하는 과정.

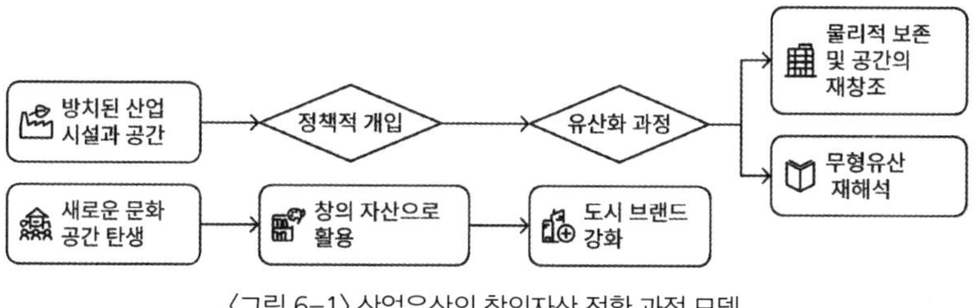

〈그림 6-1〉 산업유산의 창의자산 전환 과정 모델

지역문화콘텐츠로서 산업유산의 형성과 활용

산업유산에 대한 가치 평가는 시대의 변화와 함께 중요한 전환을 맞았다. 제조업 시대의 낡은 유물로 여겨지던 산업 시설들은 이제 문화유산의 보편적 가치와 산업 환경의 특수한 시공간적 가치를 동시에 지닌 매력적인 인문자원으로 재인식되고 있다. 이러한 인식의 전환은 앞에서 언급한 바와 같이 유럽의 후기산업도시들이 선도한 '문화주도 도시재생'의 흐름과 맥을 같이하며, 버려진 산업 경관을 도시 개발을 위한 강력한 가용 자원으로 바라보게 되었다.

그러나 모든 낡은 산업시설이 곧바로 산업유산이 되는 것은 아니다. 특정 시설이 산업유산으로 인정받기 위해서는 몇 가지 기본적인 조건을 충족해야 한다. 여기에는 ▲어느 정도의 역사성(역사적 관점) ▲지역 경제 발전의 원동력이었던 역할(경제적 관점) ▲비교적 큰 규모나 경관적 특수성(공간적 관점) ▲지역민과 공공의 관심 대상이 되는 지역성(지역성 관점) ▲쉽게 대체하거나 해체할 수 없는 상징적 가치(상징적 관점) 등이 포함된다. 이처럼 산업유산은 단순한 시설물이 아니라, 그 장소에 깃든 기억과 관습이라는 무형의 기록까지 포괄하는 다층적인 개념이다.

이렇게 인정된 산업유산은 단순 보존을 넘어 지역발전을 위한 핵심 '콘텐츠'로 적극 활용된다. 이는 유산의 재창조라는 개념 아래 창조적, 사회·경제적,

공간적, 문화·경관적 차원에서 다각적으로 이루어진다. 예를 들어, 독일 루르(Ruhr) 지역은 150년 역사의 공업지대 내 산업·기술문화재들을 '산업유산 관람코스(Route der Industriekultur)'로 연계하여 관광자원화하고, 지역의 역사교육의 장으로 활용함으로써 전통과 현대가 공존하는 새로운 문화적 이미지를 창출했다. 이러한 노력의 결과로 졸페어라인 탄광 일대는 2001년 유네스코 세계문화유산으로 지정되기도 했다.[11] 이처럼 산업유산을 문화예술 공간으로 전환하는 것은 지역 주민의 삶의 질을 높이고 방문객을 유치하여 도시 활성화에 기여하는 중요한 전략이 된다.

산업유산의 활용은 결국 지역발전과 선순환 구조를 형성한다. 물리적인 산업 시설과 그곳에 누적된 기억들은 도시의 주체에게 중요한 메시지이자 콘텐츠가 된다. 산업유산이 남긴 '흔적'과 이를 마주하는 시민 및 방문객의 '체험', 그리고 이들을 잇는 '산책자'적 행위가 유기적으로 소통할 때, 진정한 의미의 인문학적 도시재생이 완성된다. 이 과정에서 산업유산은 과거의 경험을 토대로 한 '향수의 풍경'이자 '추억의 장소'로 변모하며, 지역의 정체성과 상징성을 간직한 채 새로운 문화를 선도하는 현대적 명소로 재탄생한다. 〈그림 6-2〉는 이러한 산업유산 콘텐츠와 지역발전의 관계를 보여 준다.

산업유산의 형석과 인식, 활용성이라는 관계에 대하여 경관적 차원과 사회적 차원, 경제적 차원, 문화적 차원의 특징들이 함께 어우러지는 관계를 상정할 수 있다. 복합공간(산업+상업+일+삶)의 특징이 발현되기도 하고, 사회적으로는 공동체 공간으로 기여하면서, 주민들의 체험과 교육의 현장으로 인식되기도 한다. 이는 장소마케팅의 도구로 활용될 수 있는 가능성을 높이기도 한다, 이때, 인문콘텐츠로서의 특징이 충분히 고려된다면, 산업유산의 인식과

---

11) https://whc.unesco.org/en/list/975/ (2025년 9월 30일 검색)

〈그림 6-2〉 산업유산 콘텐츠와 지역발전의 관계: 선순환 구조

기억, 콘텐츠화, 활용의 단계들이 집중되면서 문화도시와 창의도시 등을 고려한 지역발전에서, 시공간의 맥락이 반영된 중요하면서도 의미 있는 문화콘텐츠로 완성된다고 할 수 있다(이병민, 2017).

2. 문화도시와 창의도시의 공진화: 특성과 전략

공진화의 개념과 전략적 특성

'공진화(Co-evolution)'는 본래 생물학에서 서로 다른 종이 상호작용을 통해 서로의 진화에 영향을 미치는 현상을 설명하기 위해 등장한 개념이다. 도시 정책과 브랜딩의 맥락에서 공진화는 둘 이상의 시스템(예: 한 도시의 문화 정책과 브랜딩 전략, 혹은 협력 관계에 있는 두 도시)이 역동적인 상호작용을 통해 함께 발전하고 변화하는 과정을 의미한다. 이는 단순히 각자가 개별적으로 발전하는 것을 넘어, 서로의 발전을 촉진하거나 때로는 제약하면서 새로운 질서를 형성하는 복잡하고 유기적인 과정이다.

공진화 전략은 일반적인 도시 간 협력이나 진화경제지리학의 관점과는 뚜렷한 차이를 보인다. 일반적인 도시 간 협력이 주로 도시 정부 등 공식적 행위자 중심으로 특정 목표(예: 공동 전시 개최)를 달성하기 위한 계획된 협력에 초점을 맞춘다면, 공진화 전략은 디자이너, 연구소, 시민사회 등 복합적 주체들의 다중적 상호작용을 포괄한다. 또한, 진화경제지리학이 특정 지역 경제 공간 내에서 기업이나 산업이 기존 경로를 활용(경로의존성)[12]하거나 새로운 경로를 창출하며 적응하는 과정에 주목하는 반면, 공진화 전략은 정책 학습, 경쟁적 압력, 상호 관찰을 통해 각 도시의 창의생태계 전체가 상호적으로 변혁하는 과정을 다룬다. 즉, 공진화는 '상호 인과성(Reciprocal Causality)'에 기반한 시스템적 접근으로, 서로가 원인이 되기도 하고 결과도 되면서, 네트워크 자체가 환경으로 작용하며 비선형적 발전을 이끌어 낸다는 특징이 있다(이재열·장근용, 2020; 최해옥, 2012).

공진화 전략의 핵심적인 특징은 '협력적 경쟁(Co-opetition)'[13]이라는 모순적 관계에 있다. 참여하는 도시나 주체들은 공동의 목표(예: 공동 브랜드 구축)를 위해 협력하지만, 동시에 한정된 자원, 투자, 그리고 정책적 혜택을 두고 잠재적으로 경쟁하는 관계에 놓인다. 공진화 전략은 이러한 내재된 긴장을 회피하

---

12) 경로의존성(Path Dependence): 한번 특정 경로(기술, 제도, 정책 등)가 형성되면 과거의 선택이 현재와 미래의 선택을 제약하여 그 경로를 벗어나기 어려워지는 현상.

13) 협력적 경쟁(co-opetition): 협력(Cooperation)과 경쟁(Competition)의 합성어. 경쟁 관계에 있는 주체들이 공동의 이익을 위해 특정 부분에서는 협력하면서도, 다른 부분에서는 여전히 경쟁하는 복합적인 관계를 의미한다.

　뉴노멀 시대 문화도시와 로컬의 힘

〈표 6-2〉 공진화 이론과 관련 이론의 비교

비교항목	일반적 도시간 협력	진화경제지리학 이론	공진화 이론
주체 (Agents)	주로 도시 정부, 공공기관 등 공식적 행위자 중심	기업, 산업, 클러스터 등 경제 주체 중심	다중 이해관계자 시스템: 도시 정부, 디자인 기업, 대학(디자인 학과), 연구소, 시민사회, 창작자 커뮤니티 등 복합적 주체들의 상호작용
규모 (Scale)	도시 대 도시(City-to-City)의 양자(Bilateral) 또는 다자(Multilateral) 관계에 한정	주로 특정 지역(Regional) 경제 공간 내에서의 진화 과정에 초점	다중 스케일(Multi-scalar) 상호작용: (예) 지역(서울-상하이), 국가(한-중 디자인 정책), 글로벌(UCCN 네트워크) 스케일이 상호 영향을 미치는 입체적 구조
전략 (Strategy)	특정 목표(예: 공동 전시 개최, MOU 체결) 달성을 위한 계획된, 공식적 협력	기존 경로 활용(경로의존) 또는 신규경로 개척(경로창출)을 통한 지역 경제의 적응 및 발전	상호 적응 및 변혁(Mutual Adaptation & Transformation): 공식적 협력뿐 아니라 정책 학습, 경쟁적 압력, 상호 관찰을 통해 각자의 창의 생태계를 상호적으로 변화시키는 전략('협력적 경쟁' 포함)
핵심가치 (Core Value)	상호 이익, 우호 증진, 공동 프로젝트의 성공적 이행	경제적 효율성, 지역 산업의 경쟁력 및 회복탄력성(Resilience)	지속가능한 도시 발전(SDG 11), 문화 다양성 증진, 사회적 포용, 시민의 문화적 권리, 창의성을 통한 삶의 질 향상
대상 (Target)	개별 프로젝트, 교류 프로그램, 특정 분야(예: 관광, 무역)	지역의 산업 구조, 기술 경로, 기업의 생존 및 성장	도시의 창의 생태계(Urban Creative Ecosystem) 전체: 디자인 정책, 교육 시스템, 공공 공간, 창의적 인프라, 도시 브랜드 가치, 시민의 디자인 인식 등 포괄적 대상
주요 특성 (Key Characteristics)	명확한 목표 지향성, 단기적·가시적 성과 중심, 공시적 합의 기반	역사적 경로의존성(Path Dependence), 자기 강화 메커니즘, 비가역적(Irreversible) 변화 과정	상호 인과성(Reciprocal Causality), 시스템적 접근(더 큰 시스템에 내재), 네트워크 자체가 환경으로 작용(UCCN), 비선형적 발전(기대-실망-학습의 순환)
결과물 (Outcome)	공동 선언문, 교류 협정서, 단일 행사 개최, 특정 정보 공유	지역 산업구조의 재편, 신산업 클러스터 형성 또는 기존 산업의 쇠퇴(경로 고착)	정책 혁신의 상호 확산, 시너지를 통한 도시 브랜드 가치 상승, 새로운 디자인 담론 형성, 창의 인재의 상호 유입 증가, 공동의 정체성(예: 동아시아 디자인 허브) 형성 등

는 것이 아니라, 오히려 이를 관리하고 활용하여 개별적인 노력만으로는 달성
할 수 없는 시너지를 창출하는 것을 목표로 한다. 〈표 6-2〉는 이러한 이론적
특성들을 비교하여 보여 준다.

공진화의 과정과 참여

도시의 공진화는 '환경변화→혁신→변화→선택→진화'라는 순환적 과정
으로 이해할 수 있다(김이나·이병민, 2025).

- 환경변화(Environmental Change): UCCN과 같은 글로벌 네트워크의 등장,
  법정 문화도시와 같은 국가 정책의 변화, 혹은 지역의 산업 쇠퇴와 같은 내
  외부의 환경 변화는 도시에 새로운 도전과 기회를 제공하며 혁신의 필요성
  을 촉발한다.
- 혁신과 변화(Innovation and Variation): 혁신은 도시가 보유한 핵심적인 '구
  동력(Driving Forces)'들의 상호작용을 통해 일어난다. 이 구동력은 도시의 고
  유한 문화자산, 이를 담아내는 창의적 인프라, 그리고 이를 활용하는 창의
  적 인재로 구성된다. 이 세 요소가 서로 영향을 주고받으며 도시가 취할 수
  있는 다양한 전략적 대안, 즉 '변화'를 만들어 낸다.
- 선택과 진화(Selection and Evolution): 도시는 다양한 대안들 중에서 특정 전
  략(예: 청주시가 '기록문화'와 '공예'에 집중하기로 한 결정)을 '선택'한다. 이 선택
  은 도시의 브랜드와 정체성의 '진화'로 이어진다. 그리고 이렇게 진화된 도
  시의 모습은 다시 주변 환경에 영향을 미치며 새로운 변화를 유도하는 끊임
  없는 피드백 고리를 형성한다.

이러한 과정은 저절로 일어나지 않으며, 다양한 주체들의 적극적인 '참여'를 통해 비로소 실현된다. 여기서 핵심적인 실행 원리가 바로 '공동창출(Co-creation)'이다. 이는 소수의 전문가나 행정가가 아닌, 주민, 예술가, 기업, 공공기관 등 모든 이해관계자가 브랜드의 가치와 의미를 함께 만들어가는 협력적 과정을 의미한다. 공동창출은 전통적인 하향식 접근법에서 벗어나, 주민들을 브랜드의 수동적 수용자가 아닌 능동적인 '브랜드 대사(Brand Ambassador)'로 만드는 것을 목표로 한다. 이를 위해서는 외부 마케팅에 앞서 주민들의 공감대와 지지를 확보하는 '내부 브랜딩(Internal Branding)'이 반드시 선행되어야 한다.

공진화 전략의 실제, 공동창출 프레임워크

공진화 전략을 막연한 이상에서 구체적인 실행으로 옮기기 위해서는 체계적인 프레임워크가 필요하다. 공동창출을 위한 3단계 모델은 다음과 같은 구체적인 실행 경로를 제시한다.

- 1단계: 장소에 대한 공동의 비전 정의(Defining a shared vision for the place): 다양한 이해관계자들이 워크숍, 토론회 등을 통해 장소의 핵심 가치와 미래상에 대한 사회적 합의를 형성하는 단계이다. 이는 브랜드가 나아가야 할 방향을 설정하는 나침반 역할을 한다.
- 2단계: 참여를 위한 구조 실행(Implementing a structure for participation): 시민 협의체 구성이나 온라인 플랫폼 구축과 같이, 이해관계자들이 브랜드 관련 의사결정 과정에 지속적으로 참여할 수 있는 공식적이고 제도화된 통로를 마련하는 단계이다.

- 3단계: 주민들의 자체적인 브랜딩 프로젝트 지원(Supporting residents in their own place branding projects): 행정이 주도권을 쥐는 대신, 주민들이 스스로 자신의 마을 축제, 골목길 가꾸기, 지역 이야기 발굴과 같은 프로젝트를 기획하고 실행할 수 있도록 재정적·행정적으로 지원하는 '조력자(Facilitator)'의 역할을 수행하는 단계이다. 이는 브랜드가 풀뿌리 차원에서 자생적인 활력을 얻게 하는 가장 성숙한 형태의 공동창출이다.

이러한 프레임워크는 공진화라는 추상적 개념을 구체적인 행동으로 전환하고, 도시 전략이 공동체에 깊이 뿌리내려 지속가능성과 회복탄력성을 갖추도록 하는 핵심적인 과정이다.

3. 문화도시와 창의도시의 공진화: 국내외 사례 분석

'공예와 기록'으로 공진하는 도시: 청주시 사례

대한민국 청주시는 '공진화' 전략을 통해 국가적 문화도시의 성과를 글로벌 창의도시로 확장하려는 대표적인 사례다. 청주의 창의 자산은 두 개의 강력한 축에 기반한다. 첫 번째는 1946년에 설립되어 지역 경제의 중추였으나 2004년 폐쇄된 '연초제조창'이라는 산업유산이다. 청주시는 이 거대한 유휴 공간을 '문화제조창'이라는 복합문화공간으로 성공적으로 재생시켰으며, 이는 청주 공예비엔날레의 주 무대이자 시민들을 위한 문화예술의 허브로 기능하고 있다. 두 번째 축은 현존하는 세계 최고(最古)의 금속활자본인 불조직지심체요절(직지)로 상징되는 '기록문화'라는 깊은 역사적 정체성이다.

청주는 이 두 자산을 융합하여 2020년, '기록문화 창의도시'라는 비전으로 대한민국 제1차 법정 문화도시로 지정되는 성과를 거두었다. 시민들이 직접 지역의 기록을 수집하고 아카이빙하는 '시민기록관'과 같은 사업들은 지역 정체성을 강화하고 시민 주체성을 높이는 데 기여했다. 여기서 청주는 멈추지 않고, 법정 문화도시로서 축적한 역량과 자산(특히 세계적 명성의 청주공예비엔날레)을 발판 삼아 창의도시를 목표로 UCCN '공예 및 민속예술' 분야 가입을 추진하는 '공진화' 전략을 구사하고 있다. 이는 국가 정책을 통해 다져진 내실을 바탕으로 글로벌 네트워크에 진입하여 도시 브랜드를 한 단계 격상시키려는 시도이다. 즉, '기록문화'라는 역사적 정체성과 '공예'라는 창의적 실천을 결합하여 '기록문화 창의도시 청주'에서 '세계적인 공예도시 청주'로의 진화를 꾀하는 것이다.

그러나 청주의 사례는 도전 과제 또한 명확히 보여 준다. 이러한 과정이 상당 부분 정책 주도적으로 이루어지면서, 행정 중심의 하향식 기획과 시민들의 자발적인 상향식 참여 사이에 긴장이 존재한다. 또 '공예도시'라는 브랜드를 내세우고 있지만, 가나자와나 징더전과 같은 도시들에 비해 이를 뒷받침할 강력한 공예 산업 기반이나 클러스터가 상대적으로 부족하다는 점은 현실적인 한계로 지적된다.

'공예'를 매개로 한 글로벌 창의도시: 가나자와와 징더전 사례

청주시가 지향하는 '공예도시'의 글로벌 벤치마크로는 일본의 가나자와와 중국의 징더전을 꼽을 수 있다. 이 두 도시는 서로 다른 전략으로 공예도시 브랜드를 구축했다.

일본 가나자와시는 '내발적 발전(Endogenous Development)' 모델의 전형을 보여 준다. 에도 시대부터 이어진 번주(藩主)14)의 문화 장려 정책으로 수준 높은 공예 전통을 쌓았고, 가나자와 미술공예대학과 같은 강력한 교육기관을 통해 꾸준히 인재를 양성해 왔다. 가나자와의 성공은 외부 자본이나 유행에 의존하기보다는, 도시 내부의 역사적 자산과 인적 자원, 그리고 제도를 유기적으로 결합하여 자생적인 창의 생태계를 구축한 데 있다. 특히 가나자와 21세기 미술관처럼 전통 공예와 현대 예술이 조화롭게 공존하며 도시 전체에 창의적 긴장감을 불어넣는 전략은 매우 성공적으로 평가받는다.

반면, '도자기의 수도'로 불리는 중국 징더전시는 '산업적 확장과 인재 유입' 모델을 대표한다. 징더전은 1700년이 넘는 도자 역사를 바탕으로, 국가 주도의 강력한 정책 지원 아래 거대한 도자문화창의산업단지를 조성했다. 타오시촨 도예 거리와 같은 창의적 인프라는 생산, 전시, 판매, 체험을 아우르는 완결된 산업 가치사슬을 구축했으며, 이를 통해 전 세계에서 모여든 수만 명의 창의 인재, 이른바 '징표(景漂)'15)를 유인하는 데 성공했다. 징더전의 강점은 압도적인 규모와 생산 능력, 그리고 글로벌 시장을 향한 개방성에 있다.

이 두 도시의 사례는 '공예도시'로 가는 길이 같지 않을 수 있음을 보여 준다. 가나자와가 유기적이고 내실 있는 성장을 추구한다면, 징더전은 압도적인 스케일과 산업적 효율성을 통해 시장을 장악한다. 이러한 상황에서 청주와 같은 후발 주자는 이들과 '협력적 경쟁(Co-opetition)' 관계에 놓이게 된다. 즉, 이들의 성공 모델을 배우고 협력해야 하지만, 동시에 한정된 글로벌 인지도와 시장을 두고 경쟁해야 하는 것이다. 특히 징더전의 모델은 대량 생산과 산업

---

14) 일본에서 번주(藩主, はんしゅ)는 에도 막부 시대에 영주(다이묘)가 다스리던 영지인 '번(藩, はん)'을 통치하던 제후를 가리키는 말이다. 즉, 번주는 일본 봉건 시대에 영토를 다스리던 다이묘를 지칭하는 별칭이다.

15) 징표(景漂): '징더전(景德镇)'과 '떠돌다(漂泊)'의 합성어. 징더전의 창의적인 환경과 기회에 이끌려 세계 각지에서 모여들어 활동하는 예술가와 창작자들을 일컫는 신조어.

 뉴노멀 시대 문화도시와 로컬의 힘

〈표 6-3〉 창의도시 전략 비교 분석(청주, 가나자와, 징더전)

평가속성	청주시(한국)	가나자와시(일본)	징더전시(중국)
핵심유산/자산	기록문화(직지), 산업유산(연초제조창)	전통공예(가가유젠 등), 역사 경관	1,700년 도자기 산업 및 문화
주요 발전 동력	정책 주도 (국가/글로벌 정책 연계)	내발적 발전 (지역 전통 및 기관)	산업적 확장 (글로벌 시장 지향)
거버넌스 모델	하향식 기반의 시민 참여 노력	통합형 (민–관–학 협력)	국가 주도 산업 정책
핵심 전략	공진화 (법정 문화도시↔UCCN)	전통과 현대의 조화	창의 인재(징표) 유치 및 집적
주요 도전 과제	공예 산업 기반 연계 강화	전통의 활력 유지, 고령화 대응	독창성 확보, 저부가 가치 구조 극복

적 규모에 치중한 나머지, 개별 작품의 창의성이나 독창성이 부족해질 수 있다는 비판에 직면하기도 한다. 이는 청주시가 자신의 전략을 수립할 때 반면교사로 삼아야 할 지점이다. 이런 과정에서 한·중·일 도시 간의 공진화도 가능한 부분이 있다.

4. 지속가능하고 포용적인 창의생태계를 향하여

공진화 전략의 약속과 위기

앞서 살펴본 바와 같이, 대한민국의 법정 문화도시와 유네스코 창의도시라는 두 정책을 연계하는 '공진화' 전략은 도시 발전에 강력한 시너지를 창출할 잠재력을 지닌다. 지역의 고유한 자산을 발굴하여 국가적 인정을 받고, 이를 발판으로 글로벌 네트워크에 진입함으로써 도시 브랜드를 강화하고, 관광 및 투자를 유치하며, 시민들의 자긍심을 고취시키는 선순환 구조를 만들 수 있다. 그러나 이러한 장밋빛 전망 이면에는 창의도시 담론 자체가 내포하는 근본적인 위험과 모순이 도사리고 있다. 본 절에서는 이를 다섯 가지 핵심적인 위기로 정리하여 비판적으로 성찰하고자 한다.

첫째, 문화의 상품화와 진정성의 위기이다. 브랜딩의 경제적 논리는 본질적으로 문화를 시장에서 거래 가능한 상품으로 취급하게 만든다. 이 과정에서 공동체의 살아있는 삶의 양식으로서의 문화는 관광객의 시선을 끌기 위해 가공되고 포장된 '연출된 진정성(Staged Authenticity)'으로 전락할 위험에 처한다. 이는 지역 주민들이 느끼는 '실존적 진정성'과 괴리되면서 문화의 본래적 의미를 퇴색시키고, 결국 누구를 위한, 무엇을 위한 문화인지에 대한 정체성의 혼란을 야기한다.

둘째, 하향식 통제와 참여의 결핍이다. 많은 창의도시 프로젝트가 '시민 참여'와 '협력'을 표방하지만, 실제로는 소수의 전문가나 행정 관료가 의사결정을 주도하는 하향식으로 진행되는 경우가 많다. 이러한 '유사 참여'는 주민들을 브랜드 전략의 수동적인 수용자로 만들고, 공식적인 브랜드 서사와 주민들의 실제 삶 사이에 깊은 간극을 만들어 브랜드의 정당성을 심각하게 훼손한다.

셋째, 재현의 정치와 배제의 문제이다. 브랜딩은 필연적으로 복잡하고 다층적인 도시의 정체성을 하나의 간결한 메시지로 통합하는 과정이다. 이 과정에서 특정 이야기는 선택되고 다른 이야기는 배제되는 '재현의 정치(Politics of Representation)'가 작동한다. 그 결과, 브랜드는 지역의 다양성을 포용하기보다 특정 집단의 시각을 반영하는 획일적인 서사로 귀결되어, 소수자나 비주류의 목소리를 주변화시키는 배제의 기제로 작용할 수 있다.

　　　　　　　　　　　　　　

넷째, 성공의 역설, 즉 과잉관광[16]과 젠트리피케이션이다. 역설적이게도 장소 브랜딩의 성공은 종종 그 실패의 씨앗을 잉태한다. 성공적인 브랜딩으로 관광객이 급증하면 '과잉관광(Overtourism)'이 발생하여 관광 경험의 질을 떨어뜨리고 주민들의 삶을 침해한다. 동시에 부동산 가격이 폭등하면서 원주민과 영세 상인들을 삶의 터전에서 몰아내는 '젠트리피케이션(Gentrification)'을 유발하여, 그 장소의 '진정성'을 만들어 냈던 바로 그 공동체를 파괴하는 자멸적인 결과를 낳는다.

마지막으로, 갈등의 증폭이다. 지역 간 브랜딩의 핵심 논리인 '협력적 경쟁'은 현실에서 종종 협력의 균형이 깨지고 노골적인 경쟁과 갈등으로 변질된다. 공동의 이익보다는 개별 지역의 이익을 우선시하게 되면서, 한정된 자원과 혜택의 분배를 둘러싼 갈등이 증폭되어 시너지가 아닌 분열을 초래할 수 있다.

나오는 글

지속가능성과 포용성 확대를 위한 제언

앞서 분석한 다섯 가지 위기는 창의도시 전략의 포기를 의미하는 것이 아니라, 보다 정교하고 신중한 접근의 필요성을 오히려 강조하고 있다. 진정한 공진화를 위해서는 단기적 성과에 집착하는 '성장 기계(Growth Machine)' 모델에서 벗어나, 공동체의 회복탄력성과 시민의 삶의 질을 최우선으로 하는 '포용도시(Inclusive City)' 모델로의 패러다임 전환이 요구된다. 이를 위한 구체적인

---

16) 과잉관광(Overtourism): 특정 관광지에 수용 능력을 초과하는 관광객이 몰려들어 교통 혼잡, 환경오염, 소음 등을 유발하고 원주민의 삶의 질을 떨어뜨리는 현상

정책 방향을 다음과 같이 제안하고자 한다.

- A. 협력적 거버넌스 재설계: 지역 간 브랜딩의 복잡성과 갈등을 효과적으로 관리하기 위해서는 강력하고 포용적인 거버넌스 기구가 필수적이다. 전통적인 행정 주도 방식에서 벗어나, 공공, 민간, 그리고 시민사회의 대표들이 균형 있게 참여하는 '다중 이해관계자 목적지 관리 기구(Multi-stakeholder DMO)'를 설립해야 한다. 이 기구는 투명한 의사결정 구조를 통해 '협력적 경쟁' 관계를 관리하고, 브랜딩으로 인한 혜택이 특정 집단에 집중되지 않고 지역 사회 전반에 공평하게 분배되도록 조정하는 역할을 수행해야 한다.

- B. 시민 역량강화와 리빙랩: '참여'를 형식적인 구호에서 실질적인 권한 위임으로 전환해야 한다. 일방적인 '교육'을 넘어, 시민들이 도시 문제 해결과 문화 환경 조성에 직접 참여하며 배우는 '학습'과 '공동창출(Co-creation)'의 장을 마련해야 한다. 이를 위해 시민들이 주도하는 '리빙랩(Living Lab)'을 활성화하고, 시민의 역량을 ▲인간개발(소득, 교육, 건강) ▲배태성(사회적 관계와 포용) ▲시민성(공적 참여와 관심) ▲자유와 자율(삶의 통제와 창조적 태도)이라는 네 가지 차원에서 종합적으로 강화하는 프로그램을 기획해야 한다.

- C. 문화자산을 '공유재'로 인식하는 이익 공유 시스템 구축: 도시의 문화유산을 소수나 국가가 독점하는 자원이 아닌, 모든 시민이 함께 가꾸고 그 혜택을 누리는 '공유재(Commons)'로 인식하는 패러다임의 전환이 필요하다. 이는 2020년 세계지방정부연합(UCLG) 등이 발표한 로마헌장(The 2020 Rome Charter)의 정신과도 맞닿아 있다.[17] 이를 구체화하기 위해 관광세나 개발이익의 일부를 지역사회 기금으로 환수하는 제도, 지역 주민이 관광 사

---

17) UCLG (2020) https://www.agenda21culture.net/documents/2020-rome-charter (2025sus 9월 30일 검색)

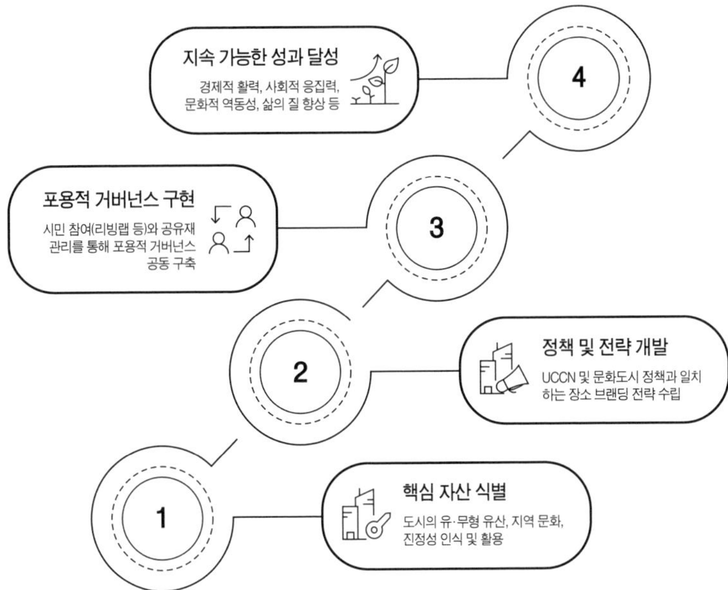

<그림 6-3> 지속가능한 문화–창의도시를 위한 공진화 전략 발전 모델

업의 주체가 되는 '지역사회 기반 관광(CBET)'이나 '공정관광(Fair Tourism)' 모델을 도입하여, 경제적 이익이 공동체 발전과 유산 보존에 재투자되는 선순환 구조를 만들어야 한다.

- D. 미래지향적 창의생태계 구축: 지속가능한 창의생태계를 위해서는 미래지향적 전략이 필요하다. 도시문화정책을 환경(Environment), 사회(Social), 거버넌스(Governance)를 중시하는 ESG 경영 원칙과 연계하여 장기적인 지속가능성을 확보해야 한다. 또한, 기존의 동질적인 클러스터를 넘어, 다양한 분야의 사람들이 예기치 않게 만나 새로운 아이디어를 창출할 수 있도록 '약한 연계(Weak Ties)'[18]를 촉진하는 개방적인 네트워크를 구축해야 한다.

---

18) 약한 연계(Weak Ties): 가족이나 친한 친구처럼 강하게 연결된 관계(강한 연계, Strong Ties) 와 달리, 가끔 만나거나 간접적으로 아는 사람들과의 느슨한 사회적 관계. 이러한 관계는 동질적

이는 도시 생태계의 회복탄력성과 적응력을 높여 예측 불가능한 미래 변화에 유연하게 대응할 수 있는 힘을 길러 줄 것이다.

이상의 제언들을 종합하여, 지속가능하고 포용적인 문화-창의도시를 위한 공진화 전략의 발전모델을 〈그림 6-3〉과 같이 제안한다. 이는 단선적인 과정이 아니라, 핵심 자산의 발굴, 정책 전략 수립, 포용적 거버넌스를 통한 실행, 그리고 그 결과가 다시 도시의 정체성과 전략에 영향을 미치는 끊임없는 순환과 피드백의 과정임을 강조한다.

○ 토론 주제

1. 창의도시 정책에서 '문화의 상품화'는 불가피한 과정인가, 아니면 극복 가능한 문제인가? 진정성을 훼손하지 않으면서 경제적 지속가능성을 확보할 수 있는 구체적인 방안은 무엇인가?

2. 성공적인 창의도시가 되기 위해 정책 주도의 하향식 리더십과 시민 주도의 상향식 이니셔티브 중 무엇이 더 중요한가? 이상적인 균형점은 무엇이며, 이를 실현할 수 있는 거버넌스 모델은 어떤 형태인가?

3. 산업유산이나 쇠퇴 지역의 문화적 재생 과정에서 흔히 발생하는 '젠트리피케이션' 문제에 대해 도시는 어떤 책임을 져야 하는가? 원주민의 권리를 보호하고 포용적 발전을 이루기 위한 실질적인 정책 수단은 무엇이 있는가?

인 집단 외부의 새롭고 다양한 정보와 기회를 제공하는 중요한 통로가 될 수 있다.

  뉴노멀 시대 문화도시와 로컬의 힘

• 참고문헌 •

국내문헌

강재영 외. (2023).『청주공예비엔날레 2023 결과보고서』. 청주공예비엔날레조직위원회.

김소은·이양숙. (2013). "국내 도시브랜드 관련 연구의 경향과 특성,"『서울도시연구』,
　　14(1), 237-252.

김이나·이병민. (2025) "유네스코 창의도시 네트워크(UCCN)를 통한 도시브랜드 활성화:
　　한·중 도시의 공진화 전략을 중심으로".『국제지역연구』, 29(1), 143-170.

남기범. (2021). "유네스코 창의도시 네트워크(UCCN)의 의제분석과 도시의 문화정책방
　　향".『문화콘텐츠연구』, 21, 7-39.

노수경. (2021). "모두가 살고 싶은 특별한 일상 도시는 가능하다-제2차 문화도시 정책
　　포럼 후기", 지역문화진흥원 공식 웹진『지:문』9월호 https://www.rcda.or.kr/
　　webzine/202108/webzine_view06.jsp

문화체육관광부. (2024). "지역 중심 문화균형발전 선도하는 '대한민국 문화도시' 이렇게
　　준비한다"(2024.1.31.) https://www.mcst.go.kr/kor/s_notice/press/pressView.
　　jsp?pSeq=20826

유네스코 한국위원회. (2025). "유네스코 창의도시에 '건축'분야가 추가됐다고?" https://
　　unesco.or.kr/250918_01/

이병민. (2013). "창조경제시대 창조적 환경과 지역발전의 의미: 창조도시를 중심으로".
　　『문화콘텐츠연구』, 3, 7-31.

이병민. (2017). "지역문화콘텐츠로서의 산업유산 특성 – 삿포로와 청주 사례를 중심으
　　로".『문화경제연구』, 20(2), 89-117.

이재열·장근용. (2020). "지역산업 경로창출의 장소의존성: 태양광산업 선도기업의 충청
　　북도 솔라밸리 입지과정을 중심으로".『한국지리학회지』, 9(1), 157-175.

제인 제이콥스. (2010).『미국 대도시의 죽음과 삶(The death and life of great American
　　cities』. 유강은 역, 그린비.

청주시. (2024). 제3차 청주시 문화정책 중장기 발전계획.

최해옥. (2012).「지식집약산업의 공간과 네트워크 형성과정에 대한 공진화적 고찰」.『한
　　국경제지리학회지』, 5(4), 628-641.

국외문헌

Huh, D.S., Chung, S.H. & Lee., B-M. (2020). "Strategy and Social Interaction for
　　Making Creative Community: Comparative Study on Two Cities of Crafts

in South Korea," *Journal of Urban Culture Research*, 21, 3-24. Chulalongkorn University.

Knippenberg, K. v. and Boonstra, B. (2023) "Co-Evolutionary Heritage Reuse: A European Multiple Case Study Perspective". *European Planning Studies*, 31(10). 1995-2012.

Landry, C. (2012). *The Creative City: A Toolkit for Urban Innovators*, Comedia.

Rosi, M. (2014). "Branding or sharing?: The dialectics of labeling and cooperation in the UNESCO Creative Cities Network", *City Culture and Society*, 5(2), 107-110.

Thompson, J. N. (1994). The Coevolutionary Process. University of Chicago Press.

TICCIH. (2011). *Dublin Principles* Adopted by the 17th ICOMOS General Assembly on 28 November 2011 https://ticcih.org/about/about-ticcih/dublin-principles/

UCLG. (2020). *Culture 21 Agenda: The 2020 Rome Charter* https://www.agenda-21culture.net/documents/2020-rome-charter

UNESCO. (2002). *Zollverein Coal Mine Industrial Complex in Essen Unesco World Heritage Convention* https://whc.unesco.org/en/list/975/

van Knippenberg, L., & Boonstra, J. (2023). "A co-evolutionary perspective on the governance of adaptive heritage reuse: The case of the Lely Campus in Arnhem, the Netherlands," *Cities*, 132, 104085.

제7장

도시의 재탄생: 유휴공간의 문화적 재생

들어가는 글

산업화 시대에서 지속가능한 도시를 만드는 문화의 시대로

산업화 시대의 역동성이 잦아들고 도시의 기능이 재편되면서 우리 곁에는 '유휴공간'[1]이라는 새로운 유형의 도시 문제이자 기회를 마주하게 되었다. 과거 도시 성장의 심장이었던 공장, 담배를 보관하던 창고, 아이들의 웃음소리가 가득했던 폐교, 더 이상 기차가 서지 않는 폐역사는 이제 본래의 기능을 상실한 채 도시의 외딴 섬처럼 남아 있다. 이러한 공간들은 방치될 경우 도시의 쇠퇴를 가속화하고 안전 문제를 야기하는 골칫거리가 되지만, 새로운 관점과

---

1) 유휴공간(遊休空間)은 유휴(遊休)와 공간(空間)의 합성어로 유휴(遊休)는 '쓰지 아니하고 놀림'을 의미하고, 공간(空間)은 학문에 따라 다양한 의미로 사용되나 일반적 의미로 '직접적인 경험에 의한 상식적인 개념으로 상하·전후·좌우 세 방향으로 퍼져있는 빈 곳'을 나타낸다. 따라서 유휴공간의 사전적 의미는 '쓰지 아니하고 놀리는 비어 있는 곳'이라고 정의할 수 있다(김연진, 2009). 잠재적 활용 가능성을 내포하고 있다는 점에서 단순한 공지(Vacant Land)와는 구별된다.

창의적 접근을 통해 도시의 활력을 되살리는 잠재적 자산이 될 수도 있다.

특히 '문화'가 도시의 경쟁력이자 시민의 삶의 질을 결정하는 핵심 요소로 부상하고, 정부 정책이 '문화도시'라는 비전으로 수렴되면서, 유휴공간의 문화적 활용은 도시재생의 가장 중요한 전략 중 하나로 주목받고 있다. 문화를 매개로 한 도시재생은 낡고 버려진 공간에 새로운 생명력을 불어넣어 시민들의 일상을 풍요롭게 하고, 도시의 정체성을 재확립하며, 지속가능한 발전을 도모하는 창조적 과정이다(이병민, 2014). 이는 단순히 물리적 환경을 개선하는 토건 중심의 개발을 넘어, 공간의 역사와 기억을 존중하며 그 안에 사람들의 삶과 문화를 채워 넣는 인문학적 접근을 요구한다.

또한 유휴공간은 그 위치와 형태에 따라서도 다양하게 분류될 수 있다. 도시 내 유휴공간은 크게 공장, 창고 등이 위치했던 '산업유휴지', 이전한 공공청사나 군부대 부지 같은 '대규모 시설 이전지', 그리고 주거지 내에 산재한 '소규모 유휴공지 및 건물' 등으로 나눌 수 있다. 이러한 공간들은 각각 다른 역사적 맥락과 물리적 특성을 지니고 있어, 활용 전략 역시 차별화된 접근을 요구한다(임유경·임현성, 2012).

본 장에서는 유휴공간과 도시재생, 그리고 문화도시의 상호 관계를 심도 있게 탐색 하고자 한다. 먼저 유휴공간의 개념과 유형을 살펴보고, 문화적 도시재생의 이론적 배경과 함께 시민의 삶의 질 향상을 목표로 하는 '생활SOC'와 앞서 논의한 바 있는 '생활문화센터'의 중요성을 다시 논의한다. 이어, 국내 유휴공간 재생의 대표적 사례인 '청주 동부창고'를 중심으로 옛 연초제조창이 복합문화공간으로 변모하는 과정과 그 운영의 실제를 심층적으로 분석할 것이다. 이를 통해 유휴공간의 문화적 재생이 가진 성공 요인과 과제를 도출하고, 궁극적으로 문화도시 비전을 실현하기 위한 정책적, 실천적 시사점을 제언하고자 한다. 본 장의 논의는 특히, 도시문화정책 및 지역개발 관련 연구자와 정책가, 그리고 현장의 문화기획자들에게 유휴공간을 활용한 지속가능한 도시 재생의 방향을 모색하는 데 유용한 길잡이가 될 것으로 기대한다.

1. 이론적 배경: 유휴공간의 재발견과 문화적 접근

유휴공간의 개념과 활용 패러다임의 전환

유휴공간은 문자 그대로 '사용하지 않고 놀리는 비어 있는 곳'으로 정의된다. 여기서 중요한 점은 유휴공간이 '쓸모없음'이 아니라 단지 '사용하지 않는 상태'를 의미한다는 것이다. 이러한 상태는 그 정도에 따라 다음과 같이 세 가지로 구분할 수 있다(유다희·박동수 외, 2020).

- 저이용(Underutilized): 개발되어 이용되고는 있으나, 당초 계획했던 목표를 달성하지 못하거나 이용이 저조한 상태의 공간.
- 미이용(Vacant): 개발은 되었으나 현재 전혀 이용되지 않고 있는 상태의 공간.
- 방치(Abandoned): 과거 특정 용도로 개발되었으나, 현재는 해당 용도로 이용되지 않거나 임시적인 다른 목적으로만 활용되는 상태의 공간.

유휴공간의 발생 원인은 시대적 변화와 밀접한 관련이 있다. 산업구조의 변화로 문을 닫은 공장이나 발전소, 행정구역 개편으로 이전한 관공서나 군사시설, 농촌 인구 감소로 인한 폐교와 빈집, 그리고 신도시 개발에 따른 원도심 공동화 현상 등이 주요 원인으로 꼽힌다. 이처럼 다양한 원인으로 발생한 유휴

공간들은 과거 지역주민의 삶과 경제 활동의 중심축으로서 사회적 의미와 가치를 담고 있는 경우가 많다.

이러한 유휴공간, 특히 국·공유재산을 활용하는 패러다임은 시대에 따라 변화해 왔다. 1970년대 이전에는 재정 수요 충당을 위해 매각에 중점을 두는 '처분 위주'의 정책이 주를 이루었으나, 1970년대 후반부터 1990년대 초까지는 부동산 가치 상승과 함께 '유지와 보존' 위주의 소극적 관리가 이루어졌다. 1994년 이후부터는 재정수입 증대와 국민 편익 증진을 목표로 '활용 위주'의 적극적 관리로 전환되었으며, 이는 전 세계적인 경향과도 맥을 같이 한다.

오늘날 유휴공간의 창조적 활용은 도시재생, 문화, 창업 및 혁신공간 조성 등 다양한 정책의 핵심 대상지로 부상하고 있으며, 특히 시민들의 문화적 삶의 질을 높이는 공공적 가치 실현의 장으로서 그 중요성이 더욱 커지고 있다(이종민 외, 2016).

문화적 도시재생과 생활문화

문화적 도시재생(Cultural Urban Regeneration)이란 쇠퇴한 도시 공간을 회복시키고 지속가능한 성장을 도모하기 위해 '문화적인 접근방식'을 취하는 도시재생 전략을 의미한다(이나영·안재섭, 2014; 문희운·박태원, 2014). 이러한 문화적 접근은 그 방식과 목적에 따라 여러 유형으로 나눌 수 있다. 에반스(Evans, 2005)의 문화전략 모형은 이를 이해하는 데 유용한 틀을 제공한다(〈표 7-1〉).

- 문화와 재생-분리모형(Culture and Regeneration): 문화 활동과 프로그램이 도시재생과 연계되어 있지 않고 독립적으로 시행되는 것을 말한다.
- 문화주도모형(Culture-led Regeneration): 문화 활동이 도시재생의 촉매로서

〈표 7-1〉 문화전략 모형의 유형별 구분

구분	개념	특징 및 사례
문화와 재생-분리 모형(Culture and Regeneration)	문화 활동과 도시재생 사업이 독립적으로, 혹은 느슨하게 연계되어 시행되는 유형	• 문화는 도시재생의 직접적 도구가 아닌, 병행되는 요소 • 사례: 특정 지역에 공공미술 프로젝트를 진행하면서, 별도로 노후주거지 개선 사업을 시행하는 경우
문화 주도 재생 (Culture-led Regeneration)	대규모 문화시설 건립이나 플래그십 이벤트 개최 등 문화 활동이 도시재생의 촉매제 (Catalyst) 역할을 하는 유형	• 문화가 경제적 파급효과(관광객 유치, 고용 창출 등)를 일으키는 핵심 동력으로 작용 • 사례: 스페인 빌바오의 구겐하임 미술관 건립
문화적 재생-통합모형(Cultural Regeneration)	문화 활동이 도시의 사회·경제·물리적 재생 과정 전반에 통합되어, 지역의 정체성 강화와 공동체 회복을 목표로 하는 유형	• 문화가 단순한 도구를 넘어 재생의 과정이자 목표가 됨 • 시민 참여와 지역 고유의 문화자원 활용을 중시 • 사례: 주민들이 직접 지역의 이야기를 발굴하여 마을 축제를 기획하고, 이를 통해 공동체를 활성화하는 경우

출처: Evans, 2005; 이운정·김상봉, 2023 내용을 바탕으로 재구성

역할을 하는 경우를 의미한다.

• 문화적 재생-통합모형(Cultural Regeneration): 문화 활동이 사회·경제 부문의 활동과 전략적으로 연관되는 유형을 말한다.

초기의 문화적 도시재생은 '문화 주도 재생' 모델에 가까웠으나, 점차 이벤트 중심, 하드웨어 중심 개발의 한계가 드러나면서 시민의 삶과 직결되는 '문화적 재생' 모델의 중요성이 강조되고 있다. 이는 1970년대 이후 산업구조의 변화로 어려움을 겪던 서구 산업도시들에서 경제성장과 고용 창출을 위해 시작되었으며, 초기에는 관광산업 육성 등 경제적 목적이 강했기 때문이다. 하지만 경제적 목적에만 치우친 개발은 지역의 고유성을 해치고 표준화된 상품

만을 양산한다는 비판에 직면하면서, 점차 도시가 가진 유·무형의 문화자원을 시민이 주체가 되어 향유하고 새로운 문화를 창조하는 과정 자체를 중시하는 방향으로 발전하였다.

도시재생을 포함하는 지역개발에서 문화가 지니는 의미는 도구적 성격과 환경적 성격으로 나눌 수 있다(문휘운·박태원, 2014). 최근에는 문화의 도구적 성격에서 환경적 성격으로의 전환이 요구되고 있다. 문화의 도구적 성격이란 문화 자체가 산업이 되는 관점에서 문화의 역할을 파악한 것이다. 따라서, 문화산업이 지역발전에 중요한 역할을 하거나 그 비중이 점점 증가하는 것으로 인식하는 것을 의미한다. 반면, 문화의 환경적 성격이란 지역발전의 환경 측면에서 문화를 파악하는 것으로 문화가 삶의 질 향상뿐만 아니라 여가, 휴식 등을 제공함으로써 그 공간에 있는 사람들의 아이디어, 창의성, 감성 등의 발달에 기여하고 나아가 지역의 발전과 역량 강화에 기여하는 것에 무게를 두고 있는 관점이다(황강진, 2021).

이러한 흐름 속에서 등장한 핵심 개념이 바로 '생활문화'와 '생활SOC(Social Overhead Capital)'이다. 생활문화(生活文化)는 「지역문화진흥법」 제2조에 따라 "지역의 주민이 문화적 욕구 충족을 위하여 자발적이거나 일상적으로 참여하여 행하는 유형·무형의 문화적 활동"으로 정의된다(노수경, 2021). 이는 전문가의 영역이었던 '문화예술'을 시민의 '일상'으로 가져와, 누구나 창조의 주체이자 향유의 주체가 될 수 있다는 문화민주주의적 관점을 담고 있다. 이러한 생활문화를 활성화하기 위한 핵심 인프라가 바로 앞에서도 논의된 생활문화센터이다. 생활문화센터는 주민들이 자발적으로 문화예술 동호회 활동을 하고, 창작과 발표, 교류를 할 수 있도록 조성된 공간으로, 생활SOC의 대표적인 시설 중 하나다. 「지역문화진흥법 시행령」에서는 생활문화시설의 범위를 공연장, 미술관, 도서관 등 전통적인 문화시설뿐만 아니라, 주민자치센터, 마을회관, 지역서점 등 일상과 밀접한 공간까지 폭넓게 규정하고 있다. 과거 정부의 SOC 투자는 도로, 철도, 항만 등 경제와 산업을 뒷받침하는 대규모 기간시설에 집중되었다. 그 결과, 보육·복지·문화·체육시설 등 우리 일상과 밀접한 인프라는 양적, 질적으로 부족하게 되었고, 이는 국민이 체감하는 삶의 질을 낮은 수준에 머물게 하는 원인이 되었다.

생활SOC는 이러한 문제의식에서 출발하여, 사람들이 먹고, 자고, 일하고, 쉬는 등 일상생활에 필요한 보육, 의료, 복지, 교통, 문화, 체육시설, 공원 등 모든 필수 인프라를 의미한다. 이는 경제적 가치 중심의 양적 투자에서 벗어나 여가, 안전 등 사회적 가치를 고려한 질적 투자로의 전환을 반영하고 있다 (유웅상, 2020).

유휴공간은 바로 이러한 생활문화센터와 생활SOC를 확충하기 위한 최적의 대상지이다. 도심에 방치된 폐산업시설이나 이전한 공공청사 부지를 리모델링하여 공공도서관, 생활문화센터, 국민체육센터 등을 복합적으로 조성하는 것은 부지 확보의 어려움을 해결하고, 건설 및 운영 비용을 절감하며, 다양한 기능과 프로그램을 연계하여 시너지를 창출하는 효과적인 전략이 될 수 있다. 이처럼 유휴공간의 문화적 재생은 생활SOC 확충과 맞물리며, 시민의 삶의 질을 실질적으로 향상시키는 문화도시 구현의 핵심 동력으로 작용한다. 관련된 세부 정의와 생활문화시설의 범위는 다음과 같다.

- 문화·여가 활동: 법에 규정된 기본취지에 따라 국민의 자유롭고 다양한 여가 활동을 통한 삶의 질 향상을 도모하고(국민여가활성화기본법 제7조), 여가 향유 기반 및 여건 제고를 통해 헌법에 명시된 「행복추구권」(제10조)을 보장받는 활동. 이때, 생활SOC, 생활문화시설 등 문화·여가 공간의 활용을 통해 일과 여가의 조화를 추구하고 인간다운 생활을 보장받으며, 즐겁고 행복

한 마음에서 만족을 느껴야 한다.

- 생활 SOC: 생활SOC란 사람들이 먹고, 자고, 자녀를 키우고, 노인을 부양하고, 일하고 쉬는 등 일상생활에 필요한 필수 인프라. 특히, 문화·여가공간에 대해서는 문화·여가활동을 할 수 있는 문화·체육시설, 공원 등 국민 편익을 증진시킬 수 있는 시설을 의미한다.
- 생활문화: 지역의 주민이 문화적 욕구 충족을 위하여 자발적이거나 일상적으로 참여하여 행하는 유형·무형의 문화적 활동을 말한다(지역문화진흥법, 제2조제2호).
- 생활문화시설: 생활문화가 직접적 간접적으로 이루어지는 시설로서 대통

〈표 7-2〉 관련 법령 등에 따른 생활문화시설의 범위

구분	상세분류
「문화예술진흥법」제2조 제1항 제3호에 따른 문화시설	• 공연시설(공연장, 영화상영관, 야외음악당 등) • 전시시설(박물관, 미술관, 화랑, 조각공원) • 도서시설(도서관, 문고) • 지역문화복지시설(문화의집, 복지회관, 문화체육센터, 청소년 활동시설) • 문화보급전수시설(지방문화원, 국악원, 전수회관) • 종합시설 • 창작공간 등
「평생교육원」제21조 및 제21조 의2에 따른 평생 학습관 및 평생 학습센터	• 평생학습관(시군구) • 평생학습센터(읍면동)
「건축법 시행령」별표1 제3호 바목 및 사목에 따른 지역자치센터 및 마을회관	• 지역자치센터(공공업무시설로서 해당 용도로 쓰는 바닥면적의 합계가 1천 제곱미터 미만인 것) • 마을회관(주민이 공동으로 이용하는 시설)
그 밖에 지역주민의 생활문화가 지속적으로 이루어지는 시설로서 문화체육관광부장관이 정하여 고시하거나 지방자치단체의 조례로정하는 시설	• 생활문화센터 • 지역영상미디어센터 • 지역서점(2018.03.신설)

   뉴노멀 시대 문화도시와 로컬의 힘

령령으로 정하는 시설을 말한다(지역문화진흥법, 제2조 제5항).

결론적으로, 문화도시의 비전은 생활문화의 활성화를 통해 실현될 수 있으며, 유휴공간을 생활문화센터로 재생하는 것은 그 비전을 구체화하는 가장 실질적인 방법론이라 할 수 있다.

2. 유휴공간의 문화적 재생에 대한 다양한 사례들

유휴공간을 활용한 문화공간

유휴공간 활용은 다양한 형태로 나타날 수 있다. 폐공장, 폐교, 버려진 창고, 낡은 상가 등 다양한 공간들이 예술 공간, 창작 공간, 커뮤니티 공간 등으로 재탄생하고 있다. 이는 예술공간, 창작공간, 커뮤니티 공간 등 몇 가지 유형으로 분류할 수 있다.

우선 예술 공간의 경우, 폐공장을 개조하여 미술관이나 공연장으로 활용하는 사례는 주변에서 흔히 찾아볼 수 있다. 이러한 공간은 대규모 전시나 공연을 개최할 수 있는 넓은 공간을 제공하며, 독특한 분위기를 연출하여 예술적 경험을 풍부하게 만든다. 예를 들어, 런던의 테이트 모던은 폐쇄된 화력발전소를 개조하여 세계적인 현대 미술관으로 탈바꿈한 대표적인 사례이다.

다음으로 창작 공간의 경우, 낡은 건물을 리모델링하여 예술가들의 작업 공간이나 스타트업 기업의 사무 공간으로 제공하는 경우도 많다. 이러한 공간은 저렴한 임대료로 창작 활동에 집중할 수 있는 환경을 제공하며, 다양한 분야의 사람들이 교류하고 협력할 수 있는 기회를 제공한다. 지금은 많이 변모했

<표 7-3> 국내 유휴공간을 활용한 문화공간 주요 사례

공간명/지역	주요기능	공간특징
1 아트벙커 B39 경기도 부천시	전시, 교육	• 소각장으로 사용되던 공간–공간의 기본구조와 장비들을 보존하여 공간 정체성을 살리는 공간 조성 • 소각장에 대한 주민들의 부정적 인식을 환경문제와 사회적 이슈로 재해석하여 접근 • 현재, 전체 6층 건물 중 일부분(1층, 2층)만 리모델링하여 개관 • 전시, 공간, 교육 등의 기능을 주로 하되, 오픈공간을 중심으로 다목적공간으로 활용할 수 있도록 구성함 • 상업카페의 운영
2 문화정원 세종시 조치원	창작, 커뮤니티	• 정수장으로 사용되었던 건물을 활용 • 건물의 원래 기능과 연계하여 기억의 공간으로서 건물을 보존하는 데 초점을 맞춤 • 정수장 내 정화장치들을 통한 산업적 조형미 추구 • 지역주민들의 주거공간과 연계하여 주민들의 일상 속 공간으로 활용도가 높음 • 보존 중심의 공간으로 활용도는 다소 미흡함
3 팔복예술공장 전라북도 전주시	예술 교육, 커뮤니티	• 팔복공업단지 내 카세트공장 건물을 재생 • 지역에서의 공간의 의미, 공간의 기능적 정체성을 고려하여 지역과 예술, 공간의 관계성에 대한 고민을 바탕으로 재생을 진행 • 시민들의 창의적인 문화예술활동의 거점공간 • 다섯가지 원칙: 예술을 하는 곳, 예술놀이터, 예술가와 함께, 주민과 함께, 보존을 위한 철거
4 F1963 부산광역시	상업 공간, 복합문화 공간	• 고려제강이 소유하고 있었던 사업장을 문화공간으로 재생 • 민관합업 형태로 운영: 20년 장기계약으로 부산문화재단과 협력 운영 • 상업공간과 문화공간의 밸런스, 공연장, 도서관, 상업공간 등이 모여 공간의 연속성을 구현 • 가장 인지도가 높은 문화재생 공간 중 하나

	공간명/지역	주요기능	공간특징
5	광명 업사이클센터 경기도 광명시	전시, 교육, 지역관광 연계	• 자원회수시설 내 홍보 건물을 리모델링함 • 시민들의 문화 향유 기회 확충과 예술 역량을 강화하기 위하여 업사이클 아트센터로 새롭게 조성 • '업사이클' 주제로 창작, 교육, 전시와 디자인 교육 및 이벤트의 시민 복합문화예술공간 • 명확한 주제와 추진의 일관성을 바탕으로 지속적으로 발전
6	나빌레라 문화센터 전라남도 나주시	복합문화	• 일제강점기 당시 일본이 세운 잠사공장 건물을 활용 • 6개의 건물과 붉은 굴뚝 등의 건물을 통합하여 공간을 활용함 • 전시장, 소극장, 음악창작실 등 공연과 전시의 기능을 수행하는 다목적 문화공간 • 기존 건물의 공간전체성을 살린 재생 • 나주문화도시지원센터 운영 • 나주지역의 경우, 인근 문화시설의 부족으로 해당 공간을 지역 내 문화거점공간으로 활용
7	수창 청춘맨션 대구광역시	복합 문화 및 예술	• 1976년 조성된 KT&G 연초제조창 직원들의 관사아파트를 리모델링 • 건물의 오래된 외벽을 보존하여 상징성을 살리고, 내부는 청년예술가들의 작업실로 구성 • 총 3개의 건물을 이용하여 단일공간으로 구성 • 청년예술공간으로서의 실험적 기능과 생태계 조성을 위한 거점 공간의 역할
8	담빛예술창고 전라남도 담양군	상업 공간, 전시 (+교육 등의 영역 확장)	• 방치되어 있었던 지역의 양곡창고인 남송창고 매입을 통한 문화공간의 계획 조성 • 기존 창고의 붉은벽돌 외형 보존 • 전시장과 카페로 구성, 높은 층고가 특징 • 외부공간을 활용해 환경미술작품을 설치, 공간의 확장 • 운영자의 국제 예술촌 사업의 구상과 실제 용도 사이에서의 격차 발생

	공간명/지역	주요기능	공간특징
9	예술공간 이아 제주도 제주시	전시, 창작, 공연 등	• 구 제주병원이 있던 건물을 재생하여 건물 중 일부를 예술공간으로 활용함 • 지하1층은 전시실, 연습공간, 소형공연장이 있으며, 3층은 문화교육공간과 북카페, 4층은 레지던시 작가작업실로 조성되어 있음 • 제주시 내 구도심에 위치하여, 접근성이 좋으며 과거 제주의 정취를 느낄 수 있는 거리 분위기가 남아 있음 • 제주문화재단에서 관리하고 있음. 운영인력의 부족으로 여러 어려움을 겪고 있음

지만, 서울의 문래창작촌은 철강 공장 지대를 예술가들의 창작 공간으로 변화시킨 대표적인 사례이다.

또한 커뮤니티 공간으로서의 특성도 큰데, 버려진 공간을 지역 주민들을 위한 문화센터나 도서관, 쉼터 등으로 조성하는 사례도 있다. 이러한 공간은 지역 주민들의 소통과 교류를 촉진하고, 문화적 욕구를 충족시키는 역할을 수행한다. 부산의 감천문화마을은 낙후된 달동네를 예술과 문화를 통해 활성화시킨 대표적인 사례이다.

이와 관련하여, 〈표 7-3〉에서 국내 유휴공간을 활용한 문화공간의 주요 사례를 살펴볼 수 있다.

3. 유휴공간의 문화적 재생 사례 분석: 청주 동부창고를 중심으로

옛 연초제조창에서 복합문화공간 '문화제조창'으로

앞에서 자주 언급된 바 있는데, 충청북도 청주시에 위치한 '동부창고'는 담배공장이었던 옛 연초제조창 부지를 문화적으로 재생한 대표적인 사례다. 이는 단일 건물의 재생을 넘어, 광범위한 유휴 산업시설 부지를 복합문화공간 '문화제조창'으로 탈바꿈시킨 대규모 프로젝트의 일부로서, 유휴공간 재생의 다양한 측면을 심도 있게 살펴볼 수 있는 중요한 사례이다.

청주 연초제조창은 1946년 건립되어 지역 경제의 한 축을 담당했으나, 담배 산업의 변화와 KT&G의 민영화 과정을 거치며 2004년 완전 폐창되었다. 이후 10년 넘게 방치되었던 이 거대한 산업유산은 청주시의 적극적인 의지와 다양한 정책적 노력이 결합되면서 새로운 전환점을 맞이했다. 이와 관련하여 청주시는 2010년 KT&G로부터 부지를 최종 매입하고 2014년 이곳을 '경제기반형 도시재생 선도지역'으로 지정받으면서 본격적인 재생 사업에 착수했다. 특히 본관 건물 리모델링 사업은 정부, 지자체, 공공기관(LH), 민간이 협력한 '국내 제1호 경제기반형 도시재생 리츠(REITs)' 사업으로 추진되어 주목받았다. 이는 주택도시기금과 청주시, LH가 출자하고 민간 자금을 유치하여 부동산투자회사를 설립, 사업을 시행하는 방식으로, 공공성과 사업성을 동시에 확보하려는 시도였다.

이러한 과정을 통해 옛 연초제조창 부지는 다음과 같은 핵심 시설들을 갖춘 복합문화지구 '문화제조창'으로 재탄생했다(〈그림 7-1〉 참조).

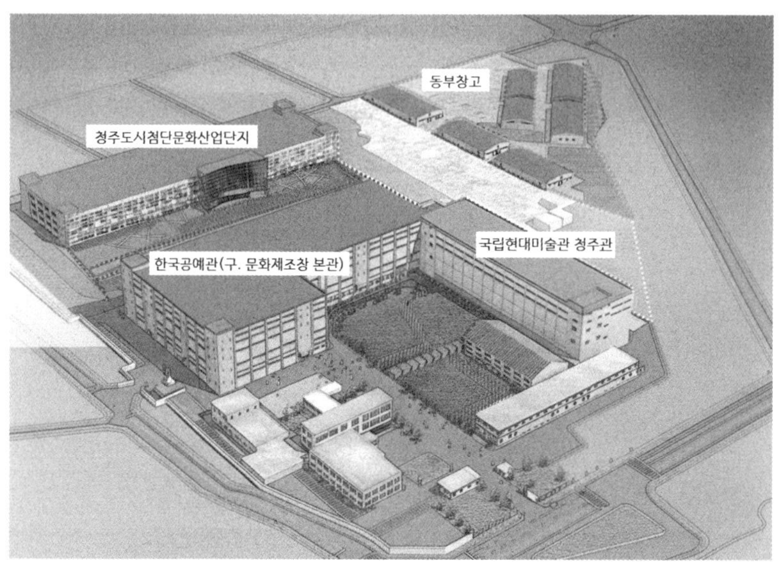

<그림 7-1> 청주 문화제조창의 공간 구성

출처: 청주매일, 2013 재구성

- 한국공예관(구, 문화제조창 본관): 리츠 사업을 통해 리모델링된 핵심 공간으로, 국제공예비엔날레의 주 무대이자 다양한 공예 클러스터와 민간 상업시설이 입주해 있다.

- 국립현대미술관 청주관: 옛 연초제조창 남관을 리모델링하여 2018년 개관했으며, 수도권 외 첫 지방 분관이자 국내 최초의 '수장형 미술관'으로 차별화된 정체성을 확보했다.

- 청주도시첨단문화산업단지: 가장 먼저 재생된 재건조장 건물로, CT(Culture Technology) 관련 기업과 지원기관이 입주하여 지역 문화산업의 허브 역할을 수행하고 있다.

- 동부창고: 담뱃잎 보관창고였던 7개 동의 건물을 활용하여 시민들을 위한 생활문화 및 예술 활동 공간으로 조성되었다.

이처럼 문화제조창은 각기 다른 기능과 정체성을 가진 시설들이 하나의 클러스터를 형성하며, 단순한 유휴공간 재생을 넘어 도시의 새로운 문화 중심지를 창조하는 것을 목표로 하고 있다.

시민예술놀이터 '동부창고'의 단계적 조성과 공간의 정체성

문화제조창 내에서도 동부창고는 시민들의 일상적 문화 활동에 가장 밀접하게 초점을 맞춘 공간이다. 1960년대 공장 창고의 원형을 그대로 간직한 적벽돌과 목조 트러스 구조의 건물들은 근대문화유산으로서의 보존가치가 높아, 그 자체로 독특한 공간적 매력을 지닌다. 동부창고의 가장 큰 특징은 7개 동의 건물이 각각 별도의 정부 지원사업을 통해 단계적으로, 그리고 각기 다른 기능의 공간으로 조성되었다는 점이다. 이는 중앙정부의 다양한 문화정책과 연계하여 재원을 확보하고 사업을 추진한 전략적 접근의 결과로 볼 수 있다.

〈표 7-4〉 동부창고 '시민예술놀이터' 동별 조성 현황(2025.7 현재)

역할	준공 시기	사업명	주요 시설 및 기능	사업비	구분
	2015. 10	2014 폐산업단지 문화재생사업	• 34동: 커뮤니티 플랫폼 – 다목적홀, 목공예실, 푸드랩실 등 커뮤니티 공간 및 프로그램 운영	24억 5,000 만 원	34동 (991.9㎡)
생활 문화	2015. 10	2014 공연연습공간 조성사업	• 35동: 청주공연예술연습공간 – 지역 공연예술단체에 공연 규모별 최적화된 연습실(대, 중, 소) 대관 – 예술단체 육성을 위한 지원사업 운영	25억 원	35동 (991.74㎡)
	2017. 08	2015 생활문화센터 조성사업	• 36동: 청주생활문화센터 – 지역 생활문화활동 거점공간 – 생활문화동호회 활동공간 지원	19억 5,000 만 원	36동 (991.74㎡)

역할	준공 시기	사업명	주요 시설 및 기능	사업비	구분
커뮤 니티	2019. 09	2017 폐산업단지 문화재생사업	• 6동: 이벤트홀 – 대규모 전시, 공연, 마켓, 체험 등 다양한 이벤트 진행 공간 운영	38억 원	6동 (784㎡)
			• 8동: 카페C – 지역 예술가·기획자 대상 팝업스 토어 전시·활동 공간 지원	–	8동 (971.13㎡)
	2022. 12	생활밀착형 숲 조성사업	• 동부창고 생활정원 '별별창의정 원'	5억 원	야외광장 조성
예술 활동	2021. 12	2019 폐산업단지 문화재생사업	• 38동: 창의예술공간 – 청소년과 예술가가 함께하는 예 술 교육 및 창작 활동 공간 제공 – 초·중·고 및 예술인 대상	20억 원	38동 (1,268.13 ㎡)
	2021. 12	2020 문화예술 교육전용시설 지원사업	• 37동: 꿈꾸는 예술터 – 영·유아, 어린이 예술교육 전용 공간	20억 원	37동 (1,365.68 ㎡)

이처럼 동부창고는 생활문화(34, 35, 36동), 커뮤니티(6, 8동, 야외광장), 예술활동(37, 38동)이라는 세 가지 큰 축을 중심으로 공간적 정체성을 구축해가고 있다. 이는 다양한 문화적 도시재생 사업이 한 곳에 집약된 '문화적 도시재생사업의 백화점'과 같은 특성을 보여 준다. 그러나 이러한 개별적, 단계적 조성 방식은 각 공간의 기능이 명확하다는 장점도 있지만, 건물 간 연계성 부족과 통합적 운영 전략의 부재라는 과제를 동시에 안고 있다(〈표 7-4〉 참조).

 뉴노멀 시대 문화도시와 로컬의 힘

시민 참여와 프로그램 운영의 실제, 그 성과와 한계

동부창고는 '시민예술놀이터'라는 이름에 걸맞게 시민들의 참여를 기반으로 운영되고 있으며, 다양한 프로그램과 이벤트를 통해 지역 사회에 활력을 불어넣고 있다. 시민들을 대상으로 한 설문조사 및 빅데이터 분석 결과는 동부창고의 운영 성과와 당면 과제를 명확히 보여 준다(이병민 외, 2020).

위 결과를 참조하여 동부창고의 조성과 운영이 가져온 도시 성과는 다음과 같이 정리할 수 있다.

첫째, 시민들의 높은 문화예술 활동 수요를 충족시키는 플랫폼으로 자리매김하고 있다. 설문조사 결과, 시민들은 '생활문화예술 활동이 삶의 질을 높인다'(4.57/5.0점), '더 많이 문화예술을 향유하고 싶다'(4.61/5.0점) 등 문화 활동에 대한 높은 수요를 보였다. 동부창고는 이러한 수요에 부응하여 목공예, 쿠킹 클래스 등 다양한 프로그램을 제공하고 있다.

둘째, '아트마켓', '축제' 등 매력적인 이벤트를 통해 시민들의 방문을 유도하는 데 성공했다. 일반 시민의 동부창고 방문 목적 1위는 '아트마켓 등 이벤트 참여'(57.5%)였으며, 프로그램 만족도 역시 '축제 프로그램'이 3.89점으로 가장 높게 나타났다. 이는 대규모 이벤트가 동부창고의 인지도를 높이고 새로운 방문객을 유치하는 강력한 동인임을 시사한다.

셋째, 시민들에게 '문화예술공간'이라는 긍정적 이미지를 구축했다. 동부창고의 이미지에 대한 평가에서 '문화예술활동을 위한 공간'이라는 인식이 4.38점으로 가장 높았으며, 빅데이터 분석에서도 '시민', '예술', '문화재생' 등의 키워드가 반복적으로 등장하여 공간의 정체성이 성공적으로 형성되었음을 확인할 수 있다.

반면, 동부창고는 몇 가지 명확한 한계에 직면했으며 이에 따른 당면과제는 아래와 같다.

첫째, 홍보 부족과 낮은 심리적 접근성이다. 시민들은 동부창고에 대한 평가 항목 중 '홍보 활동'에 가장 낮은 점수(3.63점)를 주었으며, '일상적으로 방문하기 편리한 공간'이라는 이미지 역시 3.80점으로 낮게 평가했다. 빅데이터 분석 결과에서도 뉴스 기사의 86%가 지역신문에 한정되어 있어 홍보가 지역 중심으로 제한적으로 이루어지고 있음이 드러났다. 이는 물리적 접근성뿐만 아니라 시민들이 일상 속에서 쉽게 찾고 즐길 수 있는 공간으로 인식되기 위한 심리적 장벽을 낮추는 노력이 시급함을 보여 준다.

둘째, 개별 시설 및 프로그램 간 연계성 부족이다. SWOT 분석 결과, 강점(다양한 사업 집중)에도 불구하고 약점으로 '역내 문화시설 간 네트워킹 미약', '연계를 촉진할 프로그램 미비' 등이 지적되었다. 각 동이 별도의 사업으로 조성된 탓에 통합적인 시너지를 창출하지 못하고 있으며, 이는 시민들에게 파편화된 경험을 제공할 우려가 있다.

셋째, 이벤트 중심 운영과 상설 프로그램의 상대적 부진이다. 축제와 같은 대규모 이벤트는 모객 효과가 크지만, 일회성에 그칠 위험이 있다. 반면 '목공예, 쿠킹 클래스 등 상설 프로그램'에 대한 만족도는 3.34점으로 가장 낮게 나타나, 시민들의 지속적인 방문과 깊이 있는 문화 활동을 유도할 상설 콘텐츠의 질적 개선이 필요함을 시사한다.

결론적으로 청주 동부창고는 유휴 산업시설을 성공적으로 문화공간화하고 시민들의 참여를 이끌어 낸 모범 사례이지만, 지속가능한 문화생태계로 발전하기 위해서는 홍보 강화, 공간 및 프로그램 간 연계성 확보, 상설 콘텐츠의 내실화 등 과제의 해결이 필요해 보인다.

 뉴노멀 시대 문화도시와 로컬의 힘

나오는 글

지역에 뿌리내릴 수 있는 지속가능한 문화적 재생의 논제

청주 동부창고 사례는 유휴공간의 문화적 재생이 문화도시를 구현하는 데 있어 강력한 잠재력을 가지고 있음을 보여 준다. 그러나 동시에 하드웨어 구축 이후, 이를 어떻게 지속가능한 방식으로 운영하고 지역 사회에 뿌리내리게 할 것인가라는 근본적인 질문을 던진다. 이를 바탕으로 유휴공간 재생과 문화도시 비전 실현을 위한 몇 가지 핵심적인 시사점을 도출할 수 있다.

하드웨어를 넘어 소프트웨어와 휴먼웨어로

유휴공간 재생 사업은 자칫 물리적인 공간을 조성하는 '하드웨어' 구축에만 매몰될 위험이 있다. 그러나 공간의 진정한 가치는 그 안을 채우는 '소프트웨어(콘텐츠, 프로그램)'와 이를 기획하고 운영하며 참여하는 '휴먼웨어(사람, 조직)'에 의해 결정된다(이병민, 2014).

동부창고 사례는 개별 공간의 조성에는 성공했지만, 이를 유기적으로 연결하고 활성화할 통합적인 소프트웨어와 운영 거버넌스 구축에는 어려움을 겪고 있음을 보여 준다. 따라서 향후 유휴공간 재생 사업은 초기 기획 단계부터 공간 조성(하드웨어), 콘텐츠 개발(소프트웨어), 운영 주체 및 시민 참여 구조 설계(휴먼웨어)를 통합적으로 고려하는 접근이 필수적이다. 특히, 지역의 예술가, 문화기획자, 시민 동호회 등 다양한 '창의인재'를 발굴하고 이들이 주체적으로 공간 운영과 프로그램 기획에 참여할 수 있는 '시민 플랫폼'으로서의 역할을 강화해야 한다. 이는 단순한 시설 대관을 넘어, 지역의 창조적 인적 자본

(Human Capital)을 축적하고 문화생태계를 활성화하는 길이다.

점(點)에서 선(線)으로, 선에서 면(面)으로: 연계와 확장을 통한 생태계 구축

성공적인 문화적 도시재생은 개별 거점 공간(점)을 만드는 것에서 그치지 않고, 이들을 연결(선)하고, 나아가 지역 전체로 그 효과를 확산(면)시키는 생태계적 접근을 요구한다. 청주의 사례에서 살펴보면, 동부창고는 문화제조창이라는 클러스터 내부에 위치함에도 불구하고 국립현대미술관, 한국공예관 등 인접 시설과의 연계가 미흡하다는 한계를 보인다.

문화도시는 도시 전체가 하나의 유기적인 문화생태계로 작동해야 한다. 이를 위해 유휴공간 재생 사업은 ▲내부적 연계(개별 공간 간의 기능적 연동 및 협력 프로그램 개발), ▲외부적 연계(주변 문화시설, 대학, 상권과의 네트워킹 강화), ▲광역적 연계(타 도시의 유사 사례와의 교류 및 협력)를 통해 시너지를 극대화해야 한다. 예를 들어, 동부창고의 시민 교육 프로그램을 국립현대미술관의 전시와 연계하거나, 인근 청주대학교 예술대학과의 협력을 통해 지역 청년들의 창작 활동을 지원하는 모델을 적극적으로 모색할 수 있다. 이러한 연계와 확장을 통해 유휴공간은 고립된 문화섬이 아닌, 지역 문화 네트워크의 핵심 허브로 기능하게 될 것이다.

지속가능성을 위한 운영 모델의 다각화

유휴공간 재생의 큰 난제 중 하나는 조성 이후의 지속적인 운영비 확보다. 많은 공공 문화시설이 지자체의 한정된 예산에 의존하다 보니 운영에 어려움을 겪고, 프로그램의 질이 저하되는 악순환에 빠지기 쉽다. 동부창고 역시 다수의 국비 지원사업으로 조성되었지만, 장기적인 운영 안정성을 담보하기는 어려운 구조이다. 실제로 지역 생활문화센터의 경우, 조성 사업이 균형발전특별회계(균특회계)로 전환된 이후 지자체의 운영비 부담 우려로 사업 추진이 위축되는 현상이 나타나기도 했다.

따라서 공공재원에만 의존하는 모델에서 벗어나 운영 모델을 다각화하려는 노력이 필요하다. 네덜란드의 '더 퀴블(De Ceuvel)'은 지역순환경제 구축을 위한 소규모 도시재생 사업인데, 이 경우 시민 공모와 크라우드펀딩을 통해 재원을 마련하고, 입주자들이 직접 공간을 리모델링하게 함으로써 초기 비용과 임대료를 낮추는 방식을 취하고 있어, 시민참여 기반의 마을 공유경제 실험과 에너지 자립 시범마을 사업 등의 선진 사례로 참고할 가치가 있다(손현식 외, 2021). 또한, 공간의 일부를 카페나 아트샵, 소규모 상업시설 등으로 활용하여 자체 수익구조를 창출하되, 그 수익이 다시 공공 프로그램에 재투자되는 사회적 경제 모델을 도입하는 것도 효과적인 대안이 될 수 있다. 중요한 것은 공공성을 훼손하지 않는 범위 내에서 재정 자립도를 높이고, 이를 통해 행정의 지원이 줄어들더라도 지속적으로 운영될 수 있는 자생력을 키우는 것이다. 이를 정리하면 〈그림 7-2〉과 같이 유휴공간 활용을 위한 단계별 접근 방식의 적용을 통해 생태계 구축 모델을 고민해 볼 수 있겠다.

결론적으로, 유휴공간은 문화도시의 비전을 담아내는 매우 중요한 그릇이다. 청주 동부창고의 사례의 경우는 그 그릇을 만드는 과정의 성공과 과제를 동시에 보여 준다. 앞으로의 과제는 이 그릇 안에 어떤 창의적인 내용물을 채우고, 어떻게 시민들이 주인이 되어 그 내용물을 끊임없이 새롭게 만들어 갈 수 있도록 지원하느냐에 달려 있다. 하드웨어와 소프트웨어, 휴먼웨어의 균형, 내외부를 잇는 유기적 연계, 그리고 지속가능한 운영 모델의 확보를 통해

〈그림 7-2〉 유휴공간을 활용한 문화도시 생태계 구축 모델

유휴공간은 비로소 낡은 과거의 흔적에서 살아 숨 쉬는 미래의 문화 자산으로 거듭날 수 있을 것이다.

○ 토론 주제

1. 청주 동부창고 사례에서 보듯, 다수의 정부 지원사업을 통해 단계적으로 조성된 복합문화공간은 재원 확보에는 유리하지만 통합적 정체성 확립과 운영에는 어려움이 따를 수 있다. 유휴공간 재생 시 '통합 기획'과 '단계적 실행' 사이의 균형을 맞추기 위한 효과적인 전략은 무엇일까?

2. 유휴공간 재생 사업의 성공을 평가하는 기준은 무엇이어야 할까? 방문객 수나 경제적 파급효과와 같은 양적 지표 외에, 공동체 활성화, 시민의 문화적 역량 강화, 지역 정체성 기여도와 같은 질적 가치를 측정하고 평가할 수 있는 구체적인 방안에 대해 토론해 보자.

3. 많은 유휴공간 재생 사례가 공공 주도로 이루어지면서 관료화되거나 시민의 실질적 참여가 부족하다는 비판을 받는다. 시민과 예술가들이 기획 단계

 뉴노멀 시대 문화도시와 로컬의 힘

부터 운영까지 주체적으로 참여하는 '상향식(Bottom-Up)' 모델을 활성화하기 위해 행정과 중간지원조직, 그리고 시민 사회는 각각 어떤 역할을 수행해야 할까?

· 참고문헌 ·

국내문헌

구문모 외. (2017). 『창의적 농촌경제의 성공 모델: 창의적 농촌경제 활성화를 위한 정책모형 개발』, 북코리아.

김연진. (2009). "유휴공간 문화적 활용의 의의와 방향". 『문화정책논총』, 21. 185-207.

노수경. (2021). 생활문화 범위 설정 및 생활문화센터 건립·운영방안, 한국문화관광연구원.

문희운·박태원. (2014). "문화적 다양성과 도지재생의 쟁점과 함의". 『도시부동산연구』 5(1), 51-62.

손현식·민병학·오주석·김세용. (2021). "유럽 사례분석을 통한 어반 리빙랩(Urban Living Lab) 추진전략 연구", 『대한건축학회논문집』, 37(6), 137-148.

유다희·박동수 외. (2020), 유휴공간 문화재생 사업 희망 대상지 기본구상방안 연구 보고서, 지역문화진흥원.

유웅상. (2020). "생활SOC와 학교시설 복합화 - 현황과 과제". 『한국교육시설학회학회지』. 27(3). 7-10.

이나영·안재섭. (2014), "서울 서촌지역의 문화적 도시재생 활동에 관한 연구", 『한국도시지리학회지』, 17(1), 15-27.

이병민. (2014). "창조경제시대 도시재생의 방향 전환과 과제", 『도시인문학연구』, 6(1), 33-61.

이병민 외. (2020). 청주 동부창고 비전전략 수립 연구 용역. 청주시문화산업진흥재단.

이운정·김상봉. (2023). "문화전략이론 관점에서 본 도시재생 유형분석에 관한 연구", 『도시행정학보』, 36(3), 1-31.

이종민·이민경·오성훈. (2016). 유휴공간의 전략적 활용 체계 구축방안. 건축공간연구원.

임유경·임현성. (2012). 근린 재생을 위한 도시 내 유휴공간 활용 정책방안 연구. 건축공간연구원.

황강진. (2021). "서울시 성수동 문화적 도시재생 전개과정 분석". 중앙대학교 예술대학원 학위논문.

국외문헌

Evans, G. (2005). "Measure for measure: Evaluating the evidence of culture's contribution to regeneration". *Urban Studies,* 42(5-6), 959-983.

Katz, B., & Wagner, J. (2014). *The rise of innovation districts: A new geography of innovation in America.* Brookings Institution.

제8장

위기에서 기회로:
인구소멸과 문화도시 전략

들어가는 글

인구감소 및 지방소멸의 위기와 지역발전 대안 모색의 필요성

대한민국은 지금 지역의 소멸을 목전에 둔 심각한 위기에 직면해 있다. 통계청의 장래인구추계에 따르면, 대한민국의 총인구는 2020년 5,184만 명을 정점으로 감소하기 시작했으며, 저출산·고령화와 수도권으로의 인구 유출이 맞물리면서 지방 중소도시와 농산어촌 지역의 공동화 현상은 돌이킬 수 없는 흐름이 되고 있다. 실제로 30년 이내에 전국 228개 시·군·구 중 39%인 89곳이 소멸할 것이라는 예측은 더 이상 낯선 경고가 아니다(이상호, 2018).

이러한 인구구조의 변화는 단순히 지역의 인구가 줄어드는 양적 문제를 넘어, 지역 경제의 쇠퇴, 사회기반시설의 붕괴, 공동체의 와해 등 질적 위기로 이어지며 국가 전체의 지속가능성을 위협하고 있다. 특히 코로나19 팬데믹을 거치면서 삶의 질과 문화적 가치의 중요성이 그 어느 때보다 부각됨에 따라 지역 격차 문제는 경제적 불평등을 넘어 '문화적 불평등'의 차원에서 새롭게 조명받고 있다.

이에 인구소멸 위기가 심화되는 가운데 지역 간 문화격차가 지속되어, 지역 문화여건 개선과 자생적 문화생산력 제고 요구가 증가하고 있다. 실제 지자체 예산 중 문화 관련 예산 비율은 2023년 기준으로 시 2.29%, 군 2.07%, 구 1.36%로 차이를 보이고 있으며, 대도시-읍면지역 간 문화예술관람률 격차 또한 2023년 12.1%p에서 2024년 15.5%p에 달하는 등, 거주하는 지역에 따라 국민이 누리는 문화적 삶의 질이 현격한 차이를 보이고 있다. 특히 취약지역은 문화기반시설(공간), 문화인력, 향유자 등이 부족하여 자체동력으로 성장이 어려운 만큼, 문화시설 공동이용 활성화, 문화인력 양성, 문화프로그램 운영 등 종합적인 형태의 집중 지원이 필요한 상황이다.[1]

이러한 배경 속에서 문화환경 취약지역[2]에 대한 정책적 관심과 지원의 중요성이 커지고 있다. 2014년 제정된 「지역문화진흥법」 제9조는 국가와 지방자치단체가 농산어촌 등 문화환경이 취약한 지역의 문화 격차를 해소하고 주민의 문화예술 향유 기회를 보장하기 위한 사업을 우선적으로 시행해야 한다고 명시하고 있다. 이는 문화가 더 이상 부수적인 시혜나 장식적 요소가 아니라, 지역 소멸 위기를 극복하고 주민의 기본적인 삶의 질을 보장하기 위한 핵심적인 정책 수단임을 천명하는 것이다. 그러나 지금까지의 지역 지원 정책은

---

1) 2023년 기준 지역문화실태조사 결과(2025.4월)

　▲(정책) 시 0.058 ≒ 군 0.027 > 구 −0.098 ▲(자원) 구 0.108 > 시 0.016 > 군 −0.106

　▲(활동) 구 0.065 > 시 0.014 > 군 −0.067 ▲(향유) 구 0.092 ≒ 시 0.068 > 군 −0.142

2) 문화환경 취약지역(Culturally Vulnerable Area): 지역 내 문화 보유 자원과 잠재력이 낮고, 인구·경제·재정 상태 등이 타 지역에 비해 열악하여 문화격차가 나타나며 문화 활력이 저조한 지역으로, 국가와 지방자치단체의 지원이 필요한 지역을 의미한다(지역문화진흥법 제9조 제1항 참조). 이는 단순히 문화시설이 부족한 지역을 넘어, 문화 활동, 문화 인력, 문화 향유 기회 등 총체적인 문화적 환경이 열악한 상태를 포괄하는 개념이다.

　뉴노멀 시대 문화도시와 로컬의 힘

성장촉진지역3) 지정 등 기반시설 확충과 같은 하드웨어 중심의 양적 성장에 치우쳐 있었으며, 문화적 측면은 피상적으로 다루어지는 경향이 있었다.

본 장에서는 인구소멸이라는 거대한 시대적 전환기 속에서 문화환경 취약지역의 문제를 어떻게 진단하고, 지속가능한 지역 발전을 위한 대안을 어떻게 모색할 것인지 탐구하고자 한다. 이를 위해 먼저 '문화환경 취약지역'의 개념을 명확히 정의하고, 기존의 낙후지역 지원 정책의 한계를 분석한다. 나아가 '지방소멸대응기금', '문화도시' 사업, '문화환경 취약지역 패키지 지원' 등 최근의 주요 정책들을 비교 분석하며, 공급자 중심의 획일적 지원에서 벗어나 주민 중심의 자생적 문화 생태계를 구축하기 위한 정책 모델을 제시하고자 한다. 궁극적으로 본 장은 인구소멸의 위기를 지역 고유의 문화적 가치를 재발견하고, 주민이 주도하는 새로운 발전 경로를 창출하는 기회로 전환하기 위한 학술적·정책적 토대를 마련하는 것을 목적으로 한다.

1. 문화주도 도시재생의 국제적 동향과 이론적 진화

도시 정책의 패러다임 전환의 계기를 만든 도시재생

대한민국의 지역소멸 및 문화환경 취약지역 문제는 고유한 특수성을 지니고 있지만, 동시에 전 세계적인 도시 변화의 흐름과 맥을 같이한다. 1960년대

---

3) 성장촉진지역이란 생활환경이 열악하고 개발수준이 현저하게 저조하여 해당 지역의 경제적·사회적 성장을 촉진하기 위하여 필요한 도로, 상수도 등의 지역사회기반시설의 구축 등에 국가와 지방자치단체의 특별한 배려가 필요한 지역이며, 소득, 인구, 재정상태 등을 고려하여 대통령령으로 정하는 지역이다. 출처: 균형발전 정보시스템 정책용어사전, https://www.nabis.go.kr/termsDetailView.do?menucd=189&gbnCode=S51&eventNo=263 (2025.9.30. 검색)

이후의 급속한 산업화와 경제 성장은 대한민국뿐만 아니라 서구 선진국에서도 유사한 도시화 패턴을 만들어냈다. 그러나 2000년대에 들어서면서 세계 경제 성장이 둔화되고 산업구조가 재편됨에 따라, 유럽과 미국을 중심으로 일부 도시의 인구 감소와 기능 쇠퇴, 즉 '축소도시(Shrinking Cities)'[4] 현상이 자연스러운 도시 변화의 일부로 인식되기 시작했다. 이러한 글로벌 동향은 국내의 인구 감소 및 저성장 추세와 맞물리며, 도시 정책의 패러다임을 근본적으로 전환시키는 계기가 되었다.

이러한 배경 속에서 도시재생(Urban Regeneration)은 낡은 도시를 물리적으로 재개발하는 차원을 넘어, 도시의 다양성, 지속가능성, 형평성, 그리고 삶의 질과 문화를 강조하는 방향으로 진화해 왔다. 특히 탈산업화 시대를 맞이하여, 문화는 더 이상 역사의 산물에 머무르지 않고 도시 발전을 위한 핵심적인 자원으로 재평가받기 시작했다. 미국의 도시 이론가 루이스 멈포드(Lewis Mumford)가 도시를 '문명의 용기(Container of Civilization)'에 비유했듯, 문화는 도시의 정체성을 형성하고 경제적·사회적 가치를 창출하는 원동력으로 인식되었다. 그는 도시를 '포괄적 다이내믹 장소'로 정의하고 있으며 문화 창조와 문명을 발전시키는 '무대장치'라는 점을 언급하기도 한다. 도시문화의 자력(自力)을 가지고 있는 것이 바로 도시라는 것이다(류광수, 2012).

이러한 인식의 전환은 도시재생의 이론적 발전 과정에서도 명확히 드러난다. 초기 도시재생은 제2차 세계대전 이후의 도시 재건 과정에서 나타난 '기능

---

4) 축소도시는 지속적인 인구감소와 경제 쇠퇴, 도시 내 미활용 공간 증가 등의 현상이 장기화되면서 기존의 성장 중심 접근과는 달리 도시의 물리적·기능적 규모를 축소·적정화하는 도시정책 개념이다. 이 용어는 원래 1980년대 후반 독일에서 등장했으며, 최근에는 저성장과 인구감소 시대에 대응하는 전략과 관련된다. 이때, 인구감소와 고령화, 경제 쇠퇴 등 현실을 부정하지 않고, 도시의 지속가능성과 삶의 질 개선을 목표로 하는데, 도시계획, 도시재생, 복지, 주거, 교통, 환경, 문화 등 통합적 접근이 필요하다는 점에서 기존 성장지향 도시정책과 차별화된다 (국토연구원, 2020).

 뉴노멀 시대 문화도시와 로컬의 힘

주의적 도시재생(Functional Urban Regeneration)' 모델에 기반했다. 이는 도시의 물리적 형태가 사회를 결정한다는 형태결정론(Morphological Determinism)과 도시 기능을 효율적으로 재배치하는 기능주의(Functionalism), 그리고 양적 팽창을 중시하는 기계적 성장(Mechanical Growth)을 특징으로 했다. 그러나 이러한 접근은 도시의 역사성과 장소성을 파괴하고, 획일적인 공간을 양산한다는 비판에 직면했다.

도시재생의 새로운 대안이자 주력으로서 등장한 문화 주도 도시재생

이에 대한 대안으로 등장한 것이 바로 앞에서도 언급한 '문화 주도 도시재생(Culture-Led Urban Regeneration)'이다. 이러한 개념은 도시가 가진 고유의 문화적 자산을 활용하여 쇠퇴한 공간에 새로운 활력을 불어넣는 전략이다. 문화 주도 도시재생은 기계적 성장이 아닌 도시의 다양성(Diversity), 역사적 가치 보존(Historic Value Protection), 그리고 지속가능한 발전(Sustainable Development)을 핵심 가치로 삼는다. 이는 단순히 문화시설을 짓는 것을 넘어, 문화를 통해 도시의 물질적, 경제적, 사회적, 환경적 측면을 총체적으로 활성화하려는 시도이다(Oh et al., 2024). 이러한 문화 주도 도시재생의 성공 신화는 전 세계적으로 찾아볼 수 있다. 가장 상징적인 사례는 스페인 빌바오의 구겐하임 미술관(Guggenheim Museum Bilbao)이다. 쇠락한 철강 산업 도시였던 빌바오는 프랭크 게리의 혁신적인 건축물인 구겐하임 미술관을 유치함으로써 세계적인 문화관광 도시로 탈바꿈했다. 이는 '빌바오 효과(Bilbao Effect)'라는 용어를 낳으며, 하나의 상징적인 문화시설이 도시 전체의 경제와 이미지를 어떻게 바꿀 수 있는지를 보여 주었다. 영국 런던의 테이트 모던(Tate Modern) 역시 폐쇄된 화력발전소를 세계적인 현대미술관으로 재탄생시킨 사례로, 산업유산의 창조적 재활용(Adaptive Reuse)을 통해 지역을 활성화한 대표적인 모델이다. 한편, 미국 뉴욕의 하이라인(The High Line)은 버려진 고가 철도를 시민들을 위한 공중 공원이자 활기찬 문화 통로로 바꾸면서, 대규모 건축물이 아닌 공공 공간 중심의 도시재생이 어떻게 지역 공동체에 새로운 활력을 불어넣을 수 있는지를 증명했다.

이러한 국제적 사례들은 문화가 어떻게 쇠퇴하는 도시에 새로운 생명을 불어넣고, 창의성을 자극하며, 주민과 방문객의 삶을 풍요롭게 할 수 있는지를 명확히 보여 준다. 대한민국에서 추진되고 있는 '문화도시' 사업이나 '도시재생 사업' 역시 이러한 국제적 흐름과 맥을 같이 한다. 해외의 성공 사례들은 국내 문화환경 취약지역의 문제를 해결하는 데 있어 중요한 정책적 시사점과 한계를 제공한다. 즉, 단순히 인프라를 구축하는 것을 넘어 지역의 고유한 문화적 자산을 발굴하고, 이를 중심으로 주민들의 참여를 이끌어 내며, 지속가능한 발전 모델을 만드는 것이 핵심 과제임을 일깨워 준다.

물론, 해외의 성공 모델을 무비판적으로 국내에 적용하는 것은 경계해야 한다. '빌바오 효과'와 같은 플래그십(Flagship) 프로젝트 중심의 접근은 때로는 과도한 투자와 젠트리피케이션 문제를 야기할 수 있으며, 지역의 고유한 맥락을 고려하지 않은 채 외부의 문화콘텐츠를 이식하는 것은 오히려 지역 정체성을 약화시킬 수 있다.[5] 따라서 이러한 국제적 동향과 이론을 비판적으로 수용하며, 한국적 상황과 각 지역의 특수성에 맞는 창의적인 해법을 모색하는 노력이 요구된다.

---

5) 빌바오의 도시재생은 구겐하임 미술관을 중심으로 한 성공 사례로 알려졌지만, 여러 비판도 존재한다. 주요 비판은 ▲'스타건축' 중심의 외형적 개발, ▲지역 불평등과 젠트리피케이션, ▲문화의 경제적 도구화, ▲관광 의존과 경제 취약성, ▲환경적 지속가능성 부족, ▲다른 도시에서의 재현 불가능성(비재현성), ▲지역 정체성 약화 등이다. 즉, 빌바오는 도시 브랜드 재창출에는 성공했으나, 사회적 포용성과 지역문화의 진정성 측면에서는 한계를 드러냈다는 평가도 있다(Santamaria, 2020).

2. 문화환경 취약지역의 개념과 정책적 배경

문화환경 취약지역의 정의와 기준 설정

문화환경 취약지역에 대한 논의는 기존의 '낙후지역(Distressed/Deprived Area)' 개념에서 출발하지만, 그 초점을 경제적 지표에서 문화적 지표로 이동하고 심화했다는 점에서 차별화된다. 전통적으로 낙후지역은 저활력성, 경제기반 취약성, 재정의 열악성을 특징으로 하며, 주로 '성장촉진지역'과 같이 도로, 상수도 등 기반시설 구축이 필요한 지역을 지칭해 왔다. 이러한 접근은 지역 발전을 경제적 성장과 동일시하고, 인구, 소득, 재정력, 접근성 등 양적 지표를 중심으로 지역의 수준을 서열화하는 한계를 지녔다.

이에 반해 문화환경 취약지역은 문화격차(Cultural Gap)라는 개념을 핵심 기준으로 삼는다. 문화격차란 지역 내 다양한 문화 주체들이 문화시설과 콘텐츠에 접근하여 즐기고, 이를 통해 삶을 풍요롭게 할 수 있는 기회와 만족도의 차이를 의미한다. 이는 단순히 문화시설의 많고 적음을 넘어, 주민들이 실제로 체감하는 문화적 삶의 질을 문제의 중심으로 가져온다. 「지역문화진흥법 시행령」 제6조는 문화환경 취약지역을 ① 지역문화실태조사 결과 다른 지역과 문화격차가 큰 지역, ② 문화소외계층이 상대적으로 많이 거주하는 지역, ③ 도서·벽지, 폐광지역 등 문화예술 향유 기회가 적은 지역 등으로 규정하며 이러한 다자원적 접근을 반영하고 있다.

그러나 이러한 법적 근거에도 불구하고, 현행법은 몇 가지 명백한 한계를 지닌다. 조용순(2020)은 「지역문화진흥법」에 '문화환경 취약지역'에 대한 명확한 정의 규정이 부재하다는 점을 지적한다. 법 제9조가 '농산어촌 등'으로 지역을 예시하고 있어, 중소도시의 낙후된 도심 지역이 포함될 수 있는지 해석상 불분명하다는 것이다. 또한 시행령에 열거된 선정 기준들이 서로 중복되거나, 타 법률의 개념을 그대로 차용하는 수준에 머물러 있어 체계성이 부족하다는 문제도 제기된다.

이러한 법·제도적 한계를 극복하고 정책의 실효성을 담보하기 위해, 문화체육관광부는 객관적이고 종합적인 기준 마련을 추진해 왔다. 그 결과물인 『문화취약지역 기준 개발 및 지원방안 연구』(2020)는 지역의 일반적인 낙후도를 측정하는 '일반지표'와 문화적 환경을 측정하는 '문화지표'를 결합한 새로운 기준을 제안했다. 이 연구는 기존의 지역문화지수가 공급 부문의 객관적 지표에 치우쳐 주민의 실제 체감도를 반영하지 못하는 한계를 지적하며, 지역의 일반적인 낙후도를 측정하는 '일반지표'와 문화적 환경을 측정하는 '문화지표'를 결합한 새로운 기준을 제안했다. 이후 지속적인 보완을 거쳐, 대한민국 문화도시 사업과의 비교를 통해 그 정책적 대척점과 목표를 명확히 했다. 문화도시가 일정 수준 이상의 문화적 역량을 갖춘 '선도도시'를 지향한다면, 문화환경 취약지역 지원은 자생적 성장이 어려운 지역의 '기반'을 다지는 데 초점을 맞춘다. 물론 그 과정에서 인구소멸지역들이 문화도시에 선정되는 등 정리되지 못한 기준으로 인해 혼선을 빚기도 했다.

이와 관련하여, 유사하지만 성격이 다른 대한민국 문화도시 조성사업(2025~2027)을 좀 더 살펴볼 필요가 있다. 대한민국 문화도시 조성사업은 지역 자율적으로 고유한 문화자원을 활용하여 특색있는 문화매력을 구축할 수 있도록 지원하는 사업으로, △문화도시 조성 계획을 토대로, △3년간 중장기 지원하며, △문화공간 조성·활용·발굴사업, 문화참여·향유 프로그램 개발 및 운영, 창의적 문화인력 및 일자리 창출사업 등 통합지원한다는 사업구조가 유사한 측면이 있다. 그러나 대한민국 문화도시는 지역 내 문화발전을 선도할 수 있는 문화적 역량을 갖춘 도시를 대상으로, 대한민국 문화도시 주도로 인

　　　　　뉴노멀 시대 문화도시와 로컬의 힘

근 권역의 문화적 여건을 총체적으로 개선하는 것을 목표로 하고 있다는 점에서, 문화환경 취약지역에 대한 목적성과 방향, 사업대상 및 목표가 상이하다고 할 수 있다. 오히려, 문화환경 취약지역에 문화공간과 문화콘텐츠, 문화인력의 통합적이고, 중장기적인 지원 모델을 차용함으로써 사업목표인 문화환경 취약지역의 문화자생력 강화 및 지속가능한 성장을 지원할 때 의미가 있을 수 있다. 따라서, 이러한 사업들의 유기적인 연계를 통해 시너지를 창출해야 할 필요성이 매우 크다.

이처럼 문화환경 취약지역의 기준은 단선적 지표에서 벗어나, 지역의 일반적 여건과 함께 문화적 특수성(지역문화지수), 그리고 정책적 배려가 필요한 특수 상황(취약지역지수)을 종합적으로 고려하는 복합지표의 성격을 고려하고 있다. 〈표 8-1〉에서 확인할 수 있듯이, 실태조사와 관련 문화지수들을 비교했을 때, 문화환경 취약지역은 대한민국 문화도시는 물론, 상위 30% 지역들과 달리 지수들이 음(-)의 값을 보이는 특징이 있다. 관련하여 해당 기준을 선정할 때, 특히 AHP(계층화 분석법) 조사를 통해 전문가 의견을 수렴하여 각 지표의 상대적 중요도를 가중치로 반영함으로써 기준 설정의 객관성과 합리성을

<표 8-1> 2023년 기준 지역문화실태조사결과 및 지역별 문화지수 비교

구분	기초수	지역 문화지수	문화 정책지수	문화 자원지수	문화 활동지수	문화 향유지수
문화환경 취약지역	69곳	-0.368	-0.0483	-0.104	-0.075	-0.140
대한민국 문화도시	13곳	0.170	0.121	0.05	0.016	-0.002
상위 30%	69곳	0.504	0.0309	0.134	0.102	0.228
전체평균	129곳	-	-	-	-	-

출처: 문화체육관광부, 2025a 재구성

높이고자 하려는 시도들이 있었다. 이는 지역의 문제를 다각적으로 진단하고, 각 지역의 특성에 맞는 맞춤형 정책을 설계하기 위한 필수적인 과정이라 할 수 있다.

인구소멸 대응 정책과 새로운 인구 개념

문화환경 취약지역 문제는 인구감소 및 지방소멸이라는 더 큰 구조적 문제와 분리하여 생각할 수 없다. 실제로, 지역의 인구가 감소하는 이유를 조사한 결과, 1순위 기준으로 '일자리 부족(39.9%)'이 가장 높은 응답 비중을 보였지만, 다음으로는 '문화·복지·생활 편의시설 열악(16.2%)', '교육환경 열악(13.0%)' '주거환경 열악(11.7%)'등이 10%를 상회하는 것으로 조사되었다. 1+2 순위 기준으로도 '일자리 부족', '문화·복지·생활 편의시설 열악', '교육환경 열악'이 동일한 순으로 나타나, 문화적인 환경의 중요성이 두드러지고 있다. 지역민이 인식하는 청년층 유출의 원인 관련해서도, '일자리 부족'이 1순위 기준으로 56.4%의 매우 높은 응답 비중을 보였으며, '교육환경 열악', '문화·복지·생활 편의시설 열악' 문제도 각 10% 이상으로 나타나 같은 맥락에서 이해할 수 있다(경제인문사회연구회, 2022).

정부는 이러한 위기에 대응하기 위해 2022년부터 연간 1조 원 규모의 지방소멸대응기금을 조성하여 인구감소지역(89개) 및 관심지역(18개)을 지원하고 있다. 지방소멸대응기금은 지역이 주도적으로 인구감소 및 지방소멸 대응문제에 대응할 수 있도록 지원하고 있는데, 문화환경 취약지역(69곳) 중 67곳은 인구감소지역, 1곳은 관심지역(통영시)에 해당하여 관련성을 나타내고 있으며, 유기적인 연계 필요성이 제기되고 있다(문화체육관광부, 2025b). 이를 위해 부처 사업 공모단계에서부터 부처간 협력 사업이 반드시 필요하다.

이 기금은 지자체가 주도적으로 인구감소 문제에 대응할 수 있도록 재원을 지원한다는 점에서 긍정적이지만, 초기에는 기반시설 투자에 집중되는 경향을 보였다. 2023년 기금 투자 사업을 분석한 결과, 문화관광 분야의 사업 수는 26.4%(120개)로 가장 많았으나(〈표 8-2〉 참조), 세부 내용을 보면 테마공원 조성 등 시설 투자에 집중되어 인력과 콘텐츠가 부족해 시설이 제대로 활용되지 못하는 한계가 지적되었다. 건물만 짓고 운영비는 지자체가 부담해야 하는 구조는 재정이 열악한 취약지역에게 또 다른 부담으로 작용할 수 있다(국회예산정책처, 2024).

이러한 한계를 극복하기 위한 대안으로 생활인구(Lifestyle Population/Floating Population)[6]라는 새로운 인구 개념이 부상하고 있다. 생활인구는 특정 지역에 주민등록을 둔 정주인구(Resident Population)뿐만 아니라, 통근, 통학, 관

〈표 8-2〉 지방소멸대응기금 투자사업(국회예산정책처, 2024년)

구분	합계	사업분야(단위: 개)								
		교육	교통	노인 의료	문화 관광	보육	산업 일자리	주거	복합	기타
광역 지자체	119	3	1	6	20	2	25	11	22	29
인구 감소지역	385	23	7	19	89	6	77	58	67	39
관심 지역	41	4	1	5	11	2	5	1	9	3
합계	545	30	9	30	120	10	107	70	98	71

---

6) 생활인구(Lifestyle Population): 「인구감소지역 지원 특별법」에 따라 2023년부터 도입된 개념으로, 정주인구 외에 특정 지역에 월 1회, 하루 3시간 이상 체류하는 사람과 외국인까지 포함한다. 교통·통신 등 빅데이터를 활용하여 산정되며, 지방소멸대응기금 배분 등 정부 정책의 기초 자료로 활용된다. 관련하여, 체류하지 않더라도 특정 지역에 지속적인 '관심'을 갖고 관계를 유지하는 외부인을 포함하는 더 넓은 개념으로 '관계인구'라는 용어도 사용된다.

광, 업무 등 정기적 혹은 일시적으로 지역에 체류하며 실질적인 활력을 불어
넣는 사람들까지 인구의 개념으로 포섭하고 있다. 이는 '지역에 사는 사람'에
서 '지역과 관계를 맺는 사람'으로 정책의 패러다임을 전환하는 것을 의미한
다. 이는 기존의 주민등록 인구 중심 통계가 지역 내 실제 경제·사회·문화 활
동 등을 충분히 반영하지 못한다는 문제의식에서 비롯되었다. 주민등록 인구
만으로는 지역에서 실질적으로 활동을 하고, 공공서비스를 이용하는 다양한
인구층의 특성이 포착되지 않기 때문이다.

생활인구의 개념을 통해 정주인구 외에도 일정 기간 지역에 머무르며, 다양
한 문화활동이나 소비를 하는 인구를 포괄하며, 보다 현실적인 지원 기반을
마련하려는 취지가 반영될 수 있다. 특히, 통근·통학, 문화, 관광, 업무 등 다
양한 목적으로 반복적 체류가 이루어지는 인구가 지역의 문화발전에도 실질
적인 영향을 미친다는 점에서, 이들을 정책적으로 반영할 필요성이 크게 부각
되었다.

이와 같은 측면에서, 생활인구 개념의 도입은 문화환경 취약지역 정책에 다
음과 같은 중요한 시사점을 제공한다.

첫째, 정책 목표의 다변화를 가능하게 한다. 더 이상 인구 유치를 통한 정주
인구 늘리기라는 단일 목표에 얽매일 필요가 없다. 대신, 지역 고유의 문화적
매력을 활용하여 관계인구를 유치하고, 지역의 활력을 높이는 방향으로 정책
목표를 설정할 수 있다. '두 지역 살아보기', '지역 워케이션(Workation)', '고향
올래[GO ALL來]' 사업 등은 이러한 생활인구 늘리기 프로젝트의 구체적인 사
례이다.

둘째, 문화콘텐츠와 프로그램의 중요성을 부각시킨다. 생활인구를 유치하
고 이들이 지역과 지속적인 관계를 맺도록 하기 위해서는 단순한 기반시설을
넘어 매력적인 문화콘텐츠와 체험 프로그램이 필수적이다. 이는 하드웨어 중

심의 투자에서 소프트웨어와 휴먼웨어(인적 자원) 중심으로 정책의 무게중심을 이동시켜야 함을 의미한다.

셋째, 로컬브랜딩(Local Branding)의 필요성을 강조한다. 제주도의 '해녀의 부엌' 사례처럼, 지역의 고유한 자원과 문화를 결합하여 독특한 브랜드를 구축하는 것은 생활인구를 유인하는 강력한 동력이 된다. 이는 지역의 정체성을 재발견하고, 이를 현대적 감각으로 재해석하여 새로운 가치를 창출하는 창의적 과정이 지역 발전의 핵심임을 보여 준다.

이러한 특성을 반영하여 실제 지역의 문화자원 등을 활용한 관광, 워케이션 프로그램, 관계인구 육성 전략 등이 등장하고 있으며, 체험형 관광 활성화 등은 좋은 예라고 할 수 있다. 많은 지역은 자연환경, 생태자원, 고유의 문화·역사적 자산을 바탕으로 체험형 콘텐츠를 확대하고 있으며, 이를 기반으로 한 테마형 관광지 등을 조성해 체류시간을 자연스럽게 늘리는 방식으로 접근하고 있다. 문화·예술·축제 콘텐츠를 유기적으로 연계한 체류시간 확장 전략도 진행 중인데, 지역의 전통문화와 미식 자원을 활용하여 감성 소비층을 겨냥한 축제형 콘텐츠가 늘어나고 있다.

결론적으로 생활인구 개념은 인구의 절대적 수치가 아닌, 지역과 사람 간의 '관계의 총량'을 늘리는 방향으로 정책의 지평을 넓힌다. 이는 인구 유출을 막기 어려운 문화환경 취약지역에게 현실적이고 효과적인 발전 전략을 제시하며, 문화가 단순한 향유의 대상을 넘어 지역 활력의 원천이 될 수 있음을 시사한다. 인구소멸 위기 지역 문제는 단순 출산 장려와 같은 인구 정책만으로는 해결이 어렵고, 복합적 접근이 필요한데, 문화도시 전략처럼 지역의 고유성을 기반으로 한 지속가능한 변화 및 사회적 융합, 생활 인프라 혁신이 병행되어야 하기 때문이다.

3. 취약지역 지원 정책의 실제와 문화도시 사업

취약지역 지원의 유형과 과제

정부는 문화환경 취약지역의 문제 해결을 위해 다양한 지원 정책을 추진하고 있으며, 그 방식은 점차 다각화·고도화되고 있다. 이러한 정책들은 크게 ①기반시설 중심의 지원, ②개별 프로그램 중심의 지원, ③통합적 패키지 지원(Package Support)[7]으로 유형화할 수 있다. 이러한 지원은 다음과 같은 특성을 나타낸다.

첫째, 기반시설 중심의 지원은 '성장촉진지역' 지원 사업이나 '지방소멸대응기금'의 초기 투자 방식에서 볼 수 있듯이, 도로, 상하수도, 복지시설, 문화센터 등 하드웨어 인프라를 구축하는 데 중점을 둔다. 이는 주민의 기본적인 생활 여건을 개선하고 지역 발전을 위한 물리적 토대를 마련한다는 점에서 필수적이다. 그러나 인프라가 갖추어져도 이를 운영할 인력과 채울 콘텐츠가 부족하면 시설이 유휴화되고, 오히려 지역의 재정 부담만 가중시키는 결과를 낳을 수 있다는 비판에 직면해 왔다.

둘째, 개별 프로그램 중심의 지원은 예술강사 파견, 문화예술교육 프로그램 운영, 지역 축제 지원 등 특정 문화 활동을 지원하는 방식이다. 문화예술은 지역의 정체성과 매력을 강화하고 지역주민의 문화적 삶의 질을 높이며 외부 인구를 끌어들일 수 있는 강력한 자원이 된다. 실제로, 문화예술은 사람들의 이주 및 정주 결정에 영향을 미치는 중요한 요소로 작용하고 있다. 과거에는 직

---

7) 패키지 지원(Package Support): 특정 정책 목표를 달성하기 위해 관련성이 높은 여러 지원 사업(예: 시설 구축, 인력 양성, 프로그램 운영)을 하나의 꾸러미로 묶어 통합적으로 제공하는 지원 방식이다. 이는 사업 간 연계를 통해 시너지를 극대화하고, 파편적 지원으로 인한 비효율성을 줄이기 위한 전략이다.

장, 교통, 교육 여건과 같은 요소가 이주의 주요 결정 기준이었으나 이제는 문화예술을 즐기고 누릴 수 있는 환경의 중요성이 부각되었다(김민경, 2024). 영국예술위원회의 한 연구에 따르면 영국인은 거주할 지역을 선택할 때 문화예술 시설과 행사 등에 접근할 수 있는 기회를 교육 환경만큼 중요하게 생각하는 것으로 나타났다(Parkinson et al., 2019).

관련하여, 한국문화예술위원회의 '소멸위기 대응 문화적 지역활성화사업'은 인구감소와 지역소멸 위기에 직면한 중소도시 및 농산어촌 지역에서 문화적 접근을 통해 지역공동체의 활력과 정체성을 회복하고 지속가능한 지역기반을 구축하는 것을 목적으로 하는 사업으로 눈여겨볼 만하다.[8] 단순한 물리적 정비나 일회성 이벤트 중심의 도시재생에서 벗어나, '문화자산과 주민 주도적 활동을 중심으로 한 내재적 회복력(Resilience)'을 강화하고, 생활문화 기반의 지역 재창조를 지향한다. 이 사업은 문화도시 조성과 연계되며, 지역 주민이 중심이 되는 거버넌스를 구축함으로써 문화의 자생성과 지속가능성을 강조하고 있다. 하지만, 이와 같은 대부분의 사업이 3년 내외의 단기 국비 지원에 의존하며, 사업 종료 후의 지속 가능성 확보가 어려운 점, 장기적 정책으로의 제도화가 미흡하여 중간 성과의 확산이나 정책적 내재화가 부족하다는 지적도 있다. 또, 기초자치단체간의 문화정책 인식 및 실행역량의 편차가 크며, 성과지표가 모호하여 문화진흥보다는 단기 실적 중심의 운영에 그치는 사례도 나타나고 있다는 지적도 있다. 이는 중앙 주도로 지역 활성화나 인구 유입을 위한 수단으로만 문화가 활용되어 문화 자체의 고유한 가치나 정체성 회복 기능이 경시될 우려가 있으며, 성과 중심의 행정 논리와 충돌해 사업이 왜곡되거나 과도한 수치 산출을 유도할 가능성도 있다는 점에 유의해야 할 것이

---

8) 2024년 소멸위기 대응 문화적 지역활성화 사업 관련 내용 참조, https://www.arko.or.kr/
  board/view /4053?cid=1807929).

다. 또,『문화취약계층 문화예술교육 지원사업』도 살펴볼 수 있는데, 이는 문화예술에 대한 접근성이 낮은 계층에게 직접적인 향유 기회를 제공한다는 점에서 의미를 가진다(한국문화예술교육진흥원, 2022). 하지만 이 방식은 공급자 및 중앙의 매개자 중심으로 사업이 설계되는 경우가 많아, 현장의 실제 수요와 괴리되거나 시혜성 교육이 반복되어 지역의 문화적 자생력을 키우는 데 한계를 보이기도 했다.

인구소멸과 관련하여 유사한 사업들이 많이 시행되고 있어, 중복 문제도 지적되고 있는데, 목적과 대상 지역, 성과관리 등에서 유사한 부분이 있어 중복 문제가 발생할 수 있기 때문이다. 실제로, 관련 사업들의 경우, 모두 문화 인프라가 부족하고 문화 향유 기회가 적은 지역을 대상으로 문화 접근성 및 향유 기회를 확대하는 것을 목표로 하고 있어, 자원 배분의 비효율성, 지자체 입장에서의 사업의 혼란, 독립적인 성과 평가의 어려움 등으로 효과적인 정책 수립에 방해가 될 수도 있다.

이러한 한계들을 극복하기 위한 대안으로 고려해 볼 수 있는 것이 통합적 패키지 지원이다. 이는 문화 공간(인프라), 인력(휴먼웨어), 프로그램(소프트웨어)을 분절적으로 지원하는 것이 아니라, 하나의 꾸러미로 묶어 다년간 집중적으로 지원하는 방식이다. 이는 2024년 경제장관회의에서 제시된「인구감소지역 맞춤형 패키지 지원」추진방안을 벤치마킹하여 문화 분야 적용을 검토해 볼 수 있는데, 「(가칭)문화환경취약지역 패키지 지원사업」으로 이러한 접근법을 명확히 보여 준다. 「인구감소지역 맞춤형 패키지 지원」경우 개별지원에서 나아가 주거(지역활력타운), 일자리(시군구 연고 사업 육성사업), 생활환경(지역상권 활성화 지원) 등을 묶어서 다양한 지자체, 민간과의 연계를 통해 시너지 효과를 높일 수 있다. 이러한 사업을 구체화한다면, 취약지역이 스스로 성장 계획을 수립하고, 중앙정부와 광역지자체가 협력하여 최대 5년간 연속적으로 공간·

인력·프로그램을 통합 지원하는 형태가 가능할 수 있다. 이는 단기적이고 파편적인 지원에서 벗어나, 지역이 스스로 문화 생태계를 구축하고 자생력을 갖추도록 돕는다는 점에서 기존 정책과 차별화될 수 있다.

실제로 이러한 노력이 가시화될 경우, 폐공간을 문화공간으로 활용, 지역 특색을 살린 각종 축제·행사 개최라던지, 청년 예술인·소상공인 지원, 지역 공동체 활동 강화 등이 가능할 것이며, 공공도서관 등 생활밀착형 문화 예술 공간의 적극 활용 등의 유기적인 연계와 확대 등도 더 활발해질 것이다. '천 원의 일상 문화 티켓', '문화를 담은 산업단지' 등 정부 지원사업 확대도 이러한 맥락에서 연결될 수 있다.

이러한 정책 패러다임의 전환은 지원 방식의 구체적인 메커니즘 변화를 동반한다(〈그림 8-1〉 참조). 한국문화예술교육진흥원의 『취약계층 문화예술교육 지원사업 개선계획(안)』은 기존의 '진흥원/협회 매칭-파견 방식'에서 '시설-강사간 상호선택 방식'으로 전환하고, 이를 지원하기 위한 온라인 통합 플랫폼을 구축하는 계획을 제시하고 있는데, 눈여겨볼 만하다. 이는 중앙의 공급자적 관점에서 벗어나, 현장의 수요자가 직접 프로그램을 선택하고 자율적으

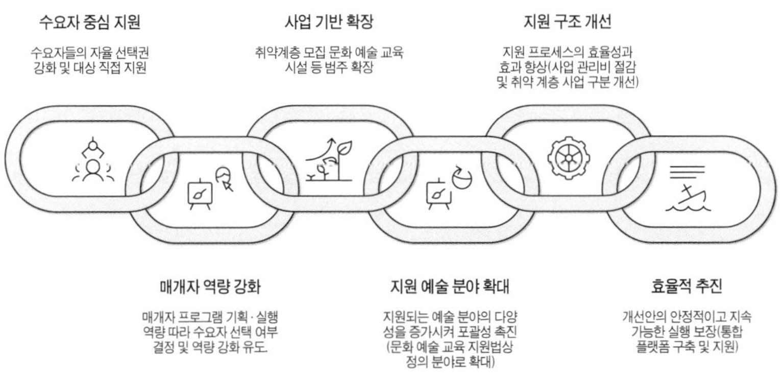

〈그림 8-1〉 취약계층 문화예술교육 지원사업 추진체계 개선 방향

로 운영할 수 있도록 권한을 이양하는 중요한 변화이다. 이러한 수요자 중심의 시장형 지원체계는 매개자(강사, 단체) 간의 건전한 경쟁을 유도하여 프로그램의 질을 높이고, 궁극적으로 지역의 문화 역량을 강화하는 효과를 가져올 수 있다.

결론적으로, 문화환경 취약지역 지원 정책은 단편적인 하드웨어 구축이나 시혜성 프로그램 제공을 넘어, 지역의 자생적 문화 생태계 조성을 목표로 하는 통합적이고 장기적인 관점으로 진화하고 있다. 패키지 지원과 수요자 중심의 플랫폼 구축은 이러한 변화를 이끄는 핵심적인 전략이라 할 수 있다.

대안으로서의 문화도시 사업 분석

문화환경 취약지역 지원 정책의 또 다른 중요한 축은 문화도시(Cultural City) 사업이며, 유기적인 연계가 필수적인 상황이다. 문화도시 조성 사업은 지역별 특색 있는 문화자원을 효과적으로 활용하여 도시 브랜드를 창출하고, 문화를 통한 지속가능한 지역 발전을 이루는 것을 목표로 한다. 이는 단순히 문화시설을 짓거나 문화 행사를 개최하는 것을 넘어, '문화적 관점'을 도시의 정책과 발전 전략 전반에 통합시키려는 시도이다.

문화도시 사업과 문화환경 취약지역 지원 사업은 종종 유사한 것으로 인식되지만, 그 대상과 목표에서 명확한 차이를 보인다. 문화체육관광부 사업을 고려해 보면, 이를 〈2트랙(Two-track)〉 지원 전략으로 설명할 수 있을 것이다.

• 문화도시 사업: 어느 정도 문화적 역량과 기반을 갖춘 도시를 대상으로, 광역권 내 문화발전을 선도하는 '선도도시'로 육성하는 것을 목표로 한다. 3년간 최대 200억 원(국비-지방비 1:1 매칭)을 지원하며, 지역 내 문화 생태계의

 뉴노멀 시대 문화도시와 로컬의 힘

고도화와 확산을 지향한다.

- 문화환경 취약지역 패키지 지원사업: 문화적 기반이 약하고 자력 성장이 어려운 지역을 대상으로, 문화적 자생력을 키우고 지속가능한 성장의 '기반'을 마련해 주는 것을 목표로 한다. 5년간 최대 140억 원(국비-지방비 7:3 매칭)을 지원하며, 생태계 조성을 위한 기초적인 토대를 다지는 데 집중한다.

관련하여 대한민국 문화도시는 "광역형 선도도시 육성을 통해 문화로 지역발전을 견인한다"는 목적성이 강한 반면, 문화환경 취약지역 지원사업은 "문화환경 취약지역의 지원을 통해 주민주도의 지역성장을 도모한다"는 측면에서 특성과 방향성이 다르다고 할 수 있다. 또한, 2025년 기준 대한민국 문화도시 경우 기초지자체가 주도하고, 광역 내 연계를 도모하는 한편, 문화환경 취약지역의 경우 자체적인 성장이 어려운 탓에 광역지자체가 주도하며, 네트워킹과 컨설팅, 평가 등을 담당하며, 기초지자체는 실행을 통한 역할분담이 유기적으로 이루어져야 하는 측면에서 차이가 난다고 할 수 있다.

이러한 '2트랙' 전략은 지역의 발전 단계와 문화적 역량 수준에 따라 맞춤형 지원을 제공한다는 점에서 합리적이다. 잠재력이 있는 도시는 도약할 수 있도록 지원하고, 기반이 약한 지역은 넘어지지 않도록 부축해 주는 성장 사다리를 구축하는 것이다. 이를 위해 장기적으로는 문화환경 취약지역이 자족적인 문화도시로 완성되어 갈 수 있는 것이다.

이와 같은 지역별 차이를 보다 체계적으로 분석하고 맞춤형으로 적용하기 위해 이병민(2021)이 제시한 '지역문화의 수요와 공급수준 유형화 매트릭스'는 매우 유용한 분석틀을 제공할 수 있다(〈그림 8-2〉 참조). 이 모델은 지역을 문화적 공급 수준(인프라, 정책지원 등)과 문화적 수요 수준(주민 참여, 활동 등)을 두 축으로 하여 네 가지 유형으로 분류한다.

• [A] 낮은 문화공급과 높은 문화적 수요(문화공급 개선요구지역): 주민들의 문화적 열의는 높으나 인프라와 정책 지원이 부족한 지역이다. 이런 지역은 정책 지원의 효과가 즉각적으로 나타날 수 있는 잠재력이 큰 곳으로, 인프라 확충 등 공급 측면을 강화하는 패키지 지원이 효과적이다.

• [B] 높은 문화공급과 높은 문화적 수요(문화적 활력도 높은 지역): 공급과 수요가 선순환하며 문화적 활력이 높은 지역이다. 이미 문화도시로 지정되어 자생적 성장 기반을 갖춘 곳들이 여기에 해당한다. 이들 지역에는 지속가능성을 담보하고, 창출된 성과를 주변 지역으로 확산시키는 고도화된 지원이 필요하다.

• [C] 높은 문화공급과 낮은 문화적 수요(문화수요 창출 필요지역): 문화시설 등 인프라는 잘 갖추어져 있으나, 주민들의 참여와 활동이 저조한 지역이다. 역사적 자산은 풍부하지만 시민들의 자발적 문화 활동이 상대적으로 부족한 지역들이 해당될 수 있다. 이들 지역은 시설 건립보다는 주민들의 문화역량을 강화하고, 사회적 자본을 형성하기 위한 교육 및 프로그램 지원이 우선되어야 한다.

• [D] 낮은 문화공급과 낮은 문화적 수요(기본적 역량강화 필요 지역): 공급과 수요 모두 취약한 전형적인 문화환경 취약지역이다. 대부분의 인구소멸위기 지역이 여기에 해당하며, 문화적 개입에 앞서 기본적인 생활 인프라 개선과 함께, 주민들의 문화에 대한 관심을 제고하고 공동체를 회복하기 위한 기초적인 생태계 조성이 시급하다.

이처럼 지역의 유형을 세분화하여 진단하는 것은 획일적인 정책 처방의 오류를 막고, 각 지역의 특성과 필요에 맞는 맞춤형 지원을 가능하게 한다. 문화도시 사업이 주로 B유형과 A유형의 잠재력 있는 지역을 대상으로 한다면, 패

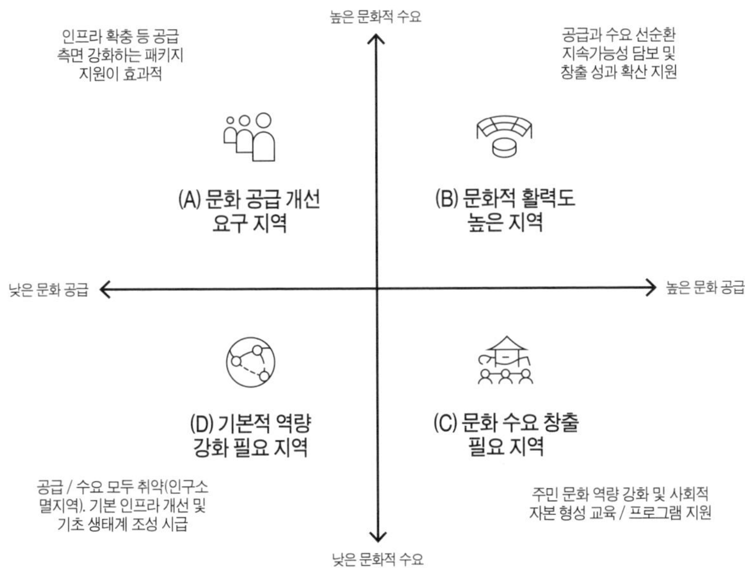

〈그림 8-2〉 지역문화의 수요와 공급수준 유형화 매트릭스

출처: 이병민, 2021 재구성

키지 지원사업은 맞춤형 지원을 통해 지역이 스스로 발전할 수 있도록 돕는 역할을 수행해야 할 것이다.

나오는 글

인구감소 및 지방소멸 위기의 시대 문화를 통한 지역균형발전의 가능성 찾기

인구소멸시대에 문화환경 취약지역의 문제를 해결하기 위한 정책은 단기적인 성과에 집착하는 분절적 사업의 나열을 넘어서야 한다. 지역이 스스로의 힘으로 지속가능한 문화 생태계를 만들어 갈 수 있도록 장기적인 관점에서 체계적으로 접근해야 한다. 앞선 분석을 바탕으로, 문화적 가치를 통해 지역의 혁신과 발전을 이끌기 위한 종합적인 정책 방향을 다음과 같이 제언한다(〈그림 8-3〉 참조).

첫째, 주민 중심의 거버넌스 체계 구축 및 자생력 확보가 중요하다. 모든 정책의 출발점은 지역 주민이어야 한다. 중앙정부나 지자체가 주도하는 하향식(Top-Down) 사업은 주민들을 수동적인 수혜자로 만들고, 사업이 끝나면 동력을 잃기 쉽다. 따라서 정책 설계 단계부터 주민들이 참여하여 지역의 비전과 과제를 스스로 설정하고, 사업 실행 과정에서 주도적인 역할을 수행할 수 있는 거버넌스 구조를 만드는 것이 무엇보다 중요하다.

- 주민 주도 계획 수립 지원: '패키지 지원사업'처럼, 지역이 스스로 중장기 발전 계획을 수립하도록 하고(예비단계), 행정은 이를 지원하고 촉진하는 '퍼실리테이터'의 역할을 수행해야 한다.
- 중간지원조직 육성: 지역문화재단, 문화도시센터 등 행정과 주민, 전문가를 잇는 중간지원조직의 역할이 중요하다. 이들의 독립성과 전문성을 보장하고, 안정적으로 활동할 수 있는 기반을 마련해 주어야 한다.
- 상향식(Bottom-Up) 공모사업 확대: 주민이나 지역 동아리가 직접 아이디어를 제안하고 실행하는 소규모·자율형 공모사업을 확대하여 생활문화 기반을 다지고, 성공 경험을 축적할 기회를 제공해야 한다.

둘째, 수요와 공급을 함께 고려한 균형적 지원체계 마련이 필요하다. 지역의 유형과 발전 단계에 따라 필요한 지원은 다르다(〈그림 8-2〉 참조). 문화적 기

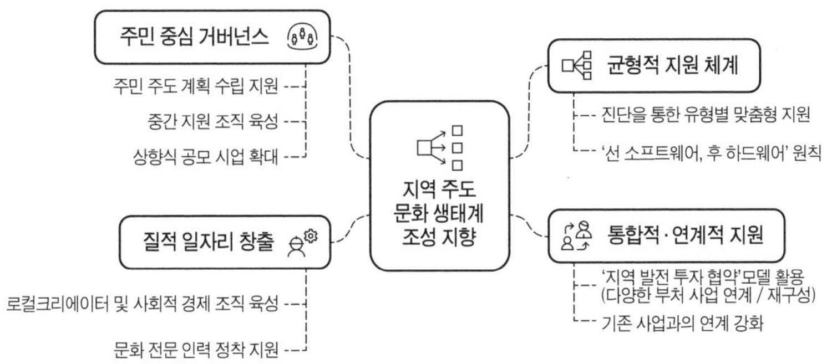

〈그림 8-3〉 문화환경 취약지역 지원정책 모델(안)

반이 충분한 지역에 대규모 시설을 짓는 것은 낭비일 수 있으며, 반대로 주민 수요가 낮은 지역에 시혜성 프로그램을 반복하는 것은 비효율적이다.

- 진단을 통한 맞춤형 지원: 문화활력지수 등 객관적 지표와 주민 의견 수렴 등 정성적 진단을 통해 각 지역이 어떤 유형에 속하는지 면밀히 분석하고, 그에 맞는 정책 포트폴리오(시설, 인력, 프로그램의 조합)를 처방해야 한다.
- '선(先) 소프트웨어, 후(後) 하드웨어' 원칙: 특히 초기 단계의 취약지역에는 시설 건립과 같은 하드웨어 투자보다, 주민 역량강화, 리더 양성, 공동체 활성화 등 소프트웨어와 휴먼웨어에 대한 투자를 우선적으로 고려해야 한다. 지역 주민 대상 관련 수요조사에서도 '문화인력 지원'(31.75%)과 '문화향유 프로그램 지원'(30.16%)에 대한 요구가 '문화시설 건립'(14.29%)보다 훨씬 높게 나타났다(문화체육관광부, 2020).

셋째, 부처 간 칸막이를 넘는 통합적·연계적 지원이 이루어져야 한다. 문화환경 취약지역의 문제는 문화 영역에만 국한되지 않는다. 주거, 복지, 교통, 산업 등 다양한 분야가 복합적으로 얽혀 있다. 따라서 문화체육관광부의 사업만으로는 근본적인 해결이 어렵다.

- '지역발전투자협약' 모델 활용: 국토교통부, 행정안전부, 농림축산식품부 등 관련 부처의 사업들을 지역의 비전 아래 하나의 '묶음 사업'으로 재구성하여 시너지를 창출해야 한다. 예를 들어, 지방소멸대응기금으로 유휴 공간을 리모델링하고(행안부), 그 공간을 문화예술 프로그램으로 채우며(문체부), 지역 청년들이 이를 기반으로 로컬크리에이터로 성장하도록 지원하는(중기부) 방식의 협업이 필요하다.
- 기존 사업과의 연계 강화: '문화도시', '생활SOC', '도시재생 뉴딜', '농촌 신활력 플러스' 등 기존의 대규모 사업들과 문화환경 취약지역 지원 사업을 체계적으로 연계하여, 취약지역이 성장 단계에 따라 다음 단계의 지원을 받을 수 있는 '정책 사다리'를 구축해야 한다.

넷째, 실질적인 지역 정착을 위한 질 높은 일자리 창출이 이루어져야 한다. 문화가 지역에서 지속가능하기 위해서는 그것이 주민들의 삶, 즉 일자리와 소득으로 연결되어야 한다. 문화 활동이 단순한 취미를 넘어 지역 경제에 기여하는 선순환 구조를 만들어야 한다.

- 로컬크리에이터 및 사회적경제조직 육성: 지역의 문화자원을 기반으로 새로운 사업 모델을 만드는 로컬크리에이터와 사회적경제조직(마을기업, 협동조합 등)을 집중적으로 육성해야 한다. 창업 공간, 컨설팅, 초기 사업비 등을 패키지로 지원하고, 이들이 지역 문화 생태계의 핵심 주체로 성장하도록 도와야 한다.

• 문화 전문인력 정착 지원: 문화기획자, 예술가 등 전문인력이 취약지역에 정착할 수 있도록 안정적인 활동비와 주거, 창작 공간 등을 지원하는 정책이 필요하다. 이는 지역의 문화적 역량을 단기간에 끌어올릴 수 있는 효과적인 방법이다.

결론적으로 인구소멸 시대의 문화환경 취약지역 정책은 '결핍을 채우는' 복지적 관점을 넘어, '고유성을 키우는' 발전적 관점으로 나아가야 한다. 이는 지역의 자산을 재발견하고, 주민들의 창의성을 동력으로 삼아, 문화적 자생력을 갖춘 매력적인 장소로 거듭나도록 돕는 과정이다. 이 길은 더디고 긴 시간이 필요하지만, 지역이 소멸의 위기를 넘어 지속가능한 미래를 여는 유일한 길이 될 것이다.

○ 토론 주제

1. 생활인구와 지역문화 정책: 생활인구(관계인구) 개념이 확산되면서, 지역문화 정책의 목표와 대상도 변화해야 한다는 주장이 제기되고 있다. 정주인구뿐만 아니라 생활인구를 포용하고 지역 활력의 주체로 만들기 위해, 기존의 문화 정책(예: 문화시설 운영, 축제 기획 등)은 어떻게 변화해야 할까? 생활인구 유치를 위한 성공적인 문화콘텐츠 전략은 무엇일까?

2. 정책의 균형과 우선순위: 본문에서는 지역을 문화적 공급과 수요 수준에 따라 4가지 유형으로 분류하고, 각기 다른 정책적 접근이 필요함을 논의했다. 당신이 정책 결정자라면, 한정된 예산과 자원을 가지고 [A], [C], [D] 유형의 지역 중 어느 유형에 우선적으로 투자하겠는가? 그 이유는 무엇이며, 각 유형별로 가장 시급하게 추진해야 할 사업은 무엇이라고 생각하는가?

3. 문화와 지역경제의 선순환: 문화가 지역소멸 위기 극복의 대안이 되기 위
해서는 문화 활동이 일자리 창출과 소득 증대 등 경제적 효과로 이어져야
한다는 주장이 있다. 문화적 가치를 훼손하지 않으면서, 지역의 문화자산을
경제적 자산으로 전환할 수 있는 구체적인 방안은 무엇일까? 이 과정에서
발생할 수 있는 젠트리피케이션 등의 부작용을 최소화하기 위한 정책적 장
치는 무엇이 있을까?

· 참고문헌 ·

국내문헌

경제인문사회연구회. (2022). 지방소멸 시대의 인구감소 위기 극복방안: 지역경제 선순환
메커니즘을 중심으로.
관계부처 합동. (2024). 인구감소지역 맞춤형 패키지 지원」 추진방안 (2024.8.21.).
국토교통부. (2019). 성장촉진지역 재지정 및 낙후지역 지원체계 개선방안 마련을 위한 연
구.
국토연구원. (2020). "국토용어사전" https://www.krihs.re.kr/krihsLibraryDictionary/
bbsList.es?mid=a10702040000
국회예산정책처. (2024). 인구감소지역 지원사업평가.
김민경. (2024.11) 지역소멸 위기에 대응하기 위한 지역문화예술정책의 현재와 과제. 한
국문화예술위원회 웹진『A Square』, 13. https://thearts.arko.or.kr/asquare/
search/131
류광수. (2012). "도시사회구조분석의 역사적 인식을 통한 새로운 도시사회연구의 흐름에
관한 이론적 고찰",『지역발전연구』, 21(2),199−230.
문화체육관광부. (2019). 2017년 기준 지역문화실태조사.
문화체육관광부. (2020). 문화취약지역 기준 개발 및 지원방안 연구.
문화체육관광부. (2025a). 2023년 기준 지역문화실태조사 및 분석 연구 .
문화체육관광부. (2025b). 문화환경 취약지역 패키지 지원사업 관련 내부자료.
박태선·이미영·한우선. (2015). 지역 간 문화격차 실태 및 개선방안.『국토정책 Brief』,
503. 국토연구원.

이병민. (2021). "문화환경 취약지역 지원을 위한 기준 설정 및 정책 모델화". 『대한지리학회지』, 56(6), 623-638.

이상호. (2018). "한국의 지방소멸 2018: 2013~2018년까지의 추이와 비수도권 인구이동을 중심으로", 한국고용정보원 『고용동향 브리프』 (2018년 7월).

조용순. (2020). "「지역문화진흥법」에서의 문화환경 취약지역 관련 규정 개정방향에 대한 고찰". 『법학논총』, 27(3), 89-116.

지방시대위원회. (2016). 균형발전 정보시스템 "정책용어사전". https://www.nabis.go.kr

『지역문화진흥법』 및 『지역문화진흥법 시행령』.

한국문화예술교육진흥원. (2022). 취약계층 문화예술교육 지원사업 개선계획(안).

한국문화예술위원회. (2024.4.18.). "2024 소멸위기 대응 문화적 지역활성화사업 최종선정 결과 발표". https://www.arko.or.kr/board/view/4053?cid=1807929

국외문헌

Oh, J., Li, M.,& Jung, J. (2024). "Response to shrinking cities: Cultural urban regeneration". *Cities*, 155(10), 1-14.

Parkinson, A., Engeli, A., Marshall, T., Burgess, A., Gallagher, P., & Lang, M.(2019). *The value of arts and culture in place-shaping*. Wavehill, Social and Economic Research.

Santamaria, G. C. (2020). "The Fading Away of the Bilbao Effect: Bilbao, Denver, Helsinki, Abu Dhabi". *Athens Journal of Architecture*, 6(1), 25-52.

제9장

창조도시 혹은 문화도시의 그늘: 비판적 성찰

들어가는 글

최근의 도시발전 담론들을 살펴보기에 앞서

21세기에 접어들며 세계의 도시들은 새로운 전환기를 맞이했다. 산업 시대의 성장 동력이었던 제조업이 쇠퇴하고 지식과 정보, 그리고 인간의 '창조성'이 새로운 가치의 원천으로 부상하면서 도시 발전의 패러다임 역시 근본적인 변화를 요구받게 되었다. 과거 도시 정책이 인프라 구축이나 기간산업 유치와 같은 하드웨어 중심의 양적 팽창에 초점을 맞추었다면, 이제는 문화, 예술, 디자인과 같은 소프트웨어와 이를 추동하는 인적 자본의 질적 성장이 도시 경쟁력의 핵심 요소로 인식되고 있다.

이러한 시대적 흐름 속에서 '창조도시(Creative City)'와 '문화도시(Cultural City)'는 낡은 도시 발전 모델을 대체할 유력한 대안으로 급부상했다. 창조도시와 문화도시 담론은 쇠락한 산업도시에 새로운 활력을 불어넣고, 도시 고유의 정체성을 강화하며, 시민들의 삶의 질을 향상시키는 매력적인 비전을 제시했다. 특히 대규모 공장이나 자본 없이도 지역의 문화 자산과 인재를 통해 지속 가능한 발전을 이룰 수 있다는 가능성은 많은 도시, 특히 성장의 한계에 부딪힌 중소도시들에게 새로운 희망을 안겨주었다. 그 결과 세계의 수많은 도시가 앞다투어 창조도시나 문화도시를 선언하며 문화시설을 건립하고, 축제를 개최하고, 창의적인 인재를 유치하기 위한 경쟁에 뛰어들었다.

하지만 지난 20여 년간의 실험은 장밋빛 전망 이면에 드리워진 어두운 그림자 또한 드러냈다. 리처드 플로리다(Richard Florida)가 주창한 '창조 계급(Creative Class)' 중심의 발전 전략은 도시 내 계층 간 불평등을 심화시키고, 치솟는 부동산 가격으로 원주민과 예술가들을 내모는 젠트리피케이션(Gentrification) 현상을 야기한다는 비판에 직면했다(플로리다, 2023). 또한 문화가 경제 성장을 위한 '도구'로 전락하면서, 문화의 본질적 가치는 훼손되고 대규모 이벤트와 상징적인 건축물 건립에 치중하는 전시성 정책이 남발되기도 했다. 문화에 대한 투자가 반드시 경제적 성장으로 이어진다는 명제 역시 실증적으로는 명확히 입증되지 않았으며, 오히려 재정 악화로 이어진 사례도 보고되고 있다.

이러한 문제의식 속에서 본 장은 창조도시와 문화도시 담론을 비판적으로 성찰하고, 한국적 맥락에서 지속 가능한 문화도시를 조성하기 위한 과제와 방향성을 모색하는 것을 목표로 한다. 이를 위해 먼저 창조도시론의 이론적 배경과 주요 흐름을 살펴보고, 리처드 플로리다를 중심으로 한 핵심 개념들을 정의할 것이다. 다음으로, 창조도시 및 문화도시 정책이 실제 도시 공간에서 드러내는 문제점들을 창조 계급과 사회적 불평등, 문화의 도구화와 경제적 효과의 허상, 서구 이론의 보편적 적용 가능성이라는 세 가지 쟁점을 중심으로 심층 분석한다. 이 과정에서 유럽과 한국의 문화도시 사례를 비교하며, 문화적 배경의 차이가 정책의 결과에 미치는 영향을 고찰한다. 마지막으로, 이러한 비판적 성찰을 바탕으로 경제적 가치를 넘어 사회적 포용과 시민의 문화적 권리를 보장하는 대안적 문화도시의 방향성을 제시하고 이를 실현하기 위한 구체적인 과제들을 논의하고자 한다.

1. 창조도시 담론의 형성과 전개

창조도시 담론의 인문학적 기원

창조도시라는 개념이 21세기 도시 정책의 핵심 화두로 떠오르기까지, 그 이론적 뿌리는 20세기 중반 도시의 본질을 인문학적 시선으로 성찰했던 사상가들로부터 찾아볼 수 있다. 이들은 산업화와 근대 도시계획이 가져온 획일성과 비인간성을 비판하며, 도시의 활력과 다양성의 원천으로서 문화와 인간의 창조적 활동에 주목했다.

현대적 의미의 창조도시 논의는 제인 제이콥스(Jane Jacobs)로부터 시작되었다고 해도 과언이 아니다. 제이콥스는 『미국 대도시의 죽음과 삶(The Death and Life of Great American Cities)』(1961)에서 거대하고 획일적인 도시 재개발 계획을 비판하며, 오래된 건물과 작은 블록, 다양한 용도의 혼합, 적정한 인구 밀도가 어우러진 거리에서 발현되는 도시의 자생적 질서와 역동성을 역설했다. 그녀에게 도시는 단순한 기능적 공간이 아니라, 다양한 사람들이 교류하며 새로운 아이디어와 관계를 만들어 내는 '창조성의 용광로'였다(제이콥스, 2010). 제이콥스의 도시에 대한 철학과 사상은 이후 찰스 랜드리(Charles Landry)와 리처드 플로리다(Richard Florida)와 같은 후대의 창조도시 이론가들에게 큰 영향을 미쳤다.

하지만 1990년대 이후 본격화된 창조도시 담론은 제이콥스의 인문학적 성찰과는 다른 배경 속에서 부상했다. 여기에는 포스트포디즘(Post-Fordism)으로의 산업구조 재편, 금융의 세계화, 그리고 시민들의 정책적 요구 증대라는 세 가지 거시적 변화가 자리하고 있었는데 이에 대해 종합적으로 살펴보면 다음과 같다.

첫째, 포디즘적 대량생산 체제가 한계에 부딪히면서 하드웨어 중심의 제조업에서 소프트웨어와 콘텐츠를 생산하는 지식기반 경제로 패러다임이 전환되었다. 이 과정에서 가치의 원천은 자본과 노동에서 인간의 창의성, 즉 '휴먼웨어(Human-Ware)'로 이동했으며, 이를 기반으로 하는 창조산업이 새로운 성장 동력으로 주목받게 되었다.

둘째, 1990년대 이후 금융 자본이 세계적으로 빠르게 이동하면서, 고위험 고수익(High Risk, High Return)이 가능한 영화, 미디어, 예술 등 문화산업에 대한 대규모 투자가 이루어졌다. 자본을 유치하기 위한 도시 간 경쟁이 치열해지면서, 도시의 매력도를 높이기 위한 문화 인프라 개선과 도시 혁신이 활발하게 일어났다.

셋째, 민주주의의 심화와 네트워크 기술의 발달은 시민들의 다양한 욕구를 정치·사회적 의제로 표출시켰다. 시민들은 더 이상 획일적인 도시 환경에 만족하지 않고, 삶의 질을 높이고 다양한 문화적 경험을 할 수 있는 도시를 요구하기 시작했다. 이에 부응하여 각 도시들은 시민의 창의성을 도시 정책에 반영하고, '좋은 도시(Good City)'를 만들기 위한 노력의 일환으로 창조도시를 지향하게 되었다(Amin, 2006).

창조도시 대표 이론: 랜드리, 플로리다, 사사키

이러한 시대적 배경 속에서 창조도시를 구체적인 도시 발전 전략으로 이론화한 대표적인 학자는 앞에서도 잠깐씩 소개된 바 있는 찰스 랜드리, 리처드 플로리다, 그리고 사사키 마사유키이다. 이들은 각기 다른 관점에서 창조도시를 조망했지만, 공통적으로 도시의 창조적 잠재력을 이끌어 내는 환경의 중요성을 강조했다.

도시계획가인 찰스 랜드리는 쇠락한 유럽의 산업도시들이 정체성을 되찾고 재생하기 위한 방법론으로서 창조도시 개념을 제시했다. 그에게 창조성이란 특정 엘리트 계층의 전유물이 아니라 도시가 당면한 문제들을 해결하기 위해 상상력을 발휘하고 계획하고 행동하는 총체적인 과정이었다. 그는 창조적 아이디어를 내고 이를 실현할 수 있는 유연하고 개방적인 환경, 즉 '창의적 환경(Creative Milieu)'[1]을 조성하는 것이 중요하다고 보았다. 창의적 환경은 단순히 문화시설과 같은 하드웨어뿐만 아니라, 사람들의 상호작용을 촉진하는 네트워크, 협력적인 조직문화, 리더십, 지역 정체성과 같은 소프트웨어적 인프라를 포괄하는 개념이다. 랜드리는 도시의 고유한 문화유산과 전통을 창의적으로 재해석하고, 관료주의와 같은 장애물을 제거하여 시민 누구나 창조적 활동에 참여할 수 있는 도시를 이상적인 창조도시로 보았다(Landry, 2012).

반면, 경제학자인 리처드 플로리다는 도시 경제 성장의 핵심 동력으로서 특정 인적 자본 집단에 주목했다. 그는 자신의 저서 『창조적 계급의 부상(The

---

1) 앞에서 언급된 바와 같이 창의적 환경(Creative Milieu)은 창조 생태계에서 중요한 요소로, 물리적인 인프라(하드웨어)와 사회·문화적 관계망(소프트웨어)이 결합된 총체적인 도시 환경을 의미한다. 하드웨어 인프라는 문화시설, 연구기관, 교육시설 등을, 소프트웨어 인프라는 사람들 간의 상호작용, 네트워크, 협력 시스템 등을 포함한다. 찰스 랜드리는 이러한 창의적 환경이 도시의 잠재력을 이끌어 내는 핵심적인 정책 도구라고 보았다.

뉴노멀 시대 문화도시와 로컬의 힘

Rise of the Creative Class)』(2002)에서 과학자, 예술가, 디자이너, 엔지니어 등 "의미 있는 새로운 양식을 창조하는 일에 종사하는" 사람들을 '창조 계급(Creative Class)[2]으로 명명하고, 이들이 도시의 경제적 번영을 이끈다고 주장했다. 그의 핵심 논리는 "사람이 일자리를 따라가는 것이 아니라, 일자리가 사람을 따라간다(Jobs follow people, not the other way around)"는 말로 요약된다. 즉, 창조 계급이 살고 싶어 하는 매력적인 장소를 만들면, 이들을 고용하려는 기업들이 자연스럽게 모여들어 도시 전체가 성장한다는 것이다. 플로리다는 창조 계급을 유인하는 도시의 조건으로 '3T', 즉 기술(Technology), 인재(Talent), 관용(Tolerance)을 제시했다. 특히 그는 다양한 인종, 이질적인 문화, 성 소수자 등에 대한 사회적 관용성이 높은 도시일수록 창의적인 인재들이 모여들고 경제적으로도 성공할 확률이 높다고 주장하며, '게이 지수(Gay Index)'나 '보헤미안 지수(Bohemian Index)'와 같은 파격적인 지표를 제시하여 큰 반향을 불러일으켰다. 이후 그는 '장소의 질(Quality of Place)'을 강조하며 네 번째 T인 '지역 자산(Territorial Assets)'을 추가했다. 이는 단순히 삶의 질을 넘어, 도시가 지닌 고유한 역사, 문화, 자연환경 등 그 장소만의 독특한 매력과 진정성(Authenticity)이 창조적 인재를 유인하는 데 결정적인 역할을 한다는 점을 인정한 것이다(Morgan, 2012).

사사키 마사유키는 제이콥스와 랜드리의 관점을 종합하여, 인간이 자유롭게 창조적 활동을 영위함으로써 풍부한 문화와 산업을 창출하고, 동시에 탈대량생산 시대에 걸맞은 유연하고 혁신적인 경제 시스템을 갖춘 도시를 창조도시로 정의했다. 그는 지역의 자원을 재발견하고 끊임없는 구조조정을 통해 도

---

2) 창조 계급(Creative Class): 리처드 플로리다가 제시한 개념으로, 과학자, 기술자, 예술가, 디자이너, 건축가 등 창의성을 핵심 업무 역량으로 하는 지식 노동자 집단을 의미한다. 그는 이들이 도시 경제 성장의 핵심 동력이라고 주장하며, 이들을 유치하는 것이 도시 경쟁력의 관건이라고 보았다.

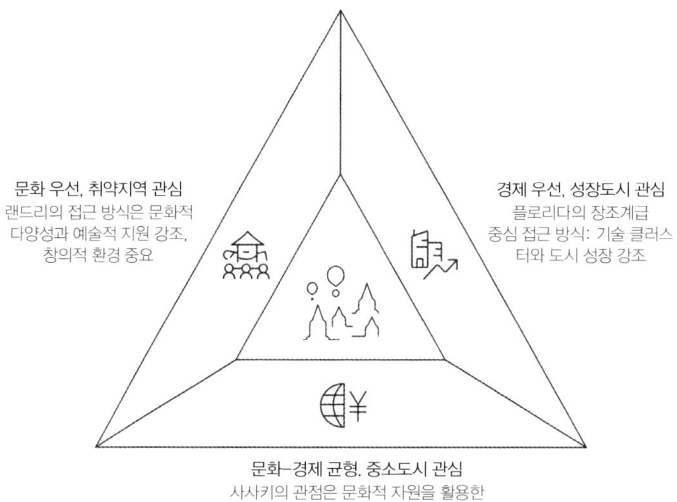

〈그림 9-1〉 3가지 창조도시론에서 나타나는 초점과 접근에 대한 삼각형 구도

출처: 한상진, 2008 재구성

시의 정체성을 확보하며, 이를 다양한 분야와 연계하여 지속 가능한 발전을 추구하는 내발적 발전 모델을 강조했다(사사키, 2004).

이 세 학자의 이론은 추구하는 목표와 강조점에 따라 다음의 〈그림 9-1〉과 같이 삼각형 구도로 비교해 볼 수 있으며, 각각에 대한 주요 내용은 〈표 9-1〉에서 확인할 수 있다. 이를 살펴보면 플로리다가 대도시의 경제 성장을 목표로 '창조 계급'에 초점을 맞춘다면, 랜드리는 쇠락한 유럽 도시의 문화적 재생을 위해 '창의적 환경'을 강조한다. 반면 사사키는 중소도시의 문화와 경제의 동시 발전을 목표로 '창조 산업'의 역할을 중시하는 중도적 입장을 취한다.

또, 2010년에 언급된 앤 마르쿠센 등의 문화 기반 창조도시론은 다양한 종류의 숙련인력과 창조산업을 뒷받침할 수 있는 관련 산업의 존재가 중요함을 지적하고 있다. 이때 마르쿠센의 논의는 대량생산에 기반한 수출 지향적 경제보다는 내수를 위한 수입 대체 문화산업의 중요성을 지적하고, 예술과 장인의

<표 9-1> 3가지 창조도시론에 대한 이론적 주요 내용 비교

구분	찰스 랜드리 (Charles Landry)	리처드 플로리다 (Richard Florida)	사사키 마사유키 (Sasaki Masayuki)
핵심 초점	창의적 환경 (Creative Milieu)	창조 계급 (Creative Class)	창조 산업 (Creative Industries)
주요 목표	도시 재생, 문제 해결	경제 성장, 도시 경쟁력	내발적 발전, 도시 정체성
대상 도시 유형	쇠퇴한 후기 산업도시	성장하는 경쟁 도시	중소도시
핵심 전략	총체적 '창의적 환경' 조성	'창조 계급' 유치를 위한 4T 전략	지역 문화와 산업 혁신의 연계
'창의성'에 대한 관점	모든 시민에게 내재된 과정	엘리트 계급이 소유한 자질	지역 자산에 내재된 자원
지리적 배경	유럽	북미	일본 / 아시아

역할을 중시하는 특성을 보인다. 마르쿠센의 논의는 창조적인 근로자 등 주민들의 참여를 강조한 최근의 '장소만들기(Placemaking)'에 까지 이르게 된다(Markusen and Gadwa, 2010).

'문화도시' 개념의 등장과 확장

창조도시 담론과 밀접하게 연관되면서도 독자적인 흐름을 형성한 것이 '문화도시(Cultural City)' 논의이다. 문화도시라는 용어가 정책적으로 처음 등장한 것은 1985년 유럽에서 시작된 '유럽 문화수도(European Capital of Culture, ECoC)' 프로그램이다. 냉전 시대에 분화 교류를 통해 유럽의 정체성을 강화하고 통합을 도모하자는 취지에서 시작된 이 프로그램은, 매년 한두 개 도시를 선정하여 1년간 집중적으로 문화예술 행사를 개최하도록 지원하는 사업이다. 초기에는 아테네, 피렌체 등 유서 깊은 역사 도시들이 선정되었으나, 1990년 스코틀랜드의 쇠락한 공업도시 글래스고(Glasgow)가 유럽 문화수도로 지정되어 성공적인 도시재생을 이룬 이후, 문화는 도시의 경제적, 사회적 문제를 해결하는 유력한 전략으로 인식되기 시작했다.

그러나 '문화도시'란 개념 자체는 창조도시보다 훨씬 다의적이고 모호한 측면이 있다. '문화'라는 단어가 지닌 복합적인 의미 때문이다. 정성훈(2012)은 문화 개념이 역사적으로 세 가지 속성을 띠어 왔다고 분석한다. 첫째는 야만이나 미개와 대비되는 '더 나은 상태'를 의미하는 '위계적 속성', 둘째는 각 사회 집단의 고유한 삶의 양식을 존중하는 '다원주의적 속성', 셋째는 경제나 정치와 구별되는 예술, 종교, 학문 등 '비물질적 영역을 지칭하는 속성'이다. 이러한 다의성으로 인해 문화도시 정책은 다양한 형태로 나타난다. 어떤 도시는 유네스코 세계문화유산 등재와 같은 역사·전통 보존을 중심으로 문화도시를 표방하고(역사전통 중심형), 어떤 도시는 미술관, 공연장 등 문화시설 확충과 예술 활동 지원에 집중한다(예술 중심형). 또 다른 도시는 시민들의 일상적인 문화 활동과 공동체 활성화를 목표로 삼거나(사회문화 중심형), 영화·게임·디자인과 같은 문화산업 육성을 통해 경제적 부가가치를 창출하는 데 주력하기도 한다(문화산업 중심형).

이처럼 문화도시와 창조도시는 상호 영향을 주고받으며 발전해 왔지만, 강조점에 있어서는 미묘한 차이를 보인다. 창조도시가 창의적 인재와 산업을 통한 '경제적 성장'과 혁신에 더 무게를 둔다면, 문화도시는 도시의 정체성, 시민의 문화적 삶의 질 향상, 공동체 회복과 같은 '사회·문화적 가치'를 보다 포괄적으로 지향하는 경향이 있다. 하지만 현실에서는 두 개념이 혼용되거나, 창조도시 전략이 문화도시라는 이름으로 포장되는 경우가 많아 명확한 구분이 쉽지 않다. 중요한 것은 두 담론 모두 문화를 도시 발전의 핵심 동력으로 인식하고 있다는 점이며, 이로 인해 전 세계 도시 정책에 거대한 '문화적 전환(Cultural Turn)'[3]을 가져왔다는 사실이다.

　　　뉴노멀 시대 문화도시와 로컬의 힘

2. 창조도시 혹은 문화도시 정책의 비판적 성찰, 이상과 현실의 괴리

'창조 계급'과 사회적 불평등의 심화

창조도시와 문화도시가 제시하는 비전은 매력적이지만, 그 정책적 실천 과정은 여러 비판과 한계에 부딪혔다. 특히 리처드 플로리다의 이론에 기반한 정책들은 단기간에 가시적인 성과를 보여 준다는 점에서 많은 도시 행정가들의 지지를 받았지만, 그 이면에는 심각한 사회적 부작용이 도사리고 있다는 점에서 비판을 받았다.

플로리다 이론의 가장 핵심적인 비판 지점은 '창조 계급'이라는 엘리트 집단에 초점을 맞춤으로써 도시 내 사회·경제적 양극화를 심화시킨다는 점이다. 창조도시 정책은 창조 계급이 선호하는 쾌적한 환경, 즉 고급 카페, 갤러리, 공원과 같은 소비 공간을 조성하는 데 공공 지출을 집중시키는 경향이 있다. 이러한 정책은 도시의 어메니티(Amenity)를 향상시켜 창의적 인재를 유치하는 데는 일부 성공할 수 있으나, 그 혜택은 소수의 고소득층에게 집중된다. 정작 이 혜택이 꼭 필요한 대다수 일반 시민들의 삶의 질 개선에는 무관한 경우가 많다.

더욱 심각한 문제는 젠트리피케이션이다. 창조도시 정책으로 특정 지역이 '힙'하고 매력적인 장소로 부상하면, 부동산 자본이 유입되고 임대료가 급격히 상승한다. 그 결과, 그 지역의 문화적 활력을 만들어냈던 주역인 가난한 예술가들과 소규모 자영업자, 그리고 저소득층 원주민들은 오히려 상승한 주거 및

---

3) 이에 대해서는 제11장에서 '산업과 문화의 융합' 논리와 함께 좀 더 자세히 설명하고자 한다.

생활 비용을 감당하지 못하고 다른 곳으로 밀려나게 된다. 결국 창조도시는 다양한 계층이 어우러져 사는 포용적인 공간이 아니라, 동질적인 중산층 이상이 점유하는 배타적인 공간으로 변질될 위험이 크다. 이러한 엘리트계층 중심의 정책은 경제·사회적인 양극화, 주택 부족, 지역 간 격차심화, 도시에서의 스트레스와 좌절감의 증가 등을 낳는다. 플로리다 스스로도 장기적으로는 인간 잠재력의 충분한 계발보다는 단기적인 경제성장에 치중하게 되어 지속가능한 발전을 담보하지 못할 수도 있다고 지적하고 있다(남기범, 2014). 이에 플로리다 자신도 후기에 이러한 비판을 일부 수용하며 자신의 이론이 의도치 않게 도시 불평등을 심화시키는 '신 도시 위기(The New Urban Crisis)'를 낳았음을 인정하기도 했다(플로리다, 2023).

최근 한국의 성수동에서 관찰되는 팝업스토어의 열풍 또한 이런 관점에서 보면, 다양한 사람들을 끌어모으며 산업 브랜드가 강했던 곳을 상업중심지로 탈바꿈시켰지만 사람과 기업이 몰리면서 부동산 가치와 임대료가 급등해 한편으로는 장기 거주자와 소상공인의 상황이 복잡해지는 양상도 함께 나타나고 있다. 적정한 시점이 아니면 경험할 수 없다는 점에서 젊은 창조적 세대에게 소구력 있는 콘텐츠로 기능하며, 공간의 이미지와 매력적인 이벤트를 통해 더 많은 사람을 끌어들일 수 있는 바이럴 효과를 낳는다. 하지만, 경관의 이미지가 고급화되고, 젠트리피케이션 현상이 심화되면서, 부동산 가치와 임대료가 상승하고, 그 결과 원래 거주민과 지역 상점들이 밀려나는 '둥지 내몰림' 현상이 나타나고 있다. 이러한 대체현상은 지역의 문화적 기반을 약화시켜, 한때 활기차던 지역 사회가 고급 상점들로만 채워진 상업 지역으로 변모할 위험성을 높이기도 한다(이병민, 2024)

이와 함께 '창조성'의 개념 자체에 대한 비판도 제기된다. 플로리다는 창조성을 특정 직업군(과학자, 예술가 등)에 종사하는 엘리트들의 전유물처럼 규정하지만, 창조성은 사회 모든 구성원에게 잠재되어 있으며, 다양한 사회적 관계망 속에서 발현되는 것이다. 또한, 정책실행 과정에서 많은 괴리가 발생할 가능성이 크다. 창조도시를 발전시키기 위해 창조계층들은 신자유주의적 기술경영을 바탕으로 혁신적인 아이디어와 창의적인 콘텐츠 창출에 많은 역량을 발휘할 것으로 기대되고 있지만, 오히려 실제 현대의 노동과정은 더욱 지적이고 정서적인 일반 시민의 인적 자원에 의존하고 있다(이병민 외 2022). 고차원의 문제 해결과 창조적인 직무들에 종사하는 엘리트 노동력이 대도시지역에서 빠르게 성장하고 있기는 하지만, 소위 '인지문화경제'4)에서의 창조성은 플로리다의 주장처럼 소수의 창조계급에서 계층을 따라 확산되는 것이 아니다. 창조성은 다양하게 구성된 유기적인 사회의 관계망에서 비롯된다고 알려져 있다. 이러한 구성은 도시 전반의 물적, 인적 기반을 토대로 장기적으로 형성되며 여전히 선진국의 대도시지역에서도 중요하게 인식되고 있다(Scott, 2008). 소수의 창조 계급만을 위한 정책은 도시 노동자 대다수의 창조적 잠재력을 발휘할 기회를 박탈하고, 도시 시스템 전체의 활력을 저해할 수 있다. 진정한 창조도시는 소수 엘리트를 위한 도시가 아니라, 모든 시민이 자신의 창의성을 발현하고 문화적 삶을 누릴 수 있도록 지적 수용력과 정치적 개방성, 협력적 태도를 강화하는 도시라 할 수 있다.

창조계층만을 염두에 두는 인프라의 확산은 도시공간에서 사적 영역의 팽창과 공적 영역의 약화를 가져올 수 있으며, 도시 노동자의 창조적 잠재력 발휘를 위한 도시 시스템 능력의 심각한 약화를 초래할 수 있다(Scott, 2006). 따

---

4) 인지문화경제(Cognitive-Cultural Economy): 후기 포드주의 시대의 새로운 경제 패러다임으로, 앨런 스콧(Allen Scott)에 의해 제시되었다. 전통적인 제조업과 달리 지식, 정보, 상징, 이미지, 미학과 같은 무형의 자산이 부가가치 창출의 핵심이 되는 경제를 의미한다. 이 경제 체제에서 노동 과정과 생산 양식의 변화는 도시화와 공간적 발전에 깊은 영향을 미치며, 창조산업의 성장을 촉진한다.

라서 문화산업도시, 창조도시 등의 새로운 형태의 성장기제에 의지하거나, 창조계급들만 많으면 도시가 빠르게 성장할 것이라는 환상에 사로잡혀서는 안 될 것이다(Malanga, 2004).

문화의 도구화와 경제적 효과의 허상

창조도시 담론의 확산은 문화가 지닌 본질적 가치보다는 경제적 효용성을 우선시하는 '문화의 도구주의(Instrumentalism)'를 만연시켰다. 문화는 시민의 삶을 풍요롭게 하고 공동체의 정체성을 형성하는 목적 그 자체가 아니라, 도시 마케팅, 관광객 유치, 부동산 가치 상승 등 경제적 목표를 달성하기 위한 수단으로 전락하기 쉽다. 이러한 창조도시 정책이 경제성장을 염두에 쾌적한 환경개선에 집중하게 된다면, 창조적 인재를 유치하기 위해 창조산업보다는 카페나 상점과 같은 소비공간이 발전하면서, 공공지출을 왜곡할 가능성도 크다고 할 수 있다(Oakley, 2009). 이러한 경향은 대규모의 화려한 문화 시설 건립 경쟁으로 이어진다. 스페인 빌바오의 구겐하임 미술관 성공 이후, 수많은 도시가 '빌바오 효과'를 꿈꾸며 유명 건축가가 설계한 랜드마크급 미술관이나 콘서트홀을 짓는 데 막대한 예산을 쏟아부었다. 하지만 이러한 플래그십(Flag-ship) 프로젝트들은 대부분 지역의 문화적 맥락이나 예술가들과는 무관하게 외부의 콘텐츠를 수입하는 형태로 운영되어, 지역 문화 생태계 발전에 실질적인 기여를 하지 못하는 경우가 많았다. 심지어는 특정 문화(예: 미국 문화)의 영향력을 확대하는 '문화 제국주의'의 첨병 역할을 한다는 비판을 받기도 한다.[5]

---

[5] 맥도날드화에서 파생된 일명 '맥구겐하임(McGuggenheim)화'라는 명칭아래 장소를 단일화하고 표준 건축기법들을 반복하며 일률성과 집중성을 증진시키는 거대문화 프로젝트의 경향에 대한 지적으로 나타나기도 한다(이은해, 2009에서 재인용).

더 나아가, 문화에 대한 투자가 약속하는 경제적 파급효과 자체가 과장되었거나 실현 가능성이 낮다는 실증 연구 결과들이 다수 존재한다. 유럽의 445개 도시에 대한 분석결과, 지역발전과 창조자본의 상관관계는 이중적인 모습을 보이고 있다. 지역발전의 특성을 이해하기 위해 창조계급과 창조도시에 대한 개념 이해가 도움이 될 수는 있지만, '인재환경'에 대한 설명은 '기업환경'에 대한 설명에 비해 과장되었다고 평가된다(Boschma & Fritsch, 2007). 문화·예술 분야는 본질적으로 노동집약적 특성을 지녀 생산성 향상에 한계가 있기 때문에(비용 질병, Cost Disease),[6] 시장 논리만으로는 지속되기 어려운 구조를 가지고 있다. 그럼에도 많은 지자체들이 장밋빛 경제효과 분석 보고서를 근거로 무리하게 문화 사업을 추진하지만, 그 결과가 기대에 미치지 못하는 경우가 허다하다.

또 실질적으로 창조계층이 많다고 해서 도시의 경제적 성장을 담보하지 못한다는 지적도 있다. 창조계층보다는 오히려 교육, 낮은 세금, 범죄감소, 주택개발 등이 사람들을 도시로 끌어들이는 더 중요한 유인요소라고 글레이저는 지적하고 있다(Glaeser, 2004). 독일의 경우를 살펴보면, 독일의 지속가능하고 혁신적인 도시나 지역혁신체계와 학습지역이 형성되어 있는 지역의 경우 창조계층의 비중이 크지 않아 창조계층과 혁신적인 도시와의 인과성이 크지 않다는 주장도 나타나고 있다(Kratke,2010).

유럽 190개 도시를 대상으로 한 연구 역시 '문화적 활력(Cultural Vibrancy)'과 '창조 경제(Creative Economy)' 성과 사이에 강한 상관관계가 없음을 보여 준다. 〈그림 9-2〉는 도시의 문화적 활력(문화시설, 문화 참여도 등)과 창조 경제(창조산

---

6) 경제학자 윌리엄 보멀(Willam Baumol)은 생산성 향상이 어려운 노동집약적 산업에서도, 임금을 다른 산업과 비슷하게 맞춰야 하기 때문에 비용이 계속 오르게 되는 현상을 '비용 질병(Cost Disease)'이라 명명했다. 의료, 교육, 예술 등 인간의 상호작용과 장인적 기능이 핵심인 산업에서 이 현상이 두드러지게 나타난다(Baumol et al., 2013).

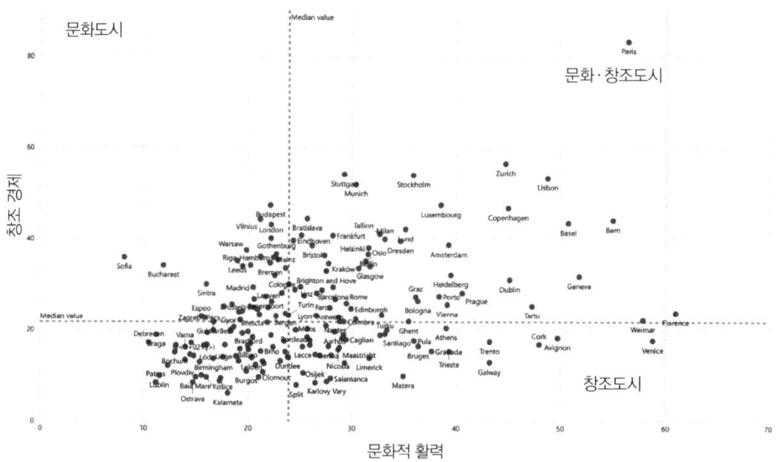

〈그림 9-2〉 유럽 도시들의 문화적 활력과 창조 경제 성과

출처: Montalto et al., 2023, p5

업 일자리, 혁신 성과 등) 지표를 시각화한 것이다. 파리, 런던, 스톡홀름처럼 두 영역 모두에서 높은 성과를 보이는 도시도 있지만, 베네치아나 브뤼헤처럼 문화적 활력은 매우 높지만 창조 경제 성과는 낮은 '문화 도시(Cultural Cities)' 유형과, 소피아나 부쿠레슈티처럼 창조 경제 성과는 높지만 문화적 활력은 낮은 '창조 도시(Creative Cities)' 유형이 뚜렷하게 존재한다. 이는 문화적 가치와 경제적 가치가 반드시 함께 가는 것이 아니며, 많은 도시들이 두 가치 사이에서 일종의 트레이드오프(Trade-Off) 관계에 놓여 있음을 시사한다.

서구 이론의 보편성 문제와 한국적 맥락

창조도시·문화도시 담론의 또 다른 한계는 그 이론이 형성된 서구, 특히 북미와 유럽의 역사·문화적 맥락을 보편적인 것으로 전제한다는 점이다. 오랜 자본주의와 민주주의의 경험, 중소도시의 균형적 성장, 다문화주의 전통 위에서 발전한 서구의 도시 모델을 압축적 근대화와 수도권 초집중 현상, 단일민족 중심의 문화적 배경을 가진 한국의 도시에 비판 없이 적용하는 것은 여러 문제를 야기한다. 이와 관련해, 실제 정책 수행 면에서 첨단산업의 성장에만 초점을 맞춘 창조도시론은 실질적인 문화적 배경이나 본래 발현되는 도시의 창조산업과 상당한 거리가 있으며, 경쟁을 바탕으로 하는 자본주의사회인 북미지역을 벗어나면 국가 수준이나 개별 사례에 국한되어, 지역수준에서 일반적으로 적용하기 어렵다는 지적도 있다(Pratt, 2008).

한국의 입장에서 보자면, 창조도시론은 오랜 자본주의와 민주주의의 경험, 그리고 중소도시의 균형적 성장을 가져온 서구중심의 이론으로서, 아시아의 문화적 가치와 맞지 않아 서울과 같은 아시아 도시들의 성장에 작용하는 근원적 경제력을 설명하지 못한다(남기범, 2014). 플로리다와 달리 덜 비판을 받는 랜드리의 경우에도 사실은 이미 후기산업사회로 접어들면서 갖게 된 산업유형의 변화와 산업시설의 전환에 대한 필요 등 유럽적 경험과 관점에서 기술되었기 때문에 어느 정도 상황을 이해하더라도, 서울과는 차이가 나는 역사적 배경을 충분히 이해할 필요가 있다(박신의, 2008).

첫째, 도시 발전 경로의 차이다. 유럽의 많은 문화도시 정책은 산업혁명 이후 쇠퇴한 공장이나 항구 등 버려진 산업 유산을 문화 공간으로 재활용하는 '도시재생'의 성격이 강하다. 이는 기존의 도시 구조와 역사성을 보존하면서 새로운 기능을 부여하는 방식이다. 반면, 한국의 도시들은 급격한 개발과 재개발의 역사를 거치면서 역사적 연속성이 단절되고 공간의 고유한 정체성을 상실한 경우가 많다. 이러한 상황에서 서구의 도시재생 모델을 기계적으로 도입하는 것은 또 다른 형태의 전면 철거와 대규모 개발로 이어질 위험이 있다.

둘째, 정책 목표와 추진 체계의 차이다. 앞서 언급했듯이 유럽 문화수도 프로그램은 '유럽 통합'이라는 뚜렷한 상위 목표 아래, 유럽연합 집행위원회, 각

료이사회, 유럽의회 등 초국가적 기구와 해당 회원국이 협력하는 다층적 거버 넌스 체계를 갖추고 있다. 반면, 2018년부터 시작된 한국의 '문화도시 지정사 업'은 수도권 집중을 완화하고 지역의 자생력을 높이는 '지역 분권'과 '문화 다 양성'을 주요 목표로 한다. 하지만 실제 추진 과정에서는 중앙정부(문화체육관 광부)가 가이드라인을 제시하고 예산을 배분하는 하향식(Top-Down) 방식으 로 진행되어, 각 도시의 특성과 다양성이 제대로 발현되기보다는 중앙의 기준 에 맞춘 획일적인 사업으로 흐를 가능성이 크다는 비판이 제기된다. 〈표 9-2〉 는 유럽 문화수도와 한국 문화도시 지정사업의 주요 차이점을 보여 준다.

- 핵심 목표의 차이: ECoC 프로그램은 냉전 시대에 분열된 유럽의 '통합'과 '문화적 정체성 공유'를 목표로 시작된 초국가적 프로젝트이다. 즉, 이미 존 재하는 각국의 풍부하고 다양한 문화를 서로 교류하고 연결하는 데 중점을 둔다. 반면, 한국의 문화도시 지정사업은 수도권 집중화에 대응하여 지역의 '분권'과 '고유한 특성화'를 통해 자생력을 키우는 것을 목표로 한다. 즉, 획 일화된 지역 문화를 다양화하려는 목적이 강하다.
- 추진 체계 및 거버넌스의 차이: ECoC는 유럽연합 집행위원회가 관장하고

〈표 9-2〉 유럽 문화수도와 한국 문화도시 지정사업 비교

구분	유럽문화수도 프로그램(ECoC)	문화도시 지정사업(한국)
추진배경	냉전 기류 속 유럽의 문화적 통합과 정체성 확립	수도권 집중 완화 및 지역 고유 문화를 통한 자생적 발전
핵심가치	유럽 문화의 통일성과 교류, 회원국간 이해 증진	지역 분권, 시민주도형 거버넌스, 문화 다양성
심의기구	EU와 해당 회원국이 공동으로 구성하 는 다국적 전문가 위원회(13인)	중앙정부(문체부)가 주도하는 심의위 원회(20인 이내)
사업기간	예비 선정 5년, 본사업 1년(총 6년)	예비사업 1년, 본사업 5년(총 6년)

출처: 김선영·이의신, 2019, pp.147-148 재구성

　　　　　　　　　　　　　뉴노멀 시대 문화도시와 로컬의 힘

각료이사회가 결정하며, 유럽의회와 지역위원회가 협력하는 다원화된 구조를 가진다. 선정위원회 역시 다국적 전문가들로 구성되어 국가와 지방, 그리고 유럽 전체의 이익 균형을 도모한다. 이에 반해 한국의 문화도시 사업은 문화체육관광부가 주도하고 문화도시심의위원회가 심의하는 중앙집권적 의사결정 구조를 가진다.

- 준비 기간과 문화적 기반의 차이: ECOC는 행사 시작 4~6년 전에 도시를 선정하여 충분한 준비 기간을 보장한다. 반면 한국의 문화도시 사업은 대부분 1년이란 짧은 예비사업 기간을 거쳐 지정하는 방식으로, 도시가 고유의 정체성을 충분히 숙성시킬 시간을 갖기 어렵다. 또 ECoC는 이미 풍부한 문화적 기반을 가진 도시들을 전제로 하지만, 한국의 많은 지자체는 문화적 인프라가 부족한 상태에서 이상적인 모델을 단기간에 구현하려다 보니 도시의 개성을 잃고 획일화될 위험이 크다.

종합해 보면 근본적인 목표와 조건이 다른 모델을 피상적으로 모방할 경우, 전국의 문화도시들이 차별성 없이 획일화되고, 단기 이벤트 중심의 소모적인 사업으로 전락할 위험이 크다는 점이 중요하다.

셋째, '관용'과 '다양성'에 대한 사회적 수용도의 차이다. 외국의 이론에서 나타나는 주장들, 특히 플로리다가 강조한 관용과 다양성은 이민의 역사가 길고 다인종·다문화 사회를 형성해 온 북미나 유럽에서는 비교적 자연스러운 가치일 수 있다. 그러나 '단일민족' 이데올로기와 유교적 전통이 강하게 남아 있는 한국 사회에서 이질적인 문화나 소수자에 대한 배타성은 여전히 높은 장벽으로 존재한다. 이러한 사회·문화적 기반의 차이를 고려하지 않은 채 관용과 다양성을 정책 구호로만 내세우는 것은 공허한 메아리가 될 가능성이 높다.

결론적으로 서구에서 발원한 창조도시론은 우리에게 중요한 영감과 시사점을 주지만, 그것이 모든 도시 문제에 대한 만병통치약은 아니다. 이런 관점에서 창조도시론의 일부 견해는 국가의 도시시스템의 안정성이 어느 정도 잡혀있어 도시간의 격차가 상대적으로 크지 않은 북미나 유럽에서도 인력과 자원의 이동으로 인한 양극화와 불평등을 강화시킬 가능성이 크므로, 경제 성장에 따라 사회적, 공간적 불균형 현상이 나타나고 있는 아시아 지역의 정책적 대안이 되기는 어렵다는 주장이 일리가 있다(Kong, 2006). 각 도시가 처한 고유한 역사적, 사회적, 문화적 맥락에 대한 깊은 이해 없이 외국 이론을 무분별하게 이식하는 정책은 실패할 수밖에 없다. 한국의 도시들이 진정한 창조도시, 문화도시로 나아가기 위해서는 서구 이론에 대한 비판적 성찰을 바탕으로 우리 현실에 맞는 고유의 발전 모델을 모색하는 노력이 절실하다.

3. 지속가능한 문화도시를 향한 과제를 위한 방향성 제언

향후 과제를 위한 방향성 제언에 앞서

지금까지 창조도시 담론의 형성과 전개 과정, 그리고 그것이 현실에 적용될 때 드러나는 다양한 비판과 한계를 살펴보았다. 그렇다면 우리는 창조도시와 문화도시라는 매력적인 비전을 포기해야 하는가? 그렇지 않다. 문제는 담론 그 자체가 아니라, 그것을 해석하고 적용하는 방식에 있다. 경제적 성과에 매몰되고 소수 엘리트 중심으로 흐르는 기존의 창조도시 모델을 넘어, 모든 시민을 포용하고 도시의 지속 가능성을 담보하는 새로운 문화도시로 나아가기 위한 과제와 방향성을 제시하고자 한다.

성공의 재정의, 경제를 넘어 사회적 가치로

지속가능한 문화도시를 위한 첫 번째 과제는 '성공'의 척도를 재정의하는 것이다. 지금까지 많은 문화도시 정책은 GRDP 성장률, 관광객 수, 일자리 창출 수와 같은 양적·경제적 지표에 의해 평가되어 왔다. 그러나 이러한 지표들은 도시의 삶의 질, 사회적 통합, 공동체의 행복과 같은 본질적인 가치를 담아내지 못한다. 문화 투자가 경제 성장으로 직결되지 않을 수 있다는 사실이 명백해진 지금, 우리는 문화를 통한 도시 발전의 목표를 보다 근본적인 차원에서 재설정해야 한다.

그 대안적 개념 중 하나로 '인권도시(Human Rights City)'를 주목할 필요가 있다. 인권도시는 "인권 주체의 참여 속에서 인권 가치의 구현을 도시 운영의 핵심으로 추구하며, 인권의 틀을 통해 사람들의 삶의 발전을 도모하는 공동체"로 정의된다(은우근, 2009). 이는 도시 발전의 중심에 경제적 효율성이 아닌, '도시에 살고자 하는 모든 사람들'의 보편적 권리를 두는 패러다임의 전환을 의미한다. 창조도시론이 창의적 인재의 '유치'와 '경쟁'을 강조하며 결과적으로 배제를 낳는다면, 인권도시는 사회적 약자와 소수자를 포함한 모든 시민의 '포용'과 '연대'를 지향한다.

은우근의 논문에서 나타나는 광주광역시의 사례는 문화도시와 인권도시 개념의 결합 가능성을 보여 준다. 당초 '아시아문화중심도시'를 표방하며 대규모 문화산업 육성과 시설 건립에 치중했던 광주는, 시민사회의 비판 속에서 점차 '인권도시'라는 정체성을 강화하는 방향으로 나아가고 있다. 이는 문화가 단지 경제 성장의 도구가 아니라, 5·18 민주화운동이라는 역사적 경험을 바탕으로 민주주의, 인권, 평화와 같은 사회적 가치를 실현하는 매개체가 될 수 있음을 보여 주는 중요한 전환이다.

따라서 성공적인 문화도시는 더 이상 얼마나 많은 창조 계급을 유치하고 얼마의 경제적 부가가치를 창출했는가로 평가되어서는 안 된다. 대신, 도시의 모든 시민이 차별 없이 문화 활동에 참여할 수 있는가, 사회적 약자의 문화적 권리가 보장되는가, 도시의 개발 과정에서 주거권과 같은 기본적인 인권이 존중되는가와 같은 사회적 가치 지표를 통해 평가되어야 한다.

내발적 발전과 시민 참여의 강화

두 번째 과제는 외부의 자본과 인재를 유치하는 외향적(Outward-Looking) 발전 전략에서 벗어나, 지역 내부의 자산과 역량에 기반한 내발적(Endog-enous) 발전 모델로 전환하는 것이다. 진정한 도시의 경쟁력은 복제 가능한 랜드마크나 일시적인 이벤트가 아니라, 그 지역만이 가진 고유한 역사, 문화, 자연환경, 그리고 무엇보다 그곳에 사는 사람들의 삶과 이야기에서 나온다.

이를 위해서는 하향식 정책 결정 구조를 탈피하고, 시민들이 도시 정책의 수립과 실행 과정 전반에 주체적으로 참여할 수 있는 거버넌스 시스템을 구축하는 것이 필수적이다. 문화도시 조성 계획은 전문가나 행정가가 책상 앞에서 만드는 것이 아니라, 지역 주민들과의 충분한 소통과 협의, 토론을 통해 아래로부터 만들어져야 한다. 서울특별시가 과거 추진했던 '마을공동체' 중심의 문화 정책은 이러한 방향성의 중요한 사례가 될 수 있다. '동네예술창작소'나 '마을미디어센터'와 같은 사업들은 문화의 생산과 향유의 공간을 대규모 시설에서 시민들의 삶의 터전인 마을 단위로 이전시키고, 주민들이 스스로 문화 활동의 주체가 되도록 지원한다는 점에서 의의가 있다.

물론, 주민 참여가 항상 순조로운 것은 아니다. 주민자치 역량이 부족하거나, 공동체 내 이해관계가 충돌할 경우, 정책은 표류하거나 특정 집단의 이익을 위해 왜곡될 수 있다. 따라서 공공의 역할은 직접 사업을 주도하는 것이 아니라, 주민들의 역량을 강화하고, 다양한 주체들이 소통하고 협력할 수 있는 플랫폼을 만들며, 갈등을 조정하는 '촉진자(Facilitator)'이자 '조력자(Enabler)'가 되어야 한다. 장기적인 안목을 가지고 실패를 용인하며, 주민 스스로 문제를 해결해 나갈 수 있도록 기다려주는 인내가 필요하다.

나오는 글

향후 문화도시 정책의 추진을 위한 제언 및 향후 과제

앞선 논의를 바탕으로, 지속 가능한 문화도시를 실현하기 위한 구체적인 정책 과제를 다음과 같이 제안한다.

첫째, 단기 성과 중심의 프로젝트 방식에서 벗어나 장기적인 생태계 조성으로 정책의 틀을 전환해야 한다. 문화도시 조성은 5년짜리 국비 지원 사업으로 완성될 수 있는 것이 아니다. 문화가 도시의 토양에 깊이 뿌리 내리기까지는 오랜 시간과 노력이 필요하다. 따라서 정책의 목표를 가시적인 성과 창출보다는, 지역의 창조적 인재들이 성장하고 다양한 문화 활동이 자생적으로 일어나며 전문 예술 영역과 생활 문화 영역이 선순환하는 '문화 생태계'를 조성하는 데 두어야 한다.

둘째, '획일적인 가이드라인'이 아닌 '맞춤형 지원'이 필요하다. 현재의 문화도시 지정사업처럼 중앙정부가 정해놓은 틀에 도시를 맞추게 하는 방식은 지역의 다양성을 저해할 뿐이다. 각 도시가 지닌 잠재력과 당면 과제는 모두 다르다. 따라서 정부는 획일적인 공모 사업 방식에서 벗어나, 각 도시가 스스로 비전과 전략을 수립할 수 있도록 충분한 시간과 자율성을 부여하고, 그 과정에 필요한 컨설팅이나 네트워크 구축 등을 지원하는 맞춤형 방식으로 전환해야 한다.

셋째, 문화정책과 도시계획, 복지, 교육 등 타 분야 정책과의 연계와 통합이 필수적이다. 문화는 독립된 영역이 아니라 도시의 모든 측면과 연결되어 있다. 예를 들어, 저렴한 주거 및 작업 공간 없이는 예술가들이 도시에 머물 수 없으며, 안정적인 생활 기반 없이는 시민들이 문화 활동에 참여하기 어렵다. 따라서 문화도시 정책은 도시계획 부서의 공간 정책, 복지 부서의 사회 안전망 정책, 교육 부서의 문화예술 교육 정책 등과 긴밀하게 연계되어 종합적으로 추진되어야 한다.

넷째, 정책의 지속가능성을 담보할 독립적이고 전문적인 중간지원조직을 육성해야 한다. 행정조직은 잦은 순환보직으로 인해 전문성과 장기적인 비전을 갖고 정책을 추진하기 어렵다. 따라서 행정과 민간, 지역 공동체 사이에서 가교 역할을 하며, 전문성을 가지고 장기적으로 문화도시 사업을 기획·운영·평가할 수 있는 독립적인 기구(지역문화재단, 문화도시센터 등)의 설립과 지속적인 지원(인력과 예산)이 매우 중요하다. 지속가능성을 담보하지 못할 때, 수많은 학습효과들은 사라지게 되며, 조직, 인재, 경험 등 그간의 수많은 노하우와 경험이 필요없게 되어지는 결과를 낳을 수 있다. 따라서, 지역내 선순환 구축과 소위 '공동체 자산'을 구축하는 생태계 마련이 중요하다고 하겠다.

마지막으로 문화도시 담론 자체에 대한 지속적인 성찰과 연구가 필요하다. 세계는 빠르게 변화하고 있으며, 도시가 직면한 문제 또한 복잡해지고 있다. 과거의 성공 방정식이 더 이상 유효하지 않을 수 있다. 따라서 우리는 창조도시, 문화도시라는 기존의 틀에 안주하지 말고, 국내외 다양한 성공 및 실패 사례를 끊임없이 학습하고 비판적으로 검토하며, 한국의 실정에 맞게 우리 도시의 미래에 대한 새로운 상상력을 넓혀나가야 한다. 문화가 진정으로 도시를 살리는 힘이 되기 위해서는, 도시를 만들어가는 우리 모두의 끊임없는 고민과 성찰이 요구된다.

○ 토론 주제

1. 리처드 플로리다의 '창조 계급' 개념은 도시 발전에 기여하는 특정 엘리트 집단을 강조한다. 이러한 접근 방식이 도시 내 사회적 불평등과 젠트리피케이션을 심화시킬 수 있다는 비판에 대해 어떻게 생각하는가? 창조성을 도시 발전의 동력으로 삼으면서도 포용성을 높일 수 있는 대안적인 정책 방향은 무엇일까?

2. 본문에서 논의된 바와 같이, 문화가 도시 재생과 경제 활성화를 위한 '도구'로 활용되는 경향이 있다. 문화의 도구화가 가져올 수 있는 긍정적 및 부정적 영향은 무엇이며, 문화의 본질적 가치를 훼손하지 않으면서 도시 발전에 기여하게 할 수 있는 균형점은 어디에 있다고 생각하는가?

3. 유럽 문화수도(ECoC)와 한국의 문화도시 지정사업은 각각 '통합'과 '분권 및 다양성'이라는 다른 목표를 가지고 출발했다. 서구의 창조도시·문화도시 모델을 한국적 맥락에 적용할 때 발생하는 가장 큰 한계점은 무엇이며, 한국 도시들이 고유한 정체성을 바탕으로 지속가능한 문화도시로 발전하기 위해 가장 우선적으로 고려해야 할 과제는 무엇인가?

• 참고문헌 •

국내문헌

김선영·이의신. (2019). "유럽문화수도 사례로 본 문화도시 지정사업의 방향성 고찰".『예술경영연구』, 52, 135-156.

남기범. (2014). "창조도시 논의의 비판적 성찰과 과제".『도시인문학연구』, 6(1), 7-30.

라도삼. (2012). "문화도시의 개념과 문화도시화를 위한 서울시 전략의 반성적 고찰".『도시인문학연구』, 4(2), 9-30.

리처드 플로리다. (2023).『도시는 왜 불평등한가(The New Urban Crisis)』. 안종희 역. 매일경제신문사.

문미성. (2014). "창조경제와 지역: 창조도시의 세가지 원천".『한국경제지리학회지』, 17(4), 646-659.

박규택·이상봉. (2013). "창조도시담론의 비판적 검토: 생성의 로컬리티 탐색".『지역과 지리』, 19(1), 60-74.

박신의. (2008). "창조도시, 창조계급, 문화예술경영".『문화예술경영학연구』, 1(1), 3-18

사사키 마사유키. (2004).『창조하는 도시: 사람, 문화, 산업의 미래』. 정원창(역), 소화.

은우근. (2009). "인권 거버넌스의 실현으로서 인권도시",『민주주의와 인권』, 9(1), 121-147. 전남대학교 5·18연구소.

이병민. (2024). "팝업스토어, 독인가 새로운 유행인가", 프레시안 2024년 12월 8일자 기사 https://www.pressian.com/pages/articles/2024120618244118936

이병민·김혜지·남기범·정수희·정지은. (2022).『문화기반 중소도시 발전전략: 로컬크리에이터의 역할을 중심으로』. 경제·인문사회연구회.

이은해. (2009). "유럽의 전통산업도시에서 문화·예술도시로의 변모: 빌바오(Bilbao)에서의 '구겐하임효과(Guggenheim Effect)'에 대한 비판적 고찰".『EU연구』, 25, 115-144.

이철호. (2011). 창조계급과 창조자본: 리처드 플로리다 이론의 비판적 이해.『세계지역연구논총』, 29(1), 109-131.

정성훈. (2012). '창조도시'와 '문화도시'에 대한 인문적 비판.『시대와 철학』, 23(1), 385-408.

정진원·김천권. (2012). 문화도시 조성 쟁점요인의 중요도 분석: 인천광역시 전문가와 시민집단의 설문조사를 중심으로.『한국지역개발학회지』, 24(3), 63-83.

제인 제이콥스. (2010).『미국 대도시의 죽음과 삶(The death and life of great American cities)』. 유강은 역, 그린비.

찰스 랜드리. (2005). 『창조도시(The Creative City)』. 임상오 역. 해남.

한상진. (2008). "사회적 경제 모델에 의거한 창조 도시 담론의 비판적 검토". 『환경사회학연구 ECO』, 12(2), 185–206.

국외문헌

Amin, Ash, (2006), "The Good City", *Urban Studies,* 43, 1009-1023.

Baumol, W. J., Ferranti, D., Malach, M., Pablos-Méndez, A., Tabish, H., & Wu, L.G. (2013). *The Cost Disease: Why Consumers Get Cheaper and Health Care Doesn't.* Yale University Press.

Boschma, R.A., and Fritsch, M. (2007). "Creative Class and Regional Growth: Empirical Evidence from Eight European Countries". *Jena Economic Research Papers.* No. 2007, 066.

Florida, R. (2002). *The Rise of the Creative Class: And How It's Transforming Work, Leisure, Community and Everyday Life.* Basic Books.

Glaeser, E. (2004). "Review of Richard Florida's 'The Rise of Creative Class'". http://www.creativeclass.org

Jacobs, J. (1985). *Cities and the Wealth of Nations.* Vintage.

Kong, L., et al. (2006). "Knowledges of the creative economy: towards A relational geography of diffusion and adaptation in Asia". *Asia Pacific Viewpoint,* 47(2), 173-194.

Kratke, S. (2010). "'Creative Cities' and the rise of the dealer class: a critique of Richard Florida's approach to urban theory". *International Journal of Urban and Regional Research,* 34(4), 835-53.

Landry, C. (2012). *The Creative City: A Toolkit for Urban Innovators,* Comedia.

Malanga, S. (2004). "The curse of the creative class". *City Journal,* Winter 2004.

Markusen, A., & Gadwa, A., (2010). *Creative Placemaking.* National Endowment for the Arts,

Montalto, V., Alberti, V., Panella, F., & Sacco, P. L. "Are cultural cities always creative? An empirical analysis of culture-led development in 190 European cities". *Habitat International,* 132. February 2023, 102739.

Morgan, J. (2012). "Territorial Assets" and the Latest from Richard Florida". *Community and Economic Development -* Blog by UNC School of Government. https://ced.sog.unc.edu/2012/12/territorial-assets-and-the-latest-from-richard-florida/

Oakley, K. (2009). ”Getting out of place: the mobile creative class takes on the local“. In L. Kong & J. O'Connor (Eds.), *Creative Economies, Creative Cities*: *Asian-European Perspectives.* Springer.

Peck, J. (2005). ”Struggling with the creative class“. *International Journal of Urban and Regional Research,* 29(4), 740-770.

Pratt, A. C. (2008). ”Creative cities: the cultural industries and the creative class“. *Geografiska Annaler: Series B, Human Geography*, 90(2), 107-117.

Scott, A. J. (2006). ”Creative cities: conceptual issues and policy questions“. *Journal of Urban Affairs,* 28(1), 1-17.

Scott, A. J. (2008). *Social Economy of the Metropolis: Cognitive-Cultural Capitalism and the Global Resurgence of Cities.* Oxford University Press.

제3부

지속가능한 문화도시의 미래 전략

제10장

도시의 매력자본: 로컬브랜딩 전략

들어가는 글

위기의 시대, 로컬과 문화도시를 말하다

대한민국은 저출산과 수도권 인구 집중으로 인해 유례없는 지역 소멸의 위기에 직면해 있다. 통계청에 따르면 2022년 기준 합계출산율은 0.78명으로 OECD 국가 중 최하위를 기록했으며, 수도권으로의 인구 집중은 가속화되어 국토의 절반 이상이 소멸의 기로에 놓여 있다(통계청, 2023). 행정안전부는 229개 시군구 중 89개를 인구감소지역으로 지정했으며, 이는 단순히 인구 수의 감소를 넘어 지역의 경제, 사회, 문화 기반이 붕괴되는 '지방소멸'의 현실을 직시하게 한다(행정안전부, 2022a). 예를 들어 한국의 밀양시 사례는 이러한 위기를 압축적으로 보여 준다. 2025년 7월 기준, 인구 10만 명 선이 붕괴되었고, 출생아 대비 사망자 수는 4.9배에 달하며, 청년층은 양질의 일자리를 찾아 지역을 떠나고 있다(이병민, 2025).

이러한 위기 속에서 과거의 성장 패러다임은 명백한 한계에 부딪혔다. 출산장려금, 양육수당 등 단기적인 금전적 지원책은 일시적 효과에 그쳤으며, 보육시설 확충과 같은 공급자 중심의 인프라 구축만으로는 청년층의 지역 이탈이라는 근본적인 원인을 해결하지 못했다. 산업 기반의 성장 전략 역시 더 이상 유효하지 않다. 이제 우리는 질문을 전환해야 한다. "어떻게 인구를 늘릴 것인가?"가 아니라 "어떻게 살고 싶은 지역을 만들 것인가?"라는 근본적인 물음에서부터 새로운 해법을 모색해야 한다.

시대적 요구 속에서 로컬브랜드와 문화도시는 지역의 지속 가능한 발전을 위한 핵심 개념으로 부상하고 있다. 디지털 기술의 발전과 삶의 질을 중시하는 사회적 분위기는 획일화된 대도시를 벗어나 자신만의 개성과 다양성을 추구할 수 있는 대안적 공간으로서 로컬의 가치를 재조명하게 했다. 로컬브랜드는 특정 지역 내에서 운영되며, 지역의 문화, 전통, 가치를 제품이나 서비스에 반영하여 지역 주민과 관광객을 대상으로 하는 브랜드[1]이다(SendPulse, 2023). 문화도시는 문화유산, 예술, 창의 산업을 중심으로 경제적, 사회적 발전을 도모하는 도시로, 유네스코 창의도시 네트워크(UCCN)에 따르면 창의성을 도시 발전의 핵심 전략으로 삼는 도시를 의미한다(UNESCO, 2023). 이와 관련하여 전주의 경우 한옥마을 등을 통해 관광스토리텔링을 통한 관광목적지 매력과 브랜드 가치를 십분 활용하여 문화도시로 자리 잡은 대표적 사례이다(류인평 외, 2014).

---

1) 사실 브랜드는 노르웨이 고어 'Brandr(불타는 나무)'에서 유래되었으며, To burn(소유가축 식별을 위해 표시하는 낙인(烙印)의 일종)의 의미를 지니고 있다고 알려진다. 이는 목장주인들이 소유하고 있는 가축에 인두로 'K'자 등의 시각적 표시를 했는데, 이를 브랜딩(Branding−낙인찍기)이라 지칭했다고 한다. 처음 소유주를 보호하기 위해 출발한 브랜드는 사회가 분화되면서 생산자 및 소비자의 보호와 행정적 관리, 관련 산업의 육성 등을 위해 의무화되면서 사회의 중요한 법적, 제도적 시스템으로 정착되었다(박보람, 2017).

　　로컬브랜딩(Local Branding)[2]은 이러한 로컬의 잠재력을 이끌어 내는 핵심
전략이다. 로컬브랜딩은 단순히 지역 특산물을 포장하고 홍보하는 마케팅을
넘어, 지역의 역사, 문화, 사람들의 이야기를 엮어 고유한 정체성(Identity)을
만들고, 이를 통해 방문하고 싶고, 머물고 싶고, 살고 싶은 장소로 만들어 가는
총체적인 과정이다(이병민, 2024). 이는 단순한 '정주인구'의 양적 증가를 넘어,
지역과 관계를 맺고 실질적인 활력을 더하는 '생활인구'의 확대를 목표로 한
다.[3]

　　'문화도시'는 이러한 로컬브랜딩 전략이 정책적으로 구현되는 구체적인 틀
이다. 문화도시는 문화예술, 문화산업, 관광, 전통, 역사 등 지역의 모든 유·무
형 자원을 활용하여 도시의 사회·경제적 발전을 도모하고, 궁극적으로는 시
민의 문화적 삶의 질을 높이는 것을 목표로 한다. 즉, 로컬브랜딩이 지역의 매
력과 정체성을 구축하는 '과정'이라면, 문화도시는 그 과정이 실현된 '결과'이
자 지속가능한 발전을 위한 '플랫폼'이라 할 수 있다. 로컬 브랜딩과 문화도시
의 상호작용은 지역 정체성을 강화하고 경제 활성화를 촉진하며 효과성을 높
이기도 한다.

　　본 장에서는 지방소멸의 위기를 극복하고 지속가능한 지역 발전을 이루기
위한 핵심 전략으로서 로컬브랜딩과 문화도시에 대해 심도 있게 논하고자 한
다. 먼저, 로컬브랜딩 등 핵심 개념과 이론적 배경을 고찰하고, 로컬크리에이
터 등 관련하여 로컬브랜딩의 지속가능성을 담보하는 '뿌리내림(Embedded-

---

2) 로컬브랜딩(Local Branding): 지역의 고유한 역사, 문화, 자연환경, 산업, 인물 등 유·무형의 자
　원을 발굴하고 이를 일관된 경험과 메시지로 전달하여, 지역만의 차별화된 정체성과 이미지를
　구축하고 지역의 가치를 높이는 전략적 과정을 의미한다.
3) 앞에서 언급된 바와 같이 생활인구(Living Population)는 특정 지역에 주민등록을 둔 정주인구
　뿐만 아니라, 통근, 통학, 관광, 업무, 휴양 등 다양한 목적으로 지역을 정기적 또는 일시적으로
　방문하여 체류하는 사람까지 포함하는 개념으로, 지역의 실질적인 활력을 나타내는 지표로 활용
　된다.

ness)' 이론을 살펴본다. 이어서 국내 성공적인 로컬브랜딩 사례 분석을 통해 주민, 창업가, 행정이 어떠한 역할과 거버넌스를 통해 장소성을 구현하고 지속가능한 생태계를 구축했는지 구체적으로 살펴볼 것이다. 이때, 김이나·이병민(2023)의 연구내용을 중심으로 정리하였다. 이를 통해 궁극적으로 로컬브랜딩을 통해 매력적인 문화도시를 조성하기 위한 전략적 시사점을 도출하는 것을 목표로 한다.

1. 이론적 배경: 개념의 정립과 심화

로컬의 시대, 로컬브랜딩의 부상

오늘날 우리는 '로컬의 시대'에 살고 있다. 여기서 '로컬'은 앞에서도 계속 강조되어 온 바와 같이 단순히 수도권이 아닌 '지방'을 의미하는 지리적 개념을 넘어선다(정수희·이병민, 2023). 앞장에서도 설명되었듯이, 과거 '지방'은 중앙에 비해 소외되고 낙후된 지역으로 인식되었지만, 오늘날 '로컬'은 고유한 가치와 라이프스타일을 담은 기회의 공간으로 재정의되고 있다. 이런 관점에서 로컬브랜딩은 단순한 제품 판매를 넘어 지역의 역사, 문화, 정체성을 반영하여 지역 주민과 관광객에게 매력적인 경험을 제공한다. 이는 지역 경제 활성화와 커뮤니티 정체성 강화에 기여한다(Ramotion Agency, 2025). 즉, 획일적인 국가(State)의 논리에서 벗어나 다양성과 일상성, 소수성과 독자성을 바탕으로 소통과 공생의 장을 만들어가는 공간이 바로 '로컬'이다(김혁주, 2020).

이러한 로컬의 잠재력을 발현시키고 경쟁력을 강화하는 핵심 전략이 바로 로컬브랜딩이다. 로컬브랜딩은 '지역 고유의 이미지를 만들고 사람을 끌어모으는 지역만의 매력을 만드는 것'으로, 단순히 로고나 슬로건을 만드는 디자인 차원을 넘어, 지역의 문제를 해결하고 고유성에서 차별화된 매력을 이끌어내는 전 과정을 의미한다(행정안전부, 2022a). 이는 〈그림 10-1〉에서 확인할 수 있는데, 지역을 바라보는 세 가지 시각, 즉 '타인이 우리를 어떻게 보는가(How others see us)', '우리가 스스로를 어떻게 보는가(How we see ourselves)', 그리고 '우리가 어떻게 보이길 원하는가(How we want to be seen)' 사이의 균형을 맞추며 고유한 정체성을 구축하는 과정이라 할 수 있다(이병민, 2024).

로컬브랜딩의 핵심 주체는 앞에서도 논의된 바 있는 로컬크리에이터(Local Creator)다. 이들은 "지역의 자연과 문화 특성을 소재로 혁신적인 아이디어를 결합해 사업적 가치를 창출하는 창업가"(중소벤처기업부, 2020)로 정의된다. 단순히 지역에서 창업하는 것을 넘어, 자신의 라이프스타일을 기반으로 지역자원을 창의적으로 해석하고 사업화함으로써 지역에 새로운 경제적·사회문화

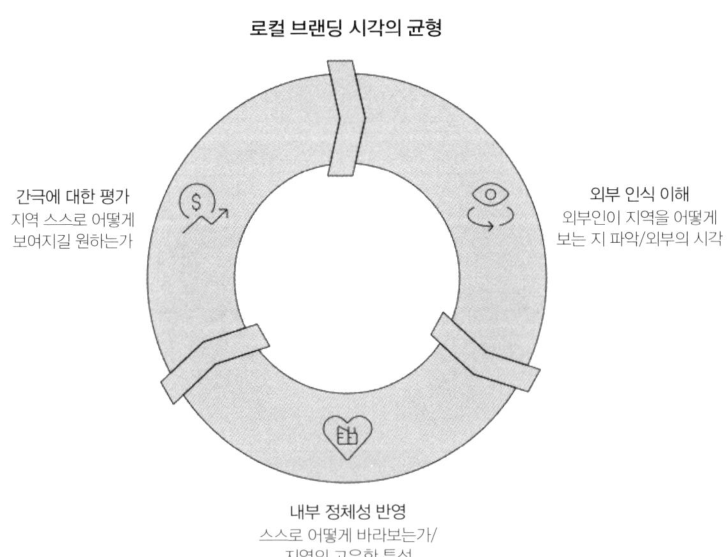

〈그림 10-1〉 로컬브랜딩에 대한 3가지 시각

   뉴노멀 시대 문화도시와 로컬의 힘

적 가치를 부여하고 지역의 혁신을 이끄는 주체이다(송주연·이병민, 2022). 이
들은 개성 있는 공간과 콘텐츠를 통해 지역의 '다름'을 만들어 내고, 이는 관광
객과 창조 인재를 유치하는 로컬 경쟁력의 원천이 된다(모종린 외, 2022).

장소 기반 전략의 이해: 도시브랜드, 로컬브랜드, 그리고 장소만들기

　로컬브랜딩을 논의하기에 앞서, 유사하지만 차이가 있는 여러 장소 기반 전
략의 개념을 명확히 구분할 필요가 있다. 특히 '도시브랜드(City Brand)'와 '로
컬브랜드(Local Brand)'는 종종 혼용되지만 그 주체, 규모, 목표, 전략 면에서
차이를 보이며, 더 나아가 '장소마케팅(Place Marketing)'과 '장소만들기(Place
making)'와의 관계 속에서도 그 위상을 파악해야 한다.

　먼저, 도시브랜드는 도시 전체를 하나의 상품으로 보고, 국내외 관광객, 투
자자, 고급 인재 등 외부의 목표 고객을 대상으로 도시의 종합적인 매력과 긍
정적 이미지를 형성하려는 거시적(Macro)이고 하향식(Top-Down)인 전략이
다. 주로 지방정부나 관광공사 등 공공 부문이 주도하여 도시의 비전과 핵심
가치를 담은 슬로건, 로고, 대규모 캠페인 등을 통해 통합적인 마케팅 커뮤니
케이션(IMC)을 전개한다(Kavaratzis, 2004). 'I SEOUL U'나 'Dynamic Busan'과
같은 슬로건이 대표적인 사례로, 이는 잘 기획된 시각적 상징물을 통해 도시
의 경쟁력을 높이고 국가 이미지에도 긍정적인 영향을 미친다(이수태·임정은,
2008). 이는 도시의 전반적인 정체성을 상징적으로 전달하는 데 목적이 있으
며, 도시 경쟁력의 핵심요소인 도시를 어떻게 브랜딩하고, 마케팅해야 하는가
에 대한 고민이 필요하다. 이는 다른 도시와의 차별성, 해당 도시의 정체성 확
립, 상품으로서의 가치를 높이는 경쟁력, 주거민·기업인·방문객들이 가치를
느끼게 하는 부가가치 제고의 측면에서 중요하다.

반면, 로컬브랜드는 특정 동네나 골목상권과 같은 미시적(Micro) 단위에서 지역의 고유한 라이프스타일과 문화를 기반으로 형성되는 상향식(Bottom-Up) 현상이다. 이는 주로 지역의 가치를 재발견한 로컬크리에이터, 소상공인, 주민 커뮤니티에 의해 주도된다. 로컬브랜드는 대규모 캠페인보다는 진정성 있는 스토리텔링, 독창적인 공간 경험, 커뮤니티와의 긴밀한 소통을 통해 형성되며, 방문객들에게 '복제 불가능한' 고유한 경험을 제공하는 데 중점을 둔다(모종린, 2021). 충주 관아골의 〈보탬플러스 협동조합〉이나 공주 제민천의 〈마을호텔〉이 이러한 로컬브랜드의 좋은 예이다. 이런 관점에서 브랜드를 '공동체(Community)'의 관점에서 접근한 김영수 등(2018)의 연구는 로컬브랜딩에 대해 '로컬과 그 고객들의 호감, 신뢰, 소망, 사랑의 관계, 즉 라이프스타일 공동체를 지속적으로 살아 움직이게 하는 상호 활동'으로 정의하기도 하였다(김도형·양원탁, 2023). 〈표 10-1〉은 도시브랜드와 로컬브랜드의 특성을 비교하여 보여 준다.

이러한 도시와 로컬 차원의 브랜딩 논의를 더욱 심화시키기 위해, 지역 발

〈표 10-1〉 도시브랜드와 로컬브랜드의 특성 비교

구분	도시브랜드(City Brand)	로컬브랜드(Local Brand)
주체(Actor)	공공 주도 (지방정부, 관광공사 등)	민간 주도 (로컬크리에이터, 소상공인, 주민)
규모/범(Scale)	도시 전체(거시적, Macro)	동네, 골목 단위(미시적, Micro)
목표(Goal)	도시 경쟁력 강화, 관광/투자 유치, 이미지 제고	골목상권 활성화, 고유한 라이프스타 일 창출, 공동체 강화
전략(Strategy)	하향식(Top-Down), 통합 마케팅, 대규모 캠페인	상향식(Bottom-Up), 스토리텔링, 커뮤니티 기반 활동
핵심가(Value)	상징성, 대표성, 인지도	진정성, 경험, 고유성(장소성)
대상(Target)	외부 방문객, 투자자(External)	내부 주민, 생활인구, 특정 취향의 방문객(Internal/Niche)

뉴노멀 시대 문화도시와 로컬의 힘

전을 위한 접근 방식을 장소마케팅, 장소브랜딩, 그리고 장소만들기의 개념으로 구분하여 그 특성을 비교해 보기도 한다(이병민·남기범, 2016). 이 세 개념은 장소를 바라보는 관점과 접근 방식의 진화를 보여 준다(〈표 10-2〉).

- 장소마케팅(Place Marketing): 가장 전통적인 접근 방식으로, 장소를 하나의 '상품'으로 간주하고 광고, 홍보, 이벤트 유치 등 판촉 활동(Place Promotion)을 통해 고객(관광객, 기업 등)을 유인하는 데 초점을 맞춘다(Kasapi & Cela, 2017). 단기적이고 전술적인 성격이 강하며, 종종 장소의 실질적인 변화보다는 이미지 홍보에 치중한다는 비판을 받기도 한다.
- 장소브랜딩(Place Branding): 장소마케팅에서 한 단계 더 나아간 개념으로, 단순히 장소를 '판매'하는 것을 넘어 장소의 고유한 '정체성'을 구축하고 장기적인 '평판'을 관리하는 전략적 활동이다. 이는 도시의 물리적 환경, 문화, 정책 등 모든 요소가 일관된 메시지를 전달하도록 통합적으로 관리하는 것을 포함한다.
- 장소만들기(Placemaking): 가장 공동체 중심적인 접근 방식으로, 외부인을 유치하기 이전에 그곳에 사는 사람들의 '삶의 터전'으로서 장소의 질을 높이는 데 집중한다. 주민들이 주도하여 공원, 광장, 골목길 등 공공 공간을 개선하고, 이를 통해 사회적 교류를 촉진하며 공동체의 역량을 강화하는 상향식, 참여적 과정이다.

결론적으로 도시브랜드와 로컬브랜드, 그리고 장소마케팅, 장소브랜딩, 장소만들기는 서로 배타적인 개념이 아니라 상호 연관되며 진화하는 관계에 있다. 진정한 의미의 로컬브랜딩은 장소마케팅의 일방향적 홍보를 넘어, 장소브랜딩의 전략적 정체성 구축과 장소만들기의 공동체적 가치를 모두 포괄하는

<표 10-2> 장소마케팅, 장소브랜딩, 장소만들기의 특성 비교

구분	장소마케팅 (Place Marketing)	장소브랜딩 (Place Branding)	장소만들기 (Placemaking)
핵심목표	이미지 홍보, 단기적 고객 유치	정체성 구축, 장기적 평판 관리	삶의 질 향상, 공동체 활성화
주요 주체	공공기관 (마케팅 부서)	공공-민간 파트너십	주민, 공동체, 로컬크리에이터
접근 방식	하향식, 전술적, 커뮤니 케이션 중심	통합적, 전략적, 정체성 중심	상향식, 참여적, 공간· 활동 중심
장소에 대한 관점	판매해야 할 '상품 (Product)'	관리해야 할 '자산 (Asset)'	가꾸어야 할 '삶의 터전 (Community)'

통합적 활동에 가깝다. 성공적인 문화도시는 이러한 다층적인 전략을 유기적으로 결합하여, 외부에는 매력적인 도시브랜드를 제시하고 내부적으로는 활력 넘치는 로컬브랜드와 삶의 질 높은 '장소만들기'를 통해 그 실체를 끊임없이 채워나가는 도시라 할 수 있다.

　강력하고 매력적인 로컬브랜드들이 많아질수록 도시 전체의 브랜드 자산은 풍부해진다. 즉, 개성 넘치는 로컬브랜드들은 도시브랜드가 내세우는 가치를 증명하는 구체적인 '콘텐츠'이자 '실체'가 되고, 장소브랜딩의 과정을 거쳐 장소만들기로 이어진다. 예를 들어, '문화도시 서울'이라는 거대 담론은 성수동의 공장형 카페, 연남동의 독립서점, 을지로의 공방과 같은 수많은 로컬브랜드들이 존재하기에 설득력을 얻는다. 반대로, 잘 구축된 도시브랜드는 로컬브랜드들이 성장할 수 있는 우호적인 환경(인프라, 홍보 지원, 방문객 유입 등)을 제공하고 이들의 가치를 더 넓은 세상에 알리는 확성기 역할을 할 수 있으며, 장소만들기의 단초가 된다. 문화도시의 구성에 있어 중요한 전략은 '장소'의 본질을 제대로 정의하고, 다양한 방법으로 그것을 표현하는 수단과 방법론을 제공하는 것이다. 도시의 외형적 측면(External City)과 내적 측면(Internal City)

　뉴노멀 시대 문화도시와 로컬의 힘

간의 상호작용은 로컬브랜딩의 핵심이 된다(Kavaratzis, 2004). 경제·사회·문화 등 지역의 현안을 총체적으로 다루는 종합적 지역재생전략이 중요한데, 사회적 목표의 달성(지역의 자긍심 부각, 공동체 의식함양)이 함께 고려되어야 하기 때문이다(이병민·남기범, 2016). 따라서 성공적인 문화도시 전략은 거시적인 도시브랜딩과 미시적인 로컬브랜딩의 선순환 구조를 만들어 내고 장소만들기로 이어질 수 있도록 초점을 맞춰야 하며, 지역에 거주하는 사람들에게 지역 자체를 매력적으로 만드는 것이 중요하다.

로컬브랜딩의 전략적 접근: 안홀트(Anholt)의 모델을 중심으로

로컬브랜딩을 보다 체계적으로 이해하기 위해 국가 및 도시 브랜딩 분야의 유명한 전문가인 사이먼 안홀트(Simon Anholt)의 이론을 살펴볼 필요가 있다. 안홀트는 장소의 브랜드란 광고나 로고 같은 인위적인 마케팅 활동으로 만들어지는 것이 아니라, 그 장소의 정책, 행동, 문화 등 실체(Substance)에 의해 형성되는 '평판(Reputation)' 자체라고 주장했다. 그는 이를 '경쟁력 있는 정체성(Competitive Identity)'이라는 개념으로 설명하며, 브랜딩은 결국 "전략적인 자기 이해와 혁신, 그리고 소통의 과정"이라고 정의했다(Anholt, 2007).

안홀트는 도시의 평판, 즉 브랜드를 구성하는 핵심 요소를 여섯 가지로 체계화한 '도시 브랜드 육각형(City Brand Hexagon)' 모델을 제시했다. 이는 도시의 경쟁력을 종합적으로 진단하고 로컬브랜딩 전략을 수립하는 데 유용한 분석 틀을 제공한다. 〈그림 10-2〉에서 확인할 수 있는 것과 같이 6P전략을 통해 로컬브랜드의 자기점검이 가능하고, 이에 대해 타 도시나 지역과 차별화되는 자신만의 로컬브랜딩이 가능하다.

안홀트의 모델은 성공적인 문화도시 전략이 단순히 문화 행사(활기)나 아름

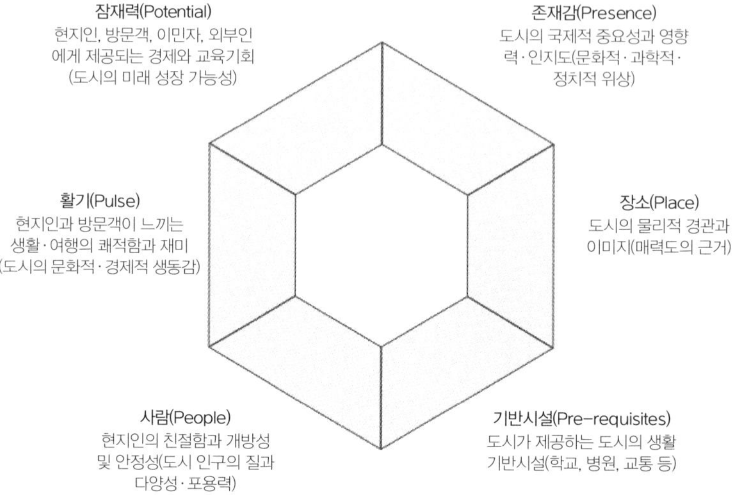

〈그림 10-2〉 사이먼 안홀트의 도시 브랜드 육각형(City Brand Hexagon)

출처: Anholt, 2007 재구성

다운 경관(장소)에만 치중해서는 안 되며, 편리한 인프라(기본요건), 열린 시민의식(사람), 인지도와 영향력(존재감), 그리고 미래를 위한 기회(잠재력) 등 여섯 가지 요소가 조화롭게 발전해야 함을 시사한다. 로컬브랜딩은 이 육각형의 각 꼭짓점을 강화하고, 그 결과들을 하나의 일관된 도시 평판으로 만들어가는 과정이라 할 수 있다.

로컬브랜딩의 지속가능성: 뿌리내림 이론의 적용

로컬브랜딩이 일시적인 유행을 넘어 지역에 지속가능한 활력을 불어넣기 위해서는 해당 브랜드와 주체가 지역 사회에 깊이 '뿌리내리는(Embedded)' 과정이 필수적이다. 그라노베터(Granovetter, 1985)에 의해 제시된 '뿌리내림(혹은

뉴노멀 시대 문화도시와 로컬의 힘

배태성, Embeddedness)' 이론은 경제 행위가 진공 상태에서 합리성만으로 이루어지는 것이 아니라, 사회적·문화적·정치적 관계망 속에 깊이 박혀 있음을 설명하는 개념이다.

이 이론을 로컬브랜딩에 적용하면, 성공적인 로컬브랜드는 단순히 우수한 상품이나 서비스를 제공하는 것을 넘어, 지역의 사회적 관계망, 문화적 맥락, 정치적 구조, 그리고 물리적 공간 구조의 일부가 되어야 함을 의미한다. 즉, 지역의 '삶'과 함께하며 지역 구조의 일부가 될 때, 비로소 지속가능성을 확보할 수 있다. 로컬브랜드의 뿌리내림은 크게 네 가지 차원으로 구분할 수 있다(김이나·이병민, 2023).

- 관계적 뿌리내림(Relational Embeddedness): 로컬크리에이터가 지역 주민, 다른 소상공인, 생산자, 지역 내·외부 예술가 등 다양한 행위자들과 맺는 신뢰 기반의 사회적 관계망을 의미한다. 비공식적 네트워크를 통한 라포르 형성, 협업을 통한 새로운 문화 형성 등이 이에 해당한다.

- 구조적 뿌리내림(Structural Embeddedness): 지역의 공식적인 조직 및 제도와의 연결을 의미한다. 협동조합, 상인회 등 지역 단체에 참여하거나, 행정 기관의 지원 사업에 참여하고, 지역 대학 등과 협력하며 공식적인 거버넌스 구조의 일부가 되는 과정이다.

- 사회문화적 뿌리내림(Socio-cultural Embeddedness): 지역의 역사, 문화, 규범, 정시 등 비공식적 제도와 가치를 이해하고, 이를 브랜드의 철학과 콘텐츠에 내재화하는 과정이다. 지역의 스토리를 브랜드에 녹여 내거나, 지역의 사회적 문제를 해결하는 데 기여하며 문화적 정당성을 확보하는 활동이 포함된다.

- 정치적 뿌리내림(Political Embeddedness): 지역의 정책 결정 과정에 직간접

적으로 참여하며 영향력을 형성하는 것을 의미한다. 지역 발전을 위한 정책을 제안하거나, 관련 위원회에 참여하는 등 지역의 미래를 함께 만들어 가는 주체로 인정받는 단계이다.

이러한 뿌리내림은 일회적인 사건이 아니라, '진입→초기→밀착도 증진→뿌리내림'의 단계를 거치는 동태적인 과정이다. 외부 행위자(이주 창업가 등)는 초기에는 지역의 본질을 이해하고 비공식적 네트워크를 통해 관계를 형성하며, 점차 지역의 의사결정 과정에 참여하고 독립적인 네트워크를 구축하며 뿌리내림의 정도를 심화시킨다. 이 과정에서 로컬크리에이터는 단순한 사업가에서 지역 문제를 해결하고 새로운 가치를 창출하는 '매개자' 또는 '공간기획자' 등으로 정체성 전환을 경험하기도 한다(김이나·이병민, 2023). 이러한 과정을 통해서 얼마나 유의미한 로컬브랜딩을 지역에 정착시키는가가 중요하다.

결론적으로, 로컬브랜딩의 성공과 지속가능성은 얼마나 효과적으로 지역사회에 다차원적으로 뿌리내리는가에 달려 있다. 성공적인 문화도시는 이러한 깊은 뿌리내림을 통해 자생적인 선순환 구조를 구축한 로컬브랜드들이 유기적으로 연결된 생태계라고 할 수 있다.

2. 문화도시를 위한 로컬브랜딩 전략과 사례 분석

이론적 배경을 바탕으로, 실제 현장에서 로컬브랜딩이 어떻게 문화도시의 비전을 구현하는지 구체적인 사례를 통해 살펴본다. 성공적인 로컬브랜딩 사례들은 공통적으로 창의적인 주체들이 어떻게 거버넌스를 구축하고, 공간과 콘텐츠를 통해 고유한 장소성(Sense of Place)[4]을 구현하며, 지속가능한 경제 생태계를 만들어가는지에 대한 중요한 통찰을 제공한다. 이때 장소의 정체성(Place Identity)은 지역의 고유한 문화와 역사를 반영하여 주민과 방문자에게 기억에 남는 경험을 제공하는 것을 의미한다. 이는 공간(물리적 환경)과 콘텐츠(문화적 활동)를 통해 구현된다. 본 절에서는 주체와 거버넌스, 공간과 콘텐츠라는 두 가지 축을 중심으로 국내 주요 사례를 분석해 본다.

1) 분석 의제 1. 로컬브랜딩 주체와 거버넌스 구축: 누가, 어떻게 만들어가는가

로컬브랜딩은 한 명의 영웅이 아닌, 다양한 주체들의 협력적 거버넌스를 통해 완성된다. 로컬크리에이터, 주민, 행정, 중간지원조직 등이 각자의 역할을 수행하며 시너지를 창출할 때, 브랜드는 지역 사회에 깊이 뿌리내릴 수 있다.

(1) 사례 1. 지역 문제 해결을 통한 자생적 생태계 구축: 제주 해녀의 부엌과 코코리제주

제주도는 독특한 자연과 문화로 수많은 로컬브랜드가 탄생하는 곳이지만, 그중에서도 '해녀의 부엌'과 '코코리제주'는 지역 문제 해결을 비즈니스 모델의 핵심으로 삼아 강력한 사회문화적 뿌리내림을 달성한 대표적인 사례다(김이나·이병민, 2023).

'해녀의 부엌'은 고령화로 소멸 위기에 처한 해녀 문화를 보존하기 위해 시

---

4) 장소성(Sense of Place): 특정 공간이 물리적 특성뿐만 아니라, 그곳에서 일어나는 활동, 사람들의 경험과 기억, 그리고 사회·문화적 의미가 결합되어 다른 곳과 구별되는 고유한 정체성과 분위기를 갖게 되는 특성을 의미한다. 로컬브랜딩은 이러한 장소성을 발굴하고 강화하여 장소의 매력을 높이는 과정이다.

작되었다. 이들은 단순히 해산물을 판매하는 것을 넘어, 해녀가 직접 채취한 식재료로 만든 다이닝과 해녀의 삶을 다룬 공연을 결합한 '복합문화체험' 콘텐츠를 창출했다. 이 과정에서 지역 어촌계(지역민)와 긴밀히 협력하여 신뢰를 쌓고, 지역의 청년 예술가들을 참여시켜 콘텐츠의 질을 높였다. 나아가 무신사(MUSINSA)와 같은 대기업과의 협업을 통해 브랜드를 확장하며, 수익의 일부를 어촌계 발전기금으로 기부하는 자생적 선순환 구조를 구축했다. 이는 '지역 자원 활용(해녀)→ 콘텐츠 창출(공연+다이닝)→거버넌스 구축(어촌계, 예술가, 기업)'이라는 성공적인 로컬브랜딩의 전형을 보여 준다(〈표 10-3〉 참조).

'코코리제주'는 상품성이 떨어져 버려지는 '파치 귤' 문제를 해결하기 위해 시작되었다. 이들은 파치 귤에서 추출한 천연 성분을 활용하여 친환경 세제와 화장품을 생산한다(〈그림 10-3〉). 이는 '지역 문제 해결'과 '지역 자원 활용'을 동시에 달성한 사례다. 또, '용기내기 프로젝트'와 같은 친환경 캠페인을 통해 소비자들이 브랜드의 가치에 동참하도록 유도하며 강력한 커뮤니티를 형성했다. JDC(제주국제자유도시개발센터)와 같은 공공기관과의 협력, '콘텐츠그룹 재주상회'와 같은 로컬 편집숍 입점 등을 통해 판로를 다각화하고, 최근에는

<표 10-3> <해녀의 부엌> 로컬브랜딩 선순환 구조

단계	주요 활동	주체	결과
콘텐츠 창출	지역 자원의 활용 (해녀, 해산물)	해녀, 로컬크리에이터	해녀 다이닝 및 공연 콘텐츠 개발
거버넌스 구축	지역민과 내·외부 예술인 참여	어촌계, 청년 예술가	콘텐츠 질적 향상 및 지역 신뢰 확보
	기업 및 정부와 협업	대기업(무신사), 정부 지원사업	브랜드 가치 확장 및 재정 안정성 확보
자생적 선순환	수익의 지역 환원 및 브랜드 확장	<해녀의 부엌>	어촌계 발전기금 기부, 신규 지점 확장

출처: 김이나·이병민, 2023 재구성

뉴노멀 시대 문화도시와 로컬의 힘

<그림 10-3> 코코리제주 인스타그램: 상품 홍보

출처: 코코리제주 인스타그램

싱가포르, 대만 등 해외 시장 진출(MOU)을 통해 글로컬(Glocal) 브랜드로 성장하고 있다. 이 두 사례는 로컬브랜딩이 단순한 이윤 창출을 넘어, 지역의 사회·환경적 문제 해결에 기여하며 지속가능한 가치를 만들어 낼 수 있음을 명확히 보여 준다.

(2) 사례 2. '오지라퍼'들이 만든 창조적 커뮤니티: 충주 관아골 '보탬플러스 협동조합'

충주시 원도심에 위치한 관아골은 쇠퇴한 구도심의 전형적인 모습이었다. 폐가가 밀집해 우범지대로 인식되던 이 골목에 변화의 바람을 불어넣은 것은 행정의 대규모 계획이 아닌, '오지라퍼'를 자처하는 청년들의 자발적인 움직임이었다(행정안전부, 2022b).

각자 다른 분야에서 활동하던 청년들은 충주시 도시재생대학을 계기로 만나 커뮤니티를 형성했고, 지역의 '결핍'에서 '기회'를 발견했다. '놀거리 없고 재미없는 도시'라는 인식을 바꾸기 위해, 버려진 공간을 활용해 각자의 개성이 담긴 공방과 카페를 열었다. 이들은 곧 〈보탬플러스 협동조합〉이라는 사업자 협동조합을 설립했다. 여기서 중요한 점은 협동조합이 생계를 위한 '본캐'가 아니라, '함께하면 즐거운 일'을 벌이기 위한 '부캐' 프로젝트 조직이라는 점이다(행정안전부, 2022b). 각자 자신의 사업을 운영하면서, 협동조합을 통해 '담장마켓'이라는 플리마켓을 기획하고, 지역 맥주를 개발하는 등 공동 프로젝트를 추진했다.

이들의 활동은 점차 지역 사회에 스며들었다. 아이와 청년들이 찾는 문화 골목으로 탈바꿈했고, 이는 충주시가 '문화도시'로 선정되는 데 중요한 기반이 되었다. 특히 조합의 핵심 멤버가 문화도시 사업기획단 PM으로 참여하며, "충주 살면 충주 사람"이라는 캐치프레이즈 아래 수많은 주민 라운드테이블을 진행하며 민간 주도의 비전을 시 정책에 반영시켰다. 충주 사례는 강력한 리더십을 가진 소수의 창조 커뮤니티가 어떻게 점진적으로 행정과 주민의 신뢰를 얻고, 지역 전체의 브랜딩을 주도하는 핵심 주체로 성장할 수 있는지를 보여주는 중요한 시사점을 제공한다. 이는 행정이 처음부터 모든 것을 기획하는 하향식(Top-Down) 방식이 아닌, 민간의 자생적 활동을 발굴하고 이들과 협력 관계를 형성하는 상향식(Bottom-Up) 지원의 중요성을 강조한다.

2) 분석 의제 2. 공간과 콘텐츠를 통한 장소성의 구현: 무엇으로 기억되게 할 것인가

로컬브랜딩의 성공은 결국 사람들이 체감할 수 있는 매력적인 공간과 독창적인 콘텐츠를 통해 구현된다. 지역의 역사와 자원을 어떻게 재해석하고, 어떤 경험을 제공하느냐가 그 지역의 '장소성'을 결정하며, 이는 곧 브랜드의 경쟁력이 된다.

뉴노멀 시대 문화도시와 로컬의 힘

(1) 사례 3. '보존'에서 '활용'으로, 확장하는 문화 거점: 전주 한옥마을

전주 한옥마을은 공공 주도로 시작된 로컬브랜딩이 민간의 참여로 확장·심화되는 전략을 구사한 사례이자 관광거점도시 사업과 결합하면서 국제적인 관광지로 변화하면서 브랜드 가치를 제고하려고 한 대표적 사례다(정명희, 2023).

1977년 '한옥보존지구'로 지정된 이곳은 오랫동안 개발이 제한된 주거지역에 머물러 있었다(행정안전부, 2022b). 변화의 계기는 2002년 한일월드컵이었다. 전주시는 월드컵을 계기로 한옥마을을 단순한 '보존 대상'이 아닌, 전주의 전통문화를 알릴 수 있는 '활용 가능한 매력 자원'으로 재인식했다.

초기 단계는 전주시가 주도했다. 전통문화관, 공예품전시관 등 핵심 문화시설을 조성하며 관광 거점을 마련하고, '전주한옥보존지원조례' 제정을 통해 주민들의 자발적인 한옥 개·보수를 지원했다. 이러한 공공의 선제적 투자는 민간의 참여를 이끌어 내는 마중물이 되었다. 주민들은 '한옥보존협의회', '한옥지킴이' 등 자생적 단체를 조직했고, 이후에는 '전주한옥마을 비빔공동체'를 중심으로 주민과 상인이 함께 마을의 정체성을 지키고 발전시키는 주체로 성장했다.

전주 한옥마을의 성공은 '지구 단위 계획'에서 '전통 문화도시 계획'으로 비전을 확장한 데 있다. 한옥마을 자체의 활성화에 그치지 않고, 남부시장, 전라감영 등 인근 원도심 전체로 활성화 범위를 넓히는 전략을 추진했다. 이는 하나의 성공적인 로컬브랜드가 주변 지역까지 긍정적인 영향을 미치는 '파급 효과'를 어떻게 전략적으로 관리하고 확산시킬 수 있는지를 보여 준다.

물론, 그 성공 이면에는 비판적인 시각도 존재한다. 과도한 상업화로 인해 임대료가 급등하면서 기존 주민과 소규모 공방 등이 밀려나는 젠트리피케이션 현상이 심화되었고, 국적 불명의 길거리 음식과 획일화된 상점들이 늘어나

〈표 10-4〉 전주 한옥마을 로컬브랜딩 발전 단계

구분	주요 내용	주체	특징
태동기 (~1990s)	한옥보존지구 지정, 개발 제한	행정	'보존' 중심의 소극적 관리
도입기 (2000년대 초)	전통문화특구 기본계획 수립, 공공 문화시설 조성, 조례 제정	행정 주도, 주민 설득	월드컵 계기 '활용'으로 패러다임 전환
성장기 (2000년대 중반~)	주민 주도 단체(협의회, 비빔공동체) 조직, 민간 문화 시설 증가	민관 협력	주민 참여 활성화, 자생 적 콘텐츠 확산
확장기 (2010년대~현재)	전통문화 중심 도시재생 사업 추진, 원도심 전체로 범위 확대	행정+민간	거점 브랜드의 지역 전체 확산, 상업화 문제 대응

출처: 행정안전부, 2022b 재구성

면서 한옥마을 고유의 정체성이 훼손되고 있다는 우려가 꾸준히 제기되고 있다(행정안전부, 2022b). 그러나 이에 대응하여 행정과 주민이 꾸준한 소통을 통해 규제(지구단위계획 변경)와 자율적 노력(품격있는 거리문화 만들기 캠페인)을 병행하며 문제를 해결해나가는 과정 자체는 눈여겨볼 만하다(〈표 10-4〉).

(2) 사례 4. 창조 커뮤니티가 만든 '마을호텔': 공주 제민천

충청남도 공주시의 원도심을 가로지르는 제민천 일대는 한때 악취가 나고 쇠락한 구도심의 상징과 같은 공간이었다(행정안전부, 2022b). 이곳의 변화는 '마을호텔'이라는 혁신적인 아이디어를 가진 로컬크리에이터 그룹 〈퍼즐랩〉에 의해 시작되었다. 이들은 도시재생 사업으로 생태하천으로 거듭난 제민천의 가능성을 발견하고, 흩어져 있는 빈집과 유휴공간을 하나의 숙박 시스템으로 연결하는 '마을호텔' 개념을 도입했다.

'마을호텔'은 체크인을 하는 프론트(안내소)와 객실, 식당, 카페, 체험공방 등이 마을 전체에 분산되어 있는 모델이다. 방문객은 단순히 한 건물에 머무는 것이 아니라, 마을 전체를 유람하며 지역의 가게들을 이용하고 주민들의 삶을 경험하게 된다. 이는 숙박이라는 단일 기능을 넘어, 지역의 다양한 소상공인들을 연결하고 상권 전체의 활성화를 유도하는 강력한 플랫폼 역할을 한다.

'퍼즐랩'은 여기에 그치지 않고 행정안전부의 '청년마을 만들기' 사업을 유치하여 '자유도(Degree of Freedom)'라는 청년 커뮤니티를 조성했다. 이는 지역에서 새로운 삶을 모색하는 청년들에게 창업과 정착을 지원하는 프로그램으로, 제민천을 청년들이 모여드는 활기찬 공간으로 탈바꿈시켰다. 공주 제민천 사례는 창의적인 로컬크리에이터가 어떻게 혁신적인 콘텐츠(마을호텔)와 커뮤니티(청년마을)를 통해 쇠락한 공간에 새로운 장소성을 부여하고, 청년 유입이라는 지역 소멸의 핵심 과제에 대한 실질적인 해법을 제시할 수 있는지를 명확하게 보여 준다. 이는 로컬브랜딩이 단순한 공간 재생을 넘어, 새로운 라이프스타일과 관계망을 설계하는 과정임을 시사한다.

나오는 글

문화도시를 창의적으로 활성화하는 로컬브랜딩에 대한 제언

앞서 살펴본 로컬브랜딩의 이론적 배경과 국내 사례들은 지방소멸 위기 시대에 문화도시가 나아가야 할 방향에 대한 중요한 시사점을 제공한다. 성공적인 로컬브랜딩은 단편적인 사업의 나열이 아니라, 지역의 고유한 가치를 바탕으로 사람, 비전, 과정이 유기적으로 연결된 총체적인 전략의 결과물이다. 이를 바탕으로 지속가능한 문화도시 조성을 위한 핵심 원칙과 전략을 다음과 같이 정리할 수 있다.

첫째, 지역 고유 가치를 바탕으로 장기간 변하지 않을 비전을 수립해야 한다. 성공 사례들은 모두 대규모 시설 개발이나 단기적인 경제 성과가 아닌, 지역의 일상생활, 자연환경, 역사, 커뮤니티 등 지역성에 뿌리를 둔 고유 가치를 비전의 바탕으로 삼았다. 전주 한옥마을의 '가장 한국적인 전통문화', 제주 해녀의 부엌의 '해녀 문화 보존', 공주 제민천의 '근대골목의 재해석'과 같이, 정치·경제적 상황에 흔들리지 않고 폭넓은 공감대와 지지를 얻을 수 있는 장기적인 비전이 필요하다. 이는 외부의 유행을 좇는 것이 아니라, 지역 내부의 자산에서부터 '우리다움'을 발굴하는 과정에서 시작된다(행정안전부, 2022a).

둘째, 당사자가 주체가 되어야 하며, 주체의 다양성이 유지되어야 한다. 로컬브랜딩은 1~2년 만에 성과를 내기 어려운 장기적인 과정이다. 따라서 외부 전문가나 단기적으로 관여하는 주체가 아닌, 그 지역에서 살아가며 활동하는 '당사자'가 주체가 되어야 한다. 충주 관아골의 청년 창업가들, 전주 한옥마을의 주민 협의체, 제주 해녀의 부엌의 로컬크리에이터처럼, 지역 문제에 대한 깊은 이해와 애정을 가진 이들이 자발적으로 움직일 때 지속가능한 동력이 확보된다. 동시에 행정은 특정 주체에만 의존하는 것이 아니라, 다양한 배경을 가진 로컬크리에이터, 예술가, 주민, 상인들이 활동할 수 있도록 생태계를 조성하고 '동료' 또는 '우군'을 늘려주는 역할을 해야 한다. 주체의 다양성은 곧 콘텐츠의 다양성으로 이어져 도시의 회복탄력성을 높인다.

셋째, 비전 수립 초기 단계에 광범위한 커뮤니티의 참여를 보장해야 한다. 많은 사례에서 초기 단계의 광범위한 의견 수렴과 공감대 형성이 사업 추진 과정에서의 갈등을 줄이고 실행력을 높이는 핵심 요인임이 확인되었다. 공주의 시민공유테이블 '다시'나 충주 문화도시의 '300회 라운드테이블'은 단순히 의견을 듣는 것을 넘어, 주민들이 함께 학습하고 토론하며 공동의 비전을 만들어가는 '숙의'의 과정이었다(행정안전부, 2022b). 이러한 과정은 주민들에게 주인의식을 심어주고, 행정에는 사업의 정당성과 신뢰를 부여하며, 강력한 민관 협력 거버넌스의 토대를 마련한다.

넷째, 작은 실험을 허용하고 피드백을 통해 점진적으로 개선·확장해야 한다. 어떤 사례도 처음부터 완벽한 계획으로 성공하지 않았다. 대부분 작은 범위에서의 실험으로 시작하여, 그 과정에서 얻은 피드백을 통해 계획을 수정하고 점진적으로 사업을 확장해 나갔다. 충주 관아골은 '담장마켓'이라는 소규모 이벤트를 통해 골목의 활력을 되찾고 더 큰 문화도시 비전으로 나아갔고, 공주 제민천은 하나의 게스트하우스에서 시작해 마을 전체를 엮는 '마을호텔'로 개념을 확장했다. 행정은 이러한 작은 실험들을 장려하고, 실패를 용인하며, 성공 사례가 확산될 수 있도록 지원하는 유연한 정책 환경을 조성해야 한다. 정책적으로는 지역 창의 산업을 위한 창업지원, 재정적 지원 및 인센티브, 지역 맞춤형 지원 프로그램이 필요하다(OECD, 2019).

다섯째, 경제활동의 이익을 커뮤니티에 환원하는 선순환 구조를 설계해야 한다. 로컬브랜딩은 자선사업이 아니며, 지속가능성을 위해 적절한 경제활동은 필수적이다. 그러나 더 중요한 것은 그 이익이 외부로 유출되는 것이 아니라 지역 커뮤니티를 위해 재투자되는 선순환 구조를 만드는 것이다. 충주의 보탬플러스 협동조합 사례(행정안전부, 2022b)나 제주 해녀의 부엌의 어촌계 발전기금 기부 등은 경제적 성과가 어떻게 공동체성 강화와 지역의 삶의 질 향상으로 이어질 수 있는지를 보여 준다. 사업성과 공동체성은 대립하는 가치가 아니라, 상호보완적으로 함께 성장할 때 진정한 의미의 지속가능한 발전이 가능하다.

결론적으로, 로컬브랜딩을 통한 문화도시 조성은 정해진 공식이나 지름길이 없는 여정이다. 이는 지역의 고유한 정체성을 찾아가는 인문학적 탐구 과정이자, 다양한 주체들이 신뢰를 쌓아가는 사회적 관계 형성의 과정이며, 창의적인 아이디어를 실험하고 실현하는 경제적 혁신의 과정이다. 인구감소와 지방소멸의 위기는 역설적으로 우리에게 지역의 본질적 가치를 되묻고, 획일적인 성장에서 벗어나 다양성과 창의성에 기반한 새로운 발전 모델을 모색할 기회를 제공하고 있다. 로컬브랜딩은 그 기회를 현실로 만드는 가장 강력하고 효과적인 전략이 될 것이다.

○ 토론 주제

1. 성공적인 로컬브랜딩은 종종 젠트리피케이션(Gentrification) 문제를 야기한다. 지역의 고유한 정체성과 문화를 보존하면서 상업적 성공을 지속가능하게 양립시킬 수 있는 구체적인 전략(예: 상생협약, 지역 자산화, 제도적 장치 등)에는 무엇이 있을까?

2. 로컬브랜딩 과정에서 행정(정부 및 지자체)의 이상적인 역할은 무엇이라고 생각하는가? 초기 단계의 적극적인 개입과 투자(Top-Down)가 중요한가, 아니면 민간 주체들의 자생적 활동을 촉진하고 지원하는 촉매자(Facilitator) 역할(Bottom-Up)에 머물러야 하는가? 각 방식의 장단점을 사례에 근거하여 토론해 보자.

3. '문화도시'의 성공을 평가할 때 어떤 기준이 가장 중요하다고 생각하는가? 방문객 수나 경제적 부가가치와 같은 정량적 지표 외에, 지역 공동체 활성화나 주민의 문화적 자긍심, 삶의 질 향상 등 로컬브랜딩 관련 정성적인 가치를 어떻게 측정하고 정책 성과에 반영할 수 있다고 보는가?

  뉴노멀 시대 문화도시와 로컬의 힘

·참고문헌·

국내문헌

권오혁. (2023). "지역 관련 연구 및 정책에 있어서 지역 개념의 부정합성에 관한 검토". 『한국지역개발학회지』, 35(1), 179-198.

김도형·양원탁. (2023). 로컬브랜딩을 활용한 골목상권 육성방안. 한국지방행정연구원 연구보고서.

김영수·정의홍·김우현·이성일. (2018). 『지역을 살리는 로컬브랜딩』. 클라우드나인.

김이나·이병민. (2023). "로컬콘텐츠 기획자 뿌리내림 과정과 특성– 중국 청두시 사례를 중심으로".『문화경제연구』, 26(3), 3-34.

김혁주. (2020). 『로컬크리에이터의 등장』. 비로컬.

류인평·조영호·심우석. (2014). "관광스토리텔링과 관광목적지 매력, 브랜드 가치 연구– 전주한옥마을을 중심으로".『관광연구』, 29(2), 183-203.

모종린. (2017). 『골목길 자본론』. 다산북스.

모종린. (2021). 『머물고 싶은 동네가 뜬다』. 알키.

모종린·김보민·박민아. (2022). 『로컬 브랜드 리뷰 2022』. 포틀랜드스쿨.

박보람. (2017). "브랜드의 정의에 관한 고찰– 어원과 제도적 관점을 중심으로".『디자인 융복합연구』, 62, 203-216.

송정은·이병민. (2016). "문화유산 자원을 활용한 장소브랜딩: 중국 운남의 〈인상리장〉을 사례로",『한국경제지리학회지』. 19(2). 189-208.

송주연·이병민. (2022). "로컬크리에이터의 지역정착 지원방안: 진입경로 유형별 특성을 중심으로".『인문콘텐츠』, 67, 101-126.

이병민. (2024). 『지속가능한 지역의 조건』. '24년도 로컬브랜딩 세미나 발표자료.

이병민. (2025). 『지역가치 중심의 로컬콘텐츠 및 브랜딩을 통한 지역활성화』. 2025 밀양 도시미래전략 컨퍼런스 발표자료.

이병민·김혜지·남기범·정수희·정지은. (2022). 『문화기반 중소도시 발전전략: 로컬크리에이터의 역할을 중심으로』, 경제·인문사회연구회

이병민·남기범. (2016). "글로컬라이제이션과 지역발전을 위한 창조적 장소만들기".『대한지리학회지』. 51(3). 421-439.

이상봉. (2010). "대안적 공공공간으로서의 로컬의 전망".『인문사회과학연구』, (26), 5-44.

이수태·임정은. (2008). "도시브랜드 디자인이 국가 이미지에 미치는 영향과 도시브랜드 디자인 방향에 관한 연구".『브랜드디자인학연구』, 6(1), 51-62.

정명희. (2023). "관광거점도시 사업의 성공적 추진을 위한 전주한옥마을 관광객의 관광형
　　태 종단연구".『지역사회연구』, 31(3). 139–158.
정수희·이병민. (2023). "'로컬'의 인문학적 의미와 실천을 통한 지역발전: 한국과 일본 '로
　　컬크리에이터' 사례 비교를 중심으로".『아태연구』, 30(1), 5–42.
중소벤처기업부. (2020). 지역기반 로컬크리에이터 활성화 지원사업 공고.
통계청. (2023). 2022년 출생·사망통계(잠정) 보도자료.
행정안전부. (2022a). 2022 로컬브랜딩 마스터플랜 길라잡이.
행정안전부. (2022b).『로컬브랜딩 사례집: 지역은 어떻게 브랜딩 되는가』.

국외문헌

Anholt, S. (2007). *Competitive Identity: The New Brand Management for Nations, Cities and Regions*. Palgrave Macmillan.

Granovetter, M. (1985). "Economic Action and Social Structure: The Problem of Embeddedness". *American Journal of Sociology*, 91(3), 481-510.

Jack, S. L., & Anderson, A. R. (2002). "The effects of embeddedness on the entrepreneurial process". *Journal of Business Venturing*, 17(5), 467-487.

Kasapi, I., & Cela, A. (2017). "Destination Branding: A Review of the City Branding Literature". *Mediterranean Journal of Social Sciences*, 8(4), 129-142.

Kavaratzis, M. (2004). "From city marketing to city branding: Towards a theoretical framework for developing city brands". *Place Branding*, 1(1), 58-73.

OECD (2019). Culture and local development: maximising the impact (Working paper).

Primitive Agency (2023). Guide to local branding: Definition, benefits, and examples. https://primitiveagency.com/guide-to-local-branding-definition-benefits-and-examples

Ramotion Agency (2025). Local Branding Guide https://www.ramotion.com/blog/local-branding

RUSSH (2025). 31 of the best Korean fashion brands to shop https://www.russh.com/korean-fashion-brands

SendPulse (2023). Local Brand? https://sendpulse.com/support/glossary/local-brand

Toplist.info (2022). Top 10 local brands in Korea. https://toplist.info/top-list/local-brands-in-korea-967.htm

UNESCO (2023). Creative Cities Network. https://en.unesco.org/creative-cities

제11장

산업과 문화의 융합: 콘텐츠 산업화 전략

들어가는 글

새로운 시대, 패러다임을 전환하는 문화의 가치와 중요성 인식

최근 우리는 전례 없는 변화의 시대를 경험하고 있다. 4차 산업혁명과 디지털 전환의 가속화, 그리고 코로나19 팬데믹이 촉발한 비대면 사회로의 이행은 기존의 사회·경제적 질서를 근본적으로 재편하고 있다. 이러한 거대한 흐름 속에서 과거 고도성장을 지향하던 발전 패러다임은 한계에 부딪혔으며, 그 대안으로 지속가능성과 회복탄력성, 그리고 개인의 '삶의 질'을 중시하는 질적 성장 모델이 새로운 표준, 즉 '뉴노멀(New Normal)'로 자리 잡고 있다. 이는 단순히 경제적 풍요를 넘어, 소소하지만 확실한 행복(소확행)과 같은 문화적 가치가 사회 전반의 중요한 목표로 부상하는 '문화적 전환(Cultural Turn)'[1]현상

---

1) '문화적 전환'은 인문학 및 사회과학에서 문화가 핵심적인 분석 대상으로 부상한 1970년대 이후의 이론적, 인식적 변화를 의미한다. 이는 언어 자체에 집중했던 기존의 언어학적 접근을 비판하

과 맥을 같이 한다.

　문화적 전환은 문화가 더 이상 경제 발전에 종속된 부차적 요소가 아니라, 사회의 중심에서 새로운 가치를 창출하고 경제 활동의 성격을 규정하는 핵심 동력으로 부상했음을 의미한다. 특히 문화콘텐츠산업은 이러한 시대적 변화를 가장 선명하게 반영하는 영역이다. 디지털 플랫폼을 통해 시공간의 제약 없이 확산되는 K-콘텐츠는 전 세계인의 일상에 깊숙이 스며들며 한국의 라이프스타일을 매력적인 문화 상품으로 제시하고 있다. 이는 단순히 문화적 영향력을 넘어, 관광, 소비재 등 연관 산업의 성장을 견인하고 국가와 도시의 브랜드를 제고하는 강력한 경제적 파급효과를 낳고 있다.

　이러한 배경 속에서 지역 발전의 패러다임 또한 근본적인 변화를 맞이하고 있다. 중앙 주도의 하드웨어적 인프라 확충 방식에서 벗어나, 지역 고유의 문화적 자산과 이를 활용한 문화적 전환을 통해 창의적 인재를 육성하고 내생적 발전 동력을 확보하려는 노력이 중요해지고 있다. 결국 미래 도시의 경쟁력은 얼마나 매력적인 문화콘텐츠를 생산하고, 이를 통해 혁신적인 산업 생태계를 구축하며, 시민들에게 풍요로운 문화적 삶을 제공하는 '문화도시'로 자리매김할 수 있는가에 달려있다고 해도 과언이 아니다.

　본 장에서는 이러한 시대적 요구에 부응하여 '산업의 문화화' 현상을 중심으로 문화와 산업이 어떻게 상호작용하며 지역의 혁신성장을 이끌어 낼 수 있는지 심도 있게 탐색하고자 한다. 이를 위해 먼저 지역 경제의 구조적 전환과 산업 발전경로에 대한 이론적 논의를 바탕으로, 유럽의 '스마트 전문화 전략 (Smart Specialization Strategy; S3)'을 관련 주요 분석틀로 제시할 것이다. 이어

고, '문화'를 중심으로 사회 현상과 텍스트(번역 등)를 해석하려는 경향이다. 이에 따라 '문화'의 범주가 확대되며 콘텐츠산업이 문화의 매개이자 실천으로 기능하게 된 과정과도 관련된다(김성수, 2022).

 뉴노멀 시대 문화도시와 로컬의 힘

서 문화콘텐츠, 메세나(Mecenat), 그리고 실제 국가 정책 사례 등을 분석하며, 문화가 지역 산업 생태계 내에서 어떻게 혁신의 촉매제로 기능하는지 살펴볼 것이다. 궁극적으로 본 장은 문화도시를 지향하는 지역들이 지속가능한 발전을 이루기 위해 수립해야 할 산업과 문화의 협력 방안에 대한 학술적·정책적 시사점을 제공하는 것을 목표로 한다.

1. 산업과 문화의 만남, 이에 대한 이론적 배경과 새로운 패러다임

지역 경제의 구조적 전환과 산업 발전경로

경제 공간의 역동성을 설명하는 진화 경제지리학적 접근은 '경로의존성 (Path Dependency)'이란 핵심 개념을 통해 지역 경제의 발전 과정을 설명한다. 경로의존성은 과거의 역사적 사건이나 결정들이 현재와 미래의 선택 범위를 제약함으로써 특정 산업구조나 기술경로가 한 번 형성되면 쉽게 바뀌지 않고 고착되는 현상을 의미한다. 그러나 지역 경제는 단순히 과거에 얽매여 있는 것이 아니라, 내·외부의 변화에 대응하며 새로운 경로를 창출하기도 한다. 마틴과 선레이(Martin and Sunley, 2010)는 이러한 과정을 지역 내 다양한 부문 간의 상호 연관된 네트워크를 통해 '경로의 상호의존성(Path-Interdependence)' 이 발생하고, 경제·기술·사회제도적 영역이 함께 진화하는 '공진화(Co-Evolution)'의 결과물로 보았다. 즉, 산업의 발전경로는 지역이라는 특수한 맥락 속에서 이해해야 하며, 모든 지역에 동일하게 적용되는 '획일적 접근(One-Size-Fits-All)' 방식의 정책에서 벗어나 장소기반(Place-Based)의 접근이 필요하다.

그릴리치와 아세임(Grillitsch & Asheim, 2018)은 이러한 산업 발전경로를 크게 세 가지 유형으로 분류하여 지역별 혁신 전략 수립의 단초를 제공했다.

첫째, 경로 업그레이딩(Path Upgrading)은 기존 산업의 질적 변화를 통해 새로운 방향으로 전환하는 것을 의미한다. 이는 글로벌 생산 네트워크에서 지역 산업의 위치를 상향 이동시키거나, 신기술 도입을 통해 경로를 재활성화(Renewal)하는 방식으로 나타난다. 특히 주목할 점은 '틈새(Niche) 발전'인데, 이는 전통적인 저기술 산업에 디자인, 브랜딩과 같은 상징적 지식을 결합하여 높은 부가가치를 창출하는 전략이다.

둘째, 경로 다각화(Path Diversification)는 기존 산업이 보유한 지식과 자원을 바탕으로 새로운 산업으로 확장하는 기업 차원의 전략이다. 이는 크게 두 가지로 나뉜다. 하나는 기존 산업과 기술적·시장적으로 인접한 분야로 확장하는 '관련 다각화(Related Variety)'로, 새로운 산업 경로를 창출하는 핵심 원리로 알려져 있다. 다른 하나는 기존 산업과 직접적인 관련이 없는 분야의 지식을 창의적으로 결합하는 '비관련 다각화(Unrelated Variety)'로, 예를 들어 전통 식품 산업이 바이오 기술이나 디자인 지식과 결합하여 고기능성 식품을 개발하는 것과 같다.

셋째, 경로 창발(Path Emergence)은 기존에 없던 완전히 새로운 산업이 만들어지거나(New Creation), 외부로부터 새로운 산업 경로가 지역에 도입(Importation)되는 경우를 말한다. 이는 기술적·과학적 발견이나 새로운 비즈니스 모델의 탐색, 사회 혁신 등을 통해 급진적 혁신이 발생하는 것을 의미하며, 기존의 지역 구조와는 단절적인 변화를 야기할 수 있다.

이처럼 산업 발전경로의 핵심은 기존 지식을 창의적으로 재조합하거나 새로운 지식을 지역에 성공적으로 유입시켜 뿌리내리게 하는 과정에 있다. 여기서 중요한 것은 혁신을 추동하는 '지식'의 성격이 산업별로 다르다는 점이며,

   뉴노멀 시대 문화도시와 로컬의 힘

본 절에서는 이러한 지식의 성격을 문화적 관점에서 논의하고자 한다.

혁신의 동력으로서의 지식기반

아세임(Asheim)과 동료들은 산업별 혁신 유형과 지식의 특성을 체계적으로 분석하기 위해 '산업지식기반 접근법(Industrial Knowledge Base Approach)'을 제시하고, 지식의 유형을 세 가지로 구분하였다(Asheim et al., 2017).

- 분석적 지식기반(Analytical Knowledge Base): 과학적 지식(Know-Why)이 핵심이 되는 유형으로, 신약 개발, 신소재 등 R&D 집약적 산업이 여기에 해당한다. 혁신 과정에서 대학이나 연구소와의 공식적인 협력 네트워크가 중요하며, 지식은 비교적 성문화·표준화되기 용이하다.
- 종합적 지식기반(Synthetic Knowledge Base): 기존의 지식들을 새롭게 조합하고 응용하여 문제를 해결하는 실용적 지식(Know-How)이 중심이 되는 유형이다. 엔지니어링, 장비 제조업 등이 대표적이며, 공급자와 사용자 간의 상호작용과 학습, 암묵적 노하우가 혁신에 중요한 역할을 한다.
- 상징적 지식기반(Symbolic Knowledge Base): 심미적 가치, 이미지, 상징, 이야기 등 의미를 창출하는 활동이 핵심이 되는 유형이다. 문화콘텐츠, 디자인, 브랜딩, 패션, 관광 등이 여기에 속한다. 이 지식기반은 창의성과 해석, 문화적 맥락에 대한 깊은 이해가 중요하기 때문에 상황 특수적(Context-Specific)이며, 지식의 모방이나 확산이 상대적으로 어렵다.

과거의 산업정책이 주로 분석적 지식기반, 즉 과학기술 역량 강화에 집중했다면, 최근에는 상징적 지식기반의 중요성이 크게 부각되고 있다. 이러한 이

유는 문화와 창의성에 기반한 상징적 지식이 제조업이나 서비스업 등 전통 산업과 융합하여 제품과 서비스에 새로운 스토리와 감성적 가치를 부여함으로써 부가가치를 높이는 '산업의 문화화'를 이끄는 핵심 동력이기 때문이다. 이는 산업 기반이 취약한 지역이라도 고유한 문화적 자산과 창의성을 활용하여 차별화된 발전 경로를 모색할 수 있다는 중요한 시사점을 제공한다.

스마트 전문화 전략(S3)과 쿼드러플 헬릭스

이러한 이해를 바탕으로 지역에서의 실질적인 발전 경로를 다음 전략을 통해 비추어볼 수 있다. 이와 관련하여, 지역별로 상이한 산업 발전경로와 지식 기반의 특성을 고려하여, 보다 효과적인 지역혁신정책을 수립하려는 노력 속에서 등장한 것이 바로 유럽연합(EU)의 '스마트 전문화 전략(Smart Specialization Strategy; S3)'이다. S3는 단순히 특정 첨단산업을 유치하거나 육성하는 기존의 클러스터 정책을 넘어, 지역이 보유한 고유한 강점과 잠재력을 기반으로 미래의 경쟁우위 영역을 '스마트하게' 발굴하고, 이를 중심으로 자원을 집중하여 경제의 구조적 전환을 꾀하는 장소기반 혁신정책 플랫폼이다.

S3의 핵심 원리는 '기업가적 발견과정(Entrepreneurial Discovery Process; EDP)'에 있다. 여기서 '기업가'는 단순히 기업뿐만 아니라, 새로운 기회를 발견하고 혁신을 주도하는 대학, 연구소, 공공기관, 시민 등 광의의 모든 행위자를 포함한다. 이들 다양한 주체들이 상호작용하고 협력하는 과정에서 지역의 새로운 특화 분야가 발견되고, 이를 통해 기존 산업은 고도화(현대화)되거나 새로운 산업으로 확장(다각화, 이행)될 수 있다.

S3가 기존의 지역혁신체계(Regional Innovation System; RIS)와 구분되는 가장 큰 특징 중 하나는 혁신의 주체를 바라보는 관점에 있다. 전통적인 RIS가

 뉴노멀 시대 문화도시와 로컬의 힘

<표 11-1> 지역혁신체계(RIS)와 스마트 전문화 전략(RIS3)의 비교

구분	지역혁신체계(RIS)	스마트 전문화 전략(RIS3)
출발점	혁신 활동 지원 부족, 시스템 부재 상태	혁신 정책의 파편화·모방, 시스템은 있으나 고립된 실행
핵심요소	R&D, 기술 중심의 선형적 혁신 모델	광의의 혁신, 개방형 혁신 모델
우선순위	비교우위 분야 탐색 (글로벌 경쟁력 고려 미흡)	지역 자산과 강점에 근거한 특화된 다각화
	지식(기초과학)의 생성 및 응용에 초점	기업가적 발견 과정 추구 (창조적 지식 결합)
전략과정	하향식(Top-down) 접근	상향식(Bottom-up) 접근, 모든 이해관계자 참여
관련주체	트리플 헬릭스 (산·학·관)	쿼드러플 헬릭스 (산·학·관 + 시민사회/문화)
운영수단	공급 측면 정책 (인프라 구축 등)	수요 측면 정책(혁신적 시장 창출) + 네트워크 강화

출처: del Castillo et al., 2012 재구성

산·학·관의 협력을 강조하는 '트리플 헬릭스(Triple Helix)' 모델에 기반했다면, S3는 여기에 '시민사회' 혹은 '문화기반의 대중(Media- and Culture-based Public)'을 네 번째 나선으로 포함하는 '쿼드러플 헬릭스(Quadruple Helix)' 모델을 지향한다(<표 11-1>).

쿼드러플 헬릭스(Quadruple Helix)[2] 모델은 혁신 과정에서 최종 사용자인 시민과 지역사회의 역할이 중요해지는 개방형·사용자 중심 혁신 환경으로의 전환을 반영한나. 문화, 가치, 생활양식, 예술 등 상싱적 지식기반을 대표하는 시민사회는 혁신적인 아이디어를 제공하는 주체이자, 새로운 기술과 서비스

---

2) 쿼드러플 헬릭스(Quadruple Helix): 기존의 산(Industry)-학(Academia)-관(Government) 3자 협력 모델인 트리플 헬릭스(Triple Helix)에 시민사회(Civil Society) 또는 문화기반의 대중 (Culture-based Public)을 네 번째 주체로 포함시킨 혁신 모델이다. 기술 중심의 혁신을 넘어 사회적 수요와 문화적 가치를 반영하는 개방형 혁신, 사용자 주도 혁신을 강조하는 개념이다.

가 사회에 수용되고 확산되는 과정에서 중요한 공론장의 역할을 수행한다. 이는 문화와 창의성이 단순히 산업 경쟁력 강화의 수단을 넘어, 지역사회의 응집력을 높이고 사회적 가치를 실현하며, 궁극적으로 지속가능한 발전을 이끄는 토대가 됨을 의미한다. 이를 통해 탄탄한 거버넌스 체계의 마련이 가능하다.

산업에서의 이해를 토대로, 스마트 전문화 전략과 쿼드러플 헬릭스 모델은 '산업의 문화화'와 '문화도시' 담론에 강력한 이론적 토대를 제공한다. 이는 지역 혁신이 더 이상 기술 전문가나 정책 결정자들의 전유물이 아니며, 지역의 고유한 문화적 자산을 중심으로 다양한 주체들이 협력하고 소통하는 과정에서 창발된다는 점을 명확히 보여 준다. 다음 절에서는 이러한 이론적 논의를 바탕으로, 문화콘텐츠가 실제 지역에서 어떻게 혁신 성장의 구체적인 전략으로 구현될 수 있는지 살펴보도록 하겠다.

2. 문화콘텐츠를 통한 지역혁신성장의 실제와 전략

경로 이행 및 현대화: 콘텐츠 융합 생태계와 가치 창출

경로 이행(Transition)은 기존의 산업 자산을 활용하여 새로운 영역으로 발전하는 것을 의미한다. 문화콘텐츠 분야에서 이는 기존의 개별 장르 산업이 경계를 허물고 서로 융합하며 새로운 '콘텐츠 융합 생태계'로 전환하는 과정으로 나타날 수 있다. 예를 들어, 과거 게임산업은 그 자체로 독립된 산업이었지만, 최근에는 방송, 미디어, ICT 기술과 결합하여 'e-스포츠'라는 새로운 융합 생태계를 형성하고 있다. 이러한 생태계는 단순히 게임의 제작과 유통을 넘어,

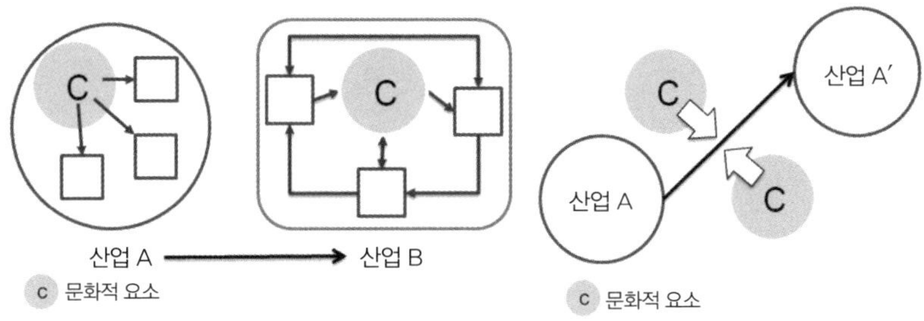

〈그림 11-1〉 경로 이행과 현대화의 도식화

출처: 허동숙·이병민, 2019 재구성

방송 중계권, 광고, 상품(MD), 경기장 운영, 선수 매니지먼트 등 전·후방으로 광범위한 연관 산업을 파생시키며 지역 경제에 새로운 활력을 불어넣는다.

경로 현대화(Modernization)는 기존 산업에 새로운 지식이나 기술을 투입하여 부가가치를 높이고 질적 고도화를 이루는 것이다. 문화콘텐츠는 그 자체가 혁신적인 상징적 지식기반으로서, 다른 산업의 현대화를 촉진하는 강력한 촉매제 역할을 한다(〈그림 11-1〉 참조).

이러한 '산업의 문화화'는 제조업이나 서비스업 등 전통 산업에 스토리텔링, 디자인, 게이미피케이션(Gamification)[3] 등 문화적 요소를 접목하여 새로운 경쟁력을 확보하는 전략이다. 가령, 자동차 산업에 IT와 엔터테인먼트 콘텐츠를 결합하여 '인포테인먼트 시스템'을 고도화하거나, 지루한 재활 훈련 과정에 게임의 재미와 보상 시스템을 도입하여 환자의 참여 동기와 치료 효과를 높이는 의료기기를 개발하는 것이 대표적인 사례다. 이 과정에서 핵심은 단순히 기술을 접목하는 것을 넘어, 사용자의 감성을 자극하고 긍정적인 경험을 제공하는

---

3) 게이미피케이션(Gamification): 게임이 아닌 분야에 문제 해결, 지식 전달, 행동 변화 등을 목적으로 게임의 메커니즘(경쟁, 보상, 레벨업 등)과 사고방식을 접목하는 것을 말한다. 사용자의 몰입과 재미, 동기 유발을 통해 특정 행동을 유도하는 효과가 있어 교육, 마케팅, 헬스케어 등 다양한 분야에서 활용된다.

‘인문학적 사고’와 ‘창의력’이다.

최근 K-콘텐츠의 폭발적 성장을 이끄는 웹툰은 경로 이행과 현대화의 잠재력을 동시에 보여 주는 탁월한 사례다. 웹툰은 그 자체로 높은 성장세를 보이는 독립된 콘텐츠 산업이지만, 동시에 드라마, 영화, 게임, 뮤지컬, MD 상품 등 다양한 장르로 변용되는 ‘원 소스 멀티 유스(One Source Multi Use;OSMU)’의 핵심, 즉 ‘슈퍼 IP(지적재산권)’로서 기능한다. 하나의 인기 웹툰 IP는 수많은 연관 콘텐츠의 제작을 촉발하며 거대한 ‘IP 유니버스’라는 융합 생태계로 이행하고, 동시에 영상, 게임 등 기존 미디어 산업에 새로운 스토리와 캐릭터를 공급하며 해당 산업의 경로를 현대화하는 데 기여한다. 정부의 제3차 콘텐츠산업 진흥 기본계획(2024.6) 역시 이러한 웹툰의 확장성에 주목하며, K-콘텐츠의 새로운 성장 동력으로 육성하려는 의지를 보이고 있다. 지역 차원에서는 인기 웹툰이나 드라마의 배경이 되고 있는 장소를 중심으로 새로운 관광 상품을 개발하고 도시 브랜드를 강화하는 전략을 적극적으로 모색할 수 있다.

경로 다각화와 가치기반 토대 구축, 로컬크리에이터와 콘텐츠 투어리즘

경로 다각화(Diversification)는 기존에 없던 새로운 시장을 창출하며 성장 영역을 넓히는 전략이다. 이는 문화적 수요에 기반하여 새로운 과제를 발굴함으로써 이루어질 수 있다. SNS의 발달로 개인의 취향이 파편화되고 다양해지면서, 과거에는 주목받지 못했던 지역의 고유한 문화나 라이프스타일이 새로운 사업 아이템으로 떠오르고 있다. 이러한 흐름의 중심에 ‘로컬크리에이터(Local Creator)’가 있다. 앞에서도 논의된 바와 같이, 로컬크리에이터는 “지역의 자연환경, 문화적 자산 등 지역 고유의 특성과 자원을 기반으로 혁신적인 아이디어를 접목해 사업적 가치를 창출하는 창업가”를 의미한다. 강원도 춘천의 '감자밭'이 감자라는 지역 특산물을 '감자빵'이라는 트렌디한 상품으로 재해석하여 전국적인 명소로 부상한 것이나, 제주의 해녀 문화를 현대적인 다이닝 경험으로 풀어낸 '해녀의 부엌'이 대표적인 성공 사례다. 이들은 단순히 제품을 판매하는 것을 넘어, 지역의 스토리를 팔고, 방문객에게 특별한 경험을 제공하며, 이를 통해 지역의 가치를 높인다. 로컬크리에이터의 활동은 지역의 자원을 재발견하고 새로운 문화 수요를 창출함으로써 지역 경제의 경로를 다각화하는 중요한 동력이 된다. 이러한 현상은 OECD의 '저밀도 경제(Low-Density Economy)' 논의와도 맞닿아 있는데, 대도시가 아닌 중소도시나 농촌 지역이 오히려 고유한 로컬리티를 기반으로 유연하고 창의적인 경제 활동의 중심지가 될 수 있다는 가능성을 보여 준다(정도채 외, 2019).

더 나아가 국제적인 측면을 고려하자면, 한류의 성공도 이러한 맥락에서 이해할 수 있다. K-콘텐츠의 세계적인 성공은 '콘텐츠 투어리즘'이라는 강력한 경로 다각화의 기회를 제공한다. 콘텐츠 투어리즘은 영화, 드라마, 예능, K-

<표 11-2> 한류의 단계별 발전과 주요 콘텐츠

구분	1단계 (형성기)	2단계 (확산기)	3단계 (심화기)	4단계 (도약기)	5단계 (성숙기)
시기	1997~	2003~	2010~	2017~	2022~
팬덤지역	중국, 동남아	일본, 중동, 남미	북미·유럽 진입	글로벌 팬덤	글로벌 팬덤 심화
주도분야	드라마, K-POP	드라마, 영화	K-POP	K-POP, 드라마, 영화	한국문화 +연관산업
대표콘텐츠	〈사랑이 뭐길래〉, H.O.T	〈겨울연가〉, 〈올드보이〉, 보아	〈도깨비〉, 빅뱅, 2NE1	BTS, 〈기생충〉	〈오징어게임〉, 블랙핑크
구분기준	최초 팬덤 형성	선진국 진출	K-POP 팬덤 프로슈머화	BTS 빌보드 1위	Beyond K-시대 진입

출처: 정종은, 2022, p.25 및 p.35 재구성

POP 등 대중문화 콘텐츠의 배경이 된 장소나 관련 경험을 찾아 떠나는 관광 형태를 말한다(보다 자세한 내용은 12장에 언급). 드라마 〈겨울연가〉의 남이섬, 〈도깨비〉의 주문진 해변 등은 콘텐츠의 인기에 힘입어 세계적인 관광 명소가 되었으며, 이는 지역 경제 활성화에 직접적으로 기여했다. 최근에는 단순히 촬영지를 방문하는 것을 넘어, K-POP 댄스 클래스, 막걸리 만들기, K-뷰티 메이크업 체험 등 콘텐츠에 담긴 라이프스타일을 직접 경험하려는 수요가 폭발적으로 증가하고 있다. 이는 관광산업이 문화콘텐츠산업과 결합하여 새로운 고부가가치 시장을 창출하는 경로 다각화의 전형적인 모습이다.

이와 함께, 가치기반 토대구축(Value-based Foundation)은 이러한 혁신 활동이 지속적으로 일어나기 위한 근본적인 환경을 조성하는 것을 의미한다. 이는 구체적인 산업 육성 정책을 넘어, 지역의 인적 자원을 양성하고, 창업을 장려하며, 실패를 용인하는 사회적 분위기를 만들고, 외부의 충격에도 쉽게 무너지지 않는 '문화적 회복력(Cultural Resilience)'을 기르는 것을 포함한다. 로컬 크리에이터를 발굴하고 지원하는 정책, 창의 인재들이 지역에 정착할 수 있도록 생활 인프라를 개선하는 노력, 프리랜서 예술가들을 위한 사회안전망 확충 등은 모두 장기적인 관점에서 지역의 혁신 역량을 키우는 가치기반 토대구축

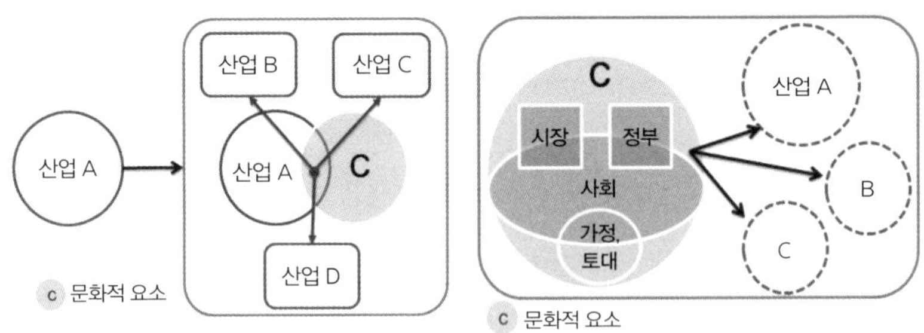

〈그림 11-2〉 경로 다각화와 가치기반 토대구축의 도식화

출처: 허동숙·이병민, 2019 재구성

뉴노멀 시대 문화도시와 로컬의 힘

활동이라 할 수 있다. 산업 기반이 미약한 지역일수록 단기적인 성과에 집착하기보다는, 창의적 인재를 양성하고 그들이 자유롭게 활동할 수 있는 문화적 토양을 다지는 장기적 관점의 투자가 더욱 중요하다. 이러한 내용을 바탕으로 로컬크리에이터와 한류의 사례 등을 참조하여 '경로다각화'와 '가치기반 토대 구축'의 도식화를 시도하면 〈그림 11-2〉와 같다.

협력적 거버넌스의 구축, 메세나와 기업의 역할

문화도시는 창의적인 개인이나 특정 산업만으로 만들어지지 않는다. 혁신의 주체들이 서로 유기적으로 연결되고 시너지를 창출할 수 있는 협력적 거버넌스가 필수적이다. 특히 쿼드러플 헬릭스 모델이 강조하듯, 기업과 시민사회의 적극적인 참여는 지속가능한 문화 생태계를 구축하는 데 있어 핵심적인 역할을 한다. 이러한 맥락에서 기업의 문화예술 지원 활동인 '메세나(Mecenat)'는 산업과 문화가 만나는 중요한 접점이자, 지역 발전을 위한 강력한 파트너십의 기반이 된다.

과거 기업의 사회공헌활동(CSR)이 시혜적인 기부나 단순 후원에 머물렀다면, 오늘날의 메세나는 기업의 경영 전략과 긴밀하게 결합된 형태로 진화하고 있다. 기업들은 문화예술 지원을 통해 긍정적인 기업 이미지를 구축하고, 브랜드 가치를 높이며, 창의적인 조직 문화를 형성하는 등 다양한 유·무형의 자산을 얻는다. 특히 최근 강조되는 ESG(환경·사회·지배구조) 경영의 관점에서, 문화예술 지원은 지역사회와의 유대를 강화하고 사회적 가치를 창출하는 효과적인 수단으로 평가받는다. 한국메세나협회의 분석에 따르면, 메세나 활동은 광고 등 다른 커뮤니케이션 수단보다 브랜드 제고에 더 강력한 영향력을 발휘하기도 한다.

지역 차원에서 기업의 메세나 활동은 더욱 중요한 의미를 갖는다. 기업은 지역사회의 일원으로서 지역의 문화예술 생태계가 활성화되도록 지원함으로써, 지역 주민의 삶의 질을 높이고 지역 경제 발전에 기여하는 동반자 역할을 수행할 수 있다.

1990년부터 30년 넘게 이어져 온 이건(EAGON)그룹의 '이건음악회'는 국내에 잘 알려지지 않은 해외 실력파 연주자들을 초청하여 무료 음악회를 개최하는 프로그램이다. 서울뿐만 아니라 상대적으로 문화 향유 기회가 적은 지방 도시에서도 순회공연을 열어 지역의 문화 격차 해소에 기여하고 있으며, 이는 지역에 기반을 둔 기업이 문화예술을 통해 지역사회에 기여하는 대표적인 모범 사례로 꼽힌다.

또한, 경남은행은 지역 밀착형 문화 공헌사업을 통해 공익재단을 설립하여 지역 예술가들을 지원하고, 지역민들에게 다양한 문화 향유 기회를 제공하는 데 앞장서고 있는데 은행 본점의 유휴 공간을 '아트갤러리'로 조성하여 지역 작가들에게 무료 전시 기회를 제공하고, 병원이나 군부대 등을 직접 찾아가는 '지역 희망 콘서트'와 '찾아가는 갤러리'를 운영하는 등 지역의 특성과 수요에 맞춘 다각적인 활동을 펼치고 있다.

이러한 성공적인 메세나 활동은 기업이 단순히 자금을 지원하는 것을 넘어, 지역의 '문화매개자(Cultural Mediator)'로서 기능할 때 가능하다. 앤털(Antal) 교수에 따르면, 매개자의 역할은 "관계되는 기업과 대상들 사이에 공간(Inter-spaces)을 형성하고, 이들이 서로 안심하고 만날 수 있도록 서로의 정체성을 유지하게 하는 것"이다. 즉, 기업과 예술계, 그리고 지역사회가 서로의 언어와 문화를 이해하고 신뢰를 바탕으로 한 수평적 파트너십을 구축할 수 있도록 돕는 것이 중요하다(Antal & Debucquet, 2019).

특히 필립 코틀러(Philip Kotler)가 최근 제시한 '마켓 6.0' 시대의 도래는 이러한 협력 방식의 진화를 더욱 촉구한다. 마켓 6.0은 물리적 현실과 디지털 가상 세계를 융합하여 고객에게 다차원적이고 '몰입적인 경험(Immersive Experience)'을 제공하는 '메타–마케팅'을 핵심으로 한다. 이는 기업의 메세나 활동이 단순한 대화나 공동체 활성화를 넘어, 메타버스, AR(증강현실), VR(가상현실) 등의 기술을 활용하여 지역 문화예술을 완전히 새로운 방식으로 체험하게 하는 방향으로 나아가야 함을 시사한다(필립 코틀러 외, 2024). 예를 들어, 기업은 지역 박물관의 유물을 AR로 재현하는 앱을 개발하여 후원하거나, 지역 예술가의 작품 세계를 VR 전시회로 구현하고, 메타버스 플랫폼 안에 지역 커뮤니티를 위한 가상의 문화 공간을 구축하는 등의 몰입형 메세나 활동을 전개할 수 있다. 이는 지역 주민과 잠재적 방문객에게 시공간을 초월한 문화 향유의 기회를 제공함과 동시에, 기업에게는 미래지향적이고 혁신적인 브랜드 이미

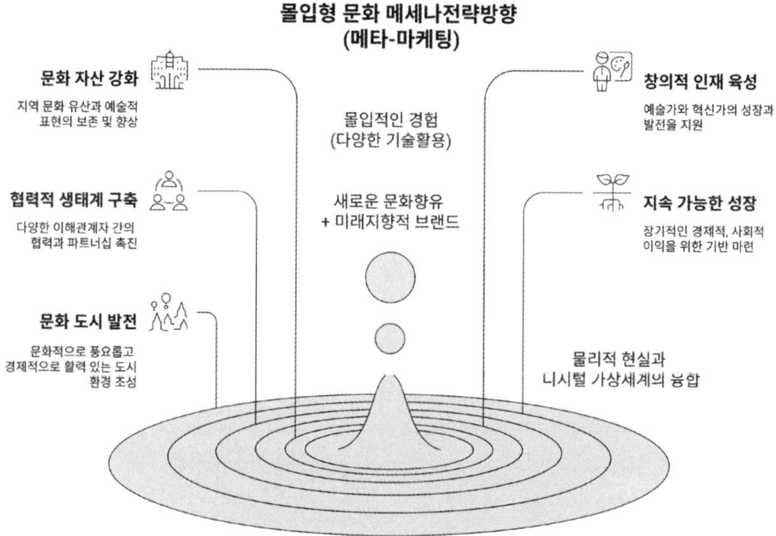

〈그림 11-3〉 마켓 6.0 시대의 몰입형 문화 메세나 전략

출처: 필립 코틀러 외, 2024 재구성

지를 각인시키는 강력한 전략이 된다(〈그림 11-3〉 참조).

궁극적으로 마켓 6.0 시대의 메세나 활동은 지역의 문화자산을 강화하고, 창의적인 인재를 육성하며, 다양한 주체들이 협력하는 선순환 구조의 생태계를 만드는 데 핵심적인 역할을 한다. 이를 통해 기업은 사회적 책임을 다하는 동시에 지속가능한 성장의 토대를 마련할 수 있으며, 지역은 문화적으로 풍요롭고 경제적으로 활력 있는 '문화도시'로 발전해 나갈 수 있는 것이다. 이때, 산업과 문화의 협력이 유기적으로 일어나는 것을 잘 확인할 수 있다.

3. 논의 및 시사점: 지속가능한 문화도시를 향하여

문화도시 사업을 위한 구체적 실행 과제와 프로젝트 제언

지금까지 우리는 산업과 문화의 협력이 어떻게 지역의 혁신성장을 이끌고 문화도시의 토대를 구축하는지 이론적 배경과 실제적 전략을 통해 살펴보았다. 스마트 전문화 전략, 쿼드러플 헬릭스, 그리고 한류를 포함하는 문화콘텐츠의 다양한 발전 경로 분석은 문화도시가 단순히 문화시설의 집적이 아닌, 다양한 주체들이 협력하며 혁신을 창출하는 역동적인 '생태계'임을 명확히 보여 주었다. 이러한 논의를 바탕으로, 실제 문화도시 사업을 추진하는 데 있어 고려해야 할 구체적인 실행 과제와 프로젝트를 제언하고, 지속가능한 발전을 위한 최종적인 시사점을 제시하고자 한다.

이론을 현실에 적용하기 위해서는 구체적인 사업 모델이 필요하다. 문화도시 프로젝트는 지역의 특성과 자산을 기반으로 다음과 같은 구체적인 사업들을 기획하고 실행에 옮길 수 있다.

- 인재와 콘텐츠 중심의 생태계 구축 프로젝트: 지속가능한 문화도시의 핵심은 창의적인 인재와 그들이 만들어 내는 매력적인 콘텐츠에 있다. 하드웨어 구축보다는 산업과 문화의 협력을 바탕으로 이들이 활동할 수 있는 토양을 만드는 것이 우선이다.

프로젝트 예시: 문화예술 리빙랩(Living Lab) 운영	
내용	• '도시 문제 해결'이라는 구체적인 목표 아래, 지역 주민, 예술가, 기획자, 기술 전문가, 기업이 함께 참여하여 솔루션을 개발하는 개방형 혁신 플랫폼을 운영한다. • 예를 들어, '원도심의 빈 점포 문제를 해결하기 위한 미디어아트 프로젝트', '지역 청소년의 문화 격차 해소를 위한 앱 개발 프로젝트' 등을 추진할 수 있다. • 이 과정에서 지자체나 중간지원조직은 문제 발굴, 참여자 매칭, 예산 지원 등 '매개자' 역할을 수행한다.
기대 효과	• 공급자 중심의 일방적인 문화 정책에서 벗어나, 실제 주민의 수요와 참여에 기반한 프로젝트를 통해 정책의 실효성을 높인다. • 이는 기업가적 발견과정(EDP)을 지역사회 차원으로 확장하고, 쿼드러플 헬릭스 거버넌스를 실제적으로 구현하는 모델이 될 수 있다.

- 체험과 스토리를 결합한 관광 활성화 프로젝트: K-콘텐츠의 성공은 지역에 새로운 관광객을 유인할 강력한 기회를 제공한다. 핵심은 단순한 장소 방문을 넘어, 잊지 못할 '경험'과 '스토리'를 제공하는 데 있다. 산업에서의 IP를 기반으로 지역 활성화에 도움이 되는 실제적인 프로젝트의 기획이 필요하다.

프로젝트 제안 예시: 'IP기반 몰입형 콘텐츠 투어리즘 개발'	
내용	• 지역에서 촬영된 영화, 드라마, 웹툰 등 인기 IP를 활용하여 단순한 촬영지 방문을 넘어서는 체험형 관광 상품을 개발한다. • AR 기술을 활용해 스마트폰으로 촬영지를 비추면 드라마 속 주인공이 나타나 함께 사진을 찍거나 명대사를 들려주는 'AR 포토존'을 설치할 수 있다. • 또 〈오징어게임〉 세트장에서 달고나 게임을 체험하거나, 〈대장금〉의 배경이 된 곳에서 궁중 요리 클래스를 여는 등 IP의 스토리를 직접 체험하는 프로그램을 운영한다.

기대 효과	• 일회성 방문에 그치지 않고 관광객의 체류 시간과 소비를 증대시킨다. • 이는 '콘텐츠 투어리즘'을 고부가가치 산업으로 발전시키는 '경로 다각화' 전략이며, 관광객에게 특별한 경험을 제공하여 지역에 대한 긍정적인 이미지를 각인시키는 효과가 있다.

- 기술과 예술을 융합한 파트너십 강화 프로젝트: 마켓 6.0 시대에 기업의 사회공헌 활동은 지역과 상생하는 새로운 방식을 요구한다. 기술과 예술, 기업과 지역사회의 융합은 혁신적인 산업과 문화의 융합에 기반한 혁신적인 메세나 모델을 창출할 수 있다.

프로젝트 제안 예시: '기업 연계 피지털(Phygital) 문화유산 아카이빙'	
내용	• 지역 기업의 ESG 경영 활동과 연계하여, 소실될 위기에 처한 지역의 비지정 문화유산이나 오래된 동네의 풍경, 장인의 기술 등을 3D 스캐닝, VR, 미디어아트 등의 기술로 기록하고 아카이빙하는 프로젝트를 추진한다. • 기업은 기술과 자본을 지원하고, 지역의 예술가와 개발자들이 프로젝트 실행을 담당한다. 결과물은 온라인 VR 박물관으로 구축하여 누구나 시공간 제약 없이 열람하게 하고, 오프라인에서는 기업의 쇼룸이나 지역의 공공 공간에 미디어아트 형태로 전시한다(Physical+Digital).
기대 효과	• 기업은 사회적 책임을 다하면서 미래지향적인 기술을 통한 브랜딩 효과를 얻고, 지역은 소중한 문화자산을 영구히 보존하고 새로운 방식으로 대중과 소통할 수 있다. • 이는 마켓 6.0 시대의 '몰입형 경험'을 제공하는 메세나 활동이며, 산·학·관·민이 협력하는 이상적인 쿼드러플 헬릭스 모델이다.

정부 주도형 융합 프로젝트: 문화선도 산업단지의 고도화

앞서 제안한 프로젝트들이 개별 단위 사업의 성격을 갖는다면, 정부 차원에서는 이를 종합하여 특정 공간을 혁신하는 대규모 융합 프로젝트를 고도화할 수 있다. 최근 문화체육관광부, 산업통상자원부, 국토교통부가 합동으로 추진하는 '2025년 문화선도 산업단지' 사업이 바로 그 대표적인 사례다. 이 사업은 과거 생산 기능에만 치중했던 노후 산업단지를 문화와 여가, 산업이 어우러진 공간으로 탈바꿈시켜 청년들이 찾는 성장 거점으로 만들려는 목표를 갖고 있다. 실제로 2025년 사업 대상지로 선정된 구미, 창원, 완주 산업단지는 각 지역의 산업적 특성과 역사성을 반영한 맞춤형 '장소기반' 전략을 통해 문화적 재생을 도모하고 있다(관계부처 합동, 2025년 3월 현재).

- 구미국가산업단지: 산단 내 유휴공장 부지에 기존 건축물의 역사성을 보존한 광장형 랜드마크를 조성하고 인근에 문화예술시설을 집적하고자 한다.
- 창원국가산업단지: 방산 기반시설 등과 연계한 산업관광 코스를 개발하여 국내 최대 기계 종합 산단으로서의 정체성을 강화하려 한다.
- 완주일반산업단지: 인근의 밀집된 산단 공간의 기반시설을 확충·정비하며, 수소특화국가산단과 연계해 수소산업을 주제로 한 문화시설과 프로그램을 마련하고자 한다.

이 사업은 본 장에서 논의한 핵심 개념들을 실제로 구현하는 종합적인 정책 실험이라는 점에서 중요한 시사점을 준다. 첫째, 문체부·산업부·국토부의 협력은 복잡한 도시·산업 문제를 해결하기 위한 '협력적 거버넌스'의 중요성을 보여 준다. 둘째, 각 산단의 고유한 특성을 살린 개발 계획은 '스마트 전문화'와 '장소기반' 전략의 실천이다. 셋째, 노후 공장을 리뉴얼하고 문화 프로그램을 도입하는 것은 기존 산업의 가치를 높이는 '경로 현대화'의 전형적인 모습이다. 이처럼 '문화선도 산업단지' 사업은 낡은 산업 공간에 문화라는 '상징적 지식기반'을 투입하여 새로운 가치와 활력을 창출하려는 국가적 차원의 시도라는 점에서 그 귀추가 주목된다. 향후 마켓 6.0의 관점에서 융합적 요소를 더하는 등 고도화 노력을 통해, 다양한 융합 프로젝트와 실험을 기대할 수 있다.

나오는 글

지속가능한 문화도시를 향하여

이상의 구체적인 프로젝트 제언들은, 문화도시 사업이 단편적인 행사나 시설 건립에 그쳐서는 안 되며, '인재-콘텐츠-생태계-거버넌스'를 아우르는 종합적인 관점에서 장기적으로 추진되어야 함을 보여 준다. 이를 토대로 지속가능한 문화도시를 위한 핵심적인 정책 방향을 정리하고자 한다.

첫째, 지역혁신정책의 패러다임 전환이 시급하다. 과거의 산업정책이 대규모 산업단지 조성과 같은 하드웨어적 인프라 구축에 치중했다면, 미래의 지역혁신은 문화콘텐츠, 창의적 인재, 네트워크와 같은 소프트웨어 및 휴먼웨어 중심의 생태계 조성에 집중해야 한다. 정책의 목표는 단순히 기업 유치나 고용률과 같은 양적 지표 달성에 매몰되어서는 안 되며, 창의 인력들이 일하고 싶고, 살고 싶고, 놀고 싶은(Work-Live-Play) 매력적인 환경을 조성하는 질적 성장에 초점을 맞추어야 한다.

둘째, '로컬'에 기반한 진정성 있는 차별화 전략이 필요하다. 한류의 세계적인 성공이나 수도권의 성공 모델을 무비판적으로 모방하는 것은 지역의 하향 평준화를 낳을 뿐이다. 진정한 경쟁력은 각 지역이 보유한 고유한 역사, 문화, 자연환경 등 '장소성'에 기반한 문화자산을 창의적으로 재해석하고, 이를 현대적인 콘텐츠와 산업으로 연결하는 데서 나온다. 따라서 지역 정책은 외부의 트렌드를 쫓기보다, 내부의 잠재력을 발견하고 이를 키워나가는 '자기 발견적 과정'을 지원하는 데 주력해야 한다.

셋째, 디지털 전환 시대에 부응하는 새로운 플랫폼 전략이 요구된다. 디지털 미디어 플랫폼은 지역의 문화콘텐츠가 전 세계와 만나는 중요한 통로가 되고 있다. 지역은 이러한 변화를 위기가 아닌 기회로 삼아, 지역의 문화와 브랜드를 디지털 공간으로 확장하려는 적극적인 노력을 기울여야 한다. 다만, 기술 도입 자체에 매몰되지 않고, 사용자들이 즐길 수 있는 매력적이고 지속가능한 콘텐츠를 채우는 것이 무엇보다 중요하다.

넷째, 지속가능성을 담보하는 협력적 거버넌스 구축이 핵심이다. 문화도시는 정부의 정책만으로 완성될 수 없다. 기업, 대학, 연구소, 예술가, 그리고 무엇보다 지역 주민들이 주체적으로 참여하고 협력하는 쿼드러플 헬릭스 기반의 거버넌스가 안정적으로 작동해야 한다. 최근 정부가 부처 합동으로 추진하는 '문화선도 산업단지' 사업은 바로 이러한 패러다임 전환을 실천하려는 의미 있는 출발이라고 할 수 있다.

결론적으로 '산업의 문화화' 시대에 문화도시로 나아가는 길은, 문화를 경제 성장의 도구로만 보는 시각에서 벗어나 문화가 곧 지역의 정체성이자 삶의 방식이며, 지속가능한 발전의 근본 토대임을 인식하는 것에서 시작된다. 지역 고유의 문화적 자산을 중심으로 창의적인 인재들이 모여들고, 이들이 다양한 산업 주체들과 자유롭게 협력하며 새로운 가치를 창출해야 한다. 그럴 때 비로소 지역은 경제적으로 활기차고 문화적으로 풍요로운, 진정한 의미의 문화도시로 거듭날 수 있을 것이다. 이는 단기적인 성과에 연연하지 않고 긴 호흡으로 지역의 내재적 역량을 키워나가야 하는 지난한 과정이지만 우리 시대가 요구하는 지역 발전의 가장 확실하고도 올바른 방향이 될 것이다.

○ 토론 주제

1. 유럽의 '스마트 전문화 전략(S3)'은 기업가적 발견과정을 핵심으로 하는 상향식(Bottom-Up) 접근을 강조하고 있다. 이러한 접근 방식을 한국의 지역

산업정책에 적용할 때, 중앙정부 주도의 하향식(Top-Down) 정책 방향과는 어떻게 조화를 이룰 수 있다고 생각하는가? 상향식 혁신을 촉진하기 위해 중앙정부와 지방정부는 각각 어떤 역할을 담당해야 한다고 보는가?

2. '로컬크리에이터'는 지역 경제에 활력을 불어넣는 대안으로 주목받고 있다. 그러나 이들의 활동이 지속가능한 지역 발전 모델로 자리 잡기 위해서는 어떤 과제가 해결되어야 한다고 생각하는가? 자본력 부족, 시장 확대의 어려움, 젠트리피케이션 문제 등을 고려할 때, 산업과 문화의 협력이라는 관점에서 로컬크리에이터 생태계를 효과적으로 지원할 수 있는 정책 방안은 무엇이라고 보는가?

3. 한류(K-콘텐츠)의 세계적 성공은 국가 브랜드 가치와 경제적 파급효과를 높이고 있다. 하지만 이러한 혜택이 수도권에 집중된다는 비판도 존재한다. 지방 중소도시들이 한류 효과를 지역 발전으로 실질적으로 이어가기 위해서는 어떤 차별화된 전략이 필요하다고 생각하는가? 수도권의 성공 사례를 단순히 답습하지 않으면서, 지역의 고유성을 살리고 한류 팬들을 유인할 수 있는 구체적인 방안은 무엇이라고 보는가?

· 참고문헌 ·

국내문헌

관계부처 합동. (2024.6). 제3차 콘텐츠산업 진흥 기본계획.

관계부처 합동. (2025.3.25.). '25년 문화선도 산업단지, 구미·창원·완주 산업단지 선정. [보도자료].

구양미. (2022). "기업가적 생태계 개념과 시사점". 『한국경제지리학회지』, 25(1), 1–22.

김성수. (2022). "문화의 4대 특성과 문화적 전환, 그리고 문화콘텐츠산업". 『철학과 문학』, 46집. 3–25.

김윤정·오세홍. (2013). 스마트전문화전략을 중심으로 본 EU 지역과학기술정책 동향.

KISTEP Issue Paper 2013-14.

박진경, 김도형, 김민영, 양원탁. (2024). 지방시대 지역주도 균형발전 추진방안 연구: 지역간 기능적 연계구조 분석을 중심으로. 한국지방행정연구원.

신동호. (2017). "경로의존론과 지역회복력 개념: 지역격차에 대한 새로운 이론적 접근". 『한국경제지리학회지』, 20(1), 70-83.

이병민. (2017). "4차산업혁명과 문화콘텐츠". 문화예술지식DB 아키스브리핑 제107호. 한국문화관광연구원.

이병민. (2022). 비트의 문명, 콘텐츠의 사회. in 『한류-테크놀로지-문화』. 한국국제문화교류진흥원.

이용관·이현진. (2016). 산업의 문화화 활성화를 위한 정책과제 연구. 한국문화관광연구원.

이종호·이철우. (2016). "스마트전문화 전략 및 트리플헬릭스 혁신체계와 클러스터 정책의 연계를 통한 대안적 지역산업정책의 모색". 『한국경제지리학회지』, 19(4), 799-811.

정도채 외. (2019). 저밀도 경제 기반의 농촌산업 활성화 방안. 농촌경제연구원.

정수희·이병민. (2016). "지역의 문화자산으로서 문화콘텐츠와 문화콘텐츠관광 연구". 『관광연구논총』, 28(4), 55-80.

정수희·이병민. (2023). '로컬'의 인문학적 의미와 실천을 통한 지역발전: 한국과 일본 '로컬크리에이터' 사례 비교를 중심으로. 『아태연구』, 30(1), 5-42.

정종은. (2022). 『한류 맥 짚기』. 진인진.

필립 코틀러·허마원 카타자야·이완 세티아완. (2024). 『필립 코틀러 마켓 6.0』. 더퀘스트

허동숙·이병민. (2019). "산업과 문화의 협력: 스마트 전문화를 통한 지역 혁신성장 전략 모색". 『국토지리학회지』, 53(1), 101-117.

국외문헌

Antal, B. A. & Debucquet, G. (2019). "Artistic Interventions in Organizations as Intercultural Relational Spaces for Identity Development". in Peters, Michael A. Weber, Susanne Maria (Ed.), 2019. *Organization and Newness: Discourses and Ecologies of Innovation in the Creative University. 149-166.*

Asheim, B., M. Grillitsch, and M. Trippl, (2017). "Smart specialization as an innovation-driven strategy for economic diversification: Examples from Scandinavian regions". in Radosevic, S., A. Curaj, R. Gheorghiu, L. Andreescu, and I. Wade (eds.), 2017, *Advances in the theory and practice of smart specialization,* London:

Academic Press. 73-97.

Carayannis, E. and E. Grigoroudis. (2016). "Quadruple Innovation Helix and Smart Specialization: Knowledge Production and National Competitiveness". *Foresight and STI Governance,* 10(1), 31-42.

del Castillo, J., B. Barroeta, and J. Paton. (2012). *Smart Specialisation Strategy.* Bilbao.

European Commission. (2012). Guide to Research and Innovation Strategies for Smart Specialisation (RIS 3).

Foray, D. (2014). "From smart specialization to smart specialization policy". *European Journal of Innovation Management,* 17(4), 492-507.

Frenken, K., F. Van Oort, and T. Verburg. (2007). "Related variety, unrelated variety and regional economic growth". *Regional studies,* 41(5), 685-697.

Grillitsch, M., and B. Asheim. (2018). "Place-based innovation policy for industrial diversification in scope and space". *European Planning Studies*, 26(8), 1638-1662.

Klamer, A. (2017). *Doing the right thing: A value based economy.* Ubiquity Press.

Kresl, P.K., and Ietri, D. (2016). *Smaller Cities in a World of Competitiveness.* London: Routledge.

Martin, R. and P. Sunley, (2010), "The place of path dependence in an evolutionary perspective on the economic landscape". in Boschma, R. and R. Martin (eds.), 2010, *The Handbook Of Evolutionary Economic Geography* ,Chichester: Edward Elgar. 62-92.

Strand, J. A., and R. Peacock. (2003). *Resource Guide: Cultural Resilience.* Tribal College Journal, 14(4), 28-31.

제12장

머물고 싶은 도시: 콘텐츠 투어리즘

들어가는 글

새로운 관계 맺기를 통한 도시의 생존 전략

현대 도시는 생존을 위해 끊임없이 새로운 매력 발굴과 자신을 차별화해야 하는 과제에 직면해 있다. 과거에는 산업화 시대의 물리적 성장과 기반 시설 확충이 도시 경쟁력의 척도였다면, 탈산업화와 문화의 시대로 전환된 지금은 도시의 경쟁력이 문화적 자산과 창조성에서 비롯된다(이병민, 2011). 특히 저성장이 새로운 표준이 되는 '뉴노멀(New Normal)' 시대에 접어들면서, 기존 제조업이나 서비스업과는 다른 새로운 성장 농력으로서 문화콘텐츠의 중요성은 더욱 부각되고 있다(이병민, 2024).

이러한 시대적 흐름 속에서 관광산업 역시 거대한 패러다임 전환을 맞이했다. 단순히 아름다운 자연경관을 보거나(자연관광), 역사적 유산을 체험하는(문화관광) 단계를 넘어, 방문객이 지역의 고유한 문화에 능동적으로 참여하고 진정성 있는 경험을 통해 지역과 깊은 관계를 맺는 '창조관광(Creative Tourism)'이 새로운 대안으로 떠올랐다(이병민, 2014). 그리고 오늘날, 이 창조관광의 가장 역동적이고 구체적인 형태로 '콘텐츠 투어리즘(Contents Tourism)'[1]이 전 세계적인 주목을 받고 있다.

콘텐츠 투어리즘은 영화, 드라마, 애니메이션, 웹툰, K-POP 등 특정 문화 콘텐츠의 배경이 된 장소나 관련 인물 또는 이야기와 연결된 공간을 찾아가는 새로운 형태의 관광을 의미한다(정수희·이병민, 2020). 이는 단순히 촬영지를 방문하는 '미디어 관광'을 넘어, 콘텐츠에 대한 팬덤(Fandom)과 애정을 바탕으로 작품의 세계관을 직접 체험하고, 그 경험을 SNS 등을 통해 공유하고 재생산하며, 때로는 지역 공동체와 적극적으로 소통하는 능동적 행위라는 점에서 구별된다. 봉준호 감독의 영화 '기생충'이 아카데미상을 석권(2020년)한 직후, 영화의 배경이 된 서울의 여러 장소가 전 세계인의 관심사로 떠오르며 '기생충 투어'가 기획된 것은 그 대표적인 예이다(정수희·이병민, 2020). 최근에는 넷플릭스 등 OTT를 통해 비춰지는 수많은 영화와 애니메이션 등을 통해 이러한 현상은 더욱 두드러지고 있다.

이러한 현상은 특히 한류(K-Culture)의 세계적 확산과 맞물려 국내 도시와 지역 발전에 중요한 시사점을 던진다. BTS의 발자취를 따라가는 'BTS 투어', 〈오징어 게임〉이나 〈킹덤〉 등 넷플릭스 오리지널 시리즈의 촬영지에 대한 높은 관심은 K-콘텐츠가 지닌 막대한 관광 유인 잠재력을 증명한다. 실제로 K-콘텐츠 수출 1억 달러는 약 1억8,000만 달러의 소비재 수출 증가를 견인하는

---

1) 콘텐츠 투어리즘(Contents Tourism): 영화, 드라마, 애니메이션, 게임, 문학작품 등 특정 문화 콘텐츠에 등장하는 장소, 관련 인물, 이야기 등을 따라가는 관광 형태. 단순한 로케이션 방문을 넘어, 팬덤을 기반으로 콘텐츠의 세계관을 체험하고 공유하는 능동적이고 참여적인 성격이 강하다(정수희·이병민, 2016). 일본에서는 '콘텐츠 투어리즘(コンテンツツーリズム)'이라는 용어로 학술적 논의가 활발히 진행돼 왔다.

　　　뉴노멀 시대 문화도시와 로컬의 힘

것으로 나타나(한국수출입은행, 2022), 문화콘텐츠가 관광을 포함한 연관 산업에 미치는 경제적 파급효과가 지대함을 알 수 있다. 정부 역시 '2023-2024 한국방문의 해'를 선포하고 K-컬처를 관광 매력의 핵심 동력으로 삼아 2027년까지 외국인 관광객 3,000만 명을 유치하겠다는 목표를 제시하며 콘텐츠와 관광의 융합을 핵심 정책으로 추진하고 있다(이병민, 2024).

따라서 이 장에서는 문화도시와 지역발전의 새로운 출구전략으로서 콘텐츠 투어리즘의 개념과 특성을 심도 있게 고찰하고자 한다. 주로 정수희·이병민(2020)의 논의를 중심으로 이야기를 하려고 한다. 이를 위해 먼저, 관광 패러다임의 변화 속에서 콘텐츠 투어리즘의 이론적 배경과 그 핵심 구성요소를 분석한다. 이후 일본의 '아니메 성지순례' 등 해외의 성공 사례와 한류 IP를 중심으로 한 국내의 현황과 잠재력을 살펴본다. 마지막으로, 이를 종합하여 국내 상황에 맞는 '한국형 콘텐츠 투어리즘' 모델을 제시하고, 문화도시가 지속가능한 발전을 이루기 위한 구체적인 정책 방향과 실천 전략을 제언하는 것을 목적으로 한다. 이를 통해 콘텐츠 투어리즘이 어떻게 도시의 새로운 가치를 창출하고, 방문객과 지역, 그리고 콘텐츠 생산자가 상생하는 선순환 생태계를 구축할 수 있는지 탐색해 볼 것이다.

1. 콘텐츠 투어리즘의 이론적 배경과 구성요소

관광 패러다임의 변화: 문화관광에서 창조관광, 그리고 콘텐츠 투어리즘으로

콘텐츠 투어리즘을 효과적인 도시 발전 전략으로 활용하기 위해서는 그 개

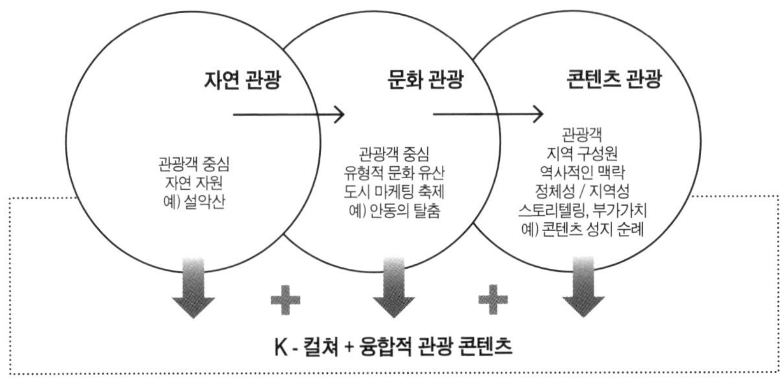

〈그림 12-1〉 관광 패러다임의 변화와 창조관광콘텐츠

념과 작동 원리에 대한 깊이 있는 이해가 선행돼야 한다. 이는 관광 패러다임의 거시적 변화 속에서 콘텐츠 투어리즘이 차지하는 위치를 파악하고, 그 현상을 구성하는 핵심 요소들을 체계적으로 분석하는 과정을 통해 가능하다.

관광의 형태는 시대의 흐름과 사회·문화적 요구에 따라 끊임없이 진화해 왔다. 이러한 변화의 궤적은 크게 '자연관광', '문화관광', '창조관광'의 세 단계로 구분할 수 있으며, 콘텐츠 투어리즘은 이 진화 과정의 최전선에 위치한다(〈그림 12-1〉 참조)(이병민, 2014).

• 1단계 자연관광(1960~1980년대): 이 시기의 관광은 주로 설악산과 같은 명승지나 해수욕장 등 수려한 자연경관을 '보는(Sightseeing)' 행위에 집중됐다. 관광객은 수동적인 관람자였으며, 관광은 정적인 소재를 일방향으로 소비하는 일회성 여가활동의 성격이 강했다. 지역은 단순한 배경으로 존재했으며, 지역의 문화나 주민과의 교류는 거의 고려되지 않았다(이병철, 2000).

뉴노멀 시대 문화도시와 로컬의 힘

- 2단계 문화관광(1990~2000년대 초반): 소득 증대와 여가 시간 확대로 관광 수요가 다변화되면서, 관광객들은 단순히 보는 것을 넘어 지역의 고유한 문화를 '체험(Experience)'하고자 하는 욕구가 강해졌다. 이에 따라 박물관, 문화유산, 지역축제 등이 중요한 관광자원으로 부상했다. 이 시기부터 관광은 지역 경제 활성화와 도시 마케팅의 중요한 수단으로 인식되기 시작했다. 그러나 체험 프로그램이 대부분 사전에 기획된 정형화된 형태를 띠고 있어, 관광객의 능동적 참여보다는 공급자 중심의 일방적 전달에 머무르는 한계를 지녔다(이정규, 2000).

- 3단계 창조관광 및 콘텐츠 투어리즘(2000년대 이후): 창조경제가 새로운 사회 패러다임으로 부상하면서 관광 역시 '창조성(Creativity)'이 핵심 가치로 떠올랐다. 창조관광은 관광객이 지역의 일상과 문화에 능동적으로 참여하고 학습하며 자신의 창조적 잠재력을 발현하는 '경험의 공유와 융합(Integrated Tourism)'을 지향한다(Richards & Raymond, 2000). 이는 지역 주민과의 교류를 통해 진정성 있는 경험을 추구하며, 관광객이 단순한 소비자를 넘어 지역의 가치를 함께 만들어가는 생산소비자(Prosumer)가 되는 것을 의미한다. 콘텐츠 투어리즘은 바로 이 창조관광의 가장 구체적이고 활성화된 형태로서, 특정 콘텐츠라는 매개를 통해 관광객의 능동적 참여와 지역과의 깊은 관계 맺기를 유도한다는 점에서 그 특징이 두드러진다.

콘텐츠 투어리즘의 개념과 구성요소

콘텐츠 투어리즘 관련해서 서구에서는 종교적인 성지순례가 오랜 역사를 가지고 있다. 17세기부터는 전쟁이 잠잠해지면서 개인의 흥미와 기호를 기반으로 하는 여가 활동으로 여행이 늘어나기 시작했다. 잘 알려진대로 대표적인 예는 영국의 부유한 귀족계급에서 행해졌던 '그랜드 투어(Grand Tour)'이다. 가정교사가 상류사회의 자제들을 데리고 당시 문화선진국이었던 프랑스 이탈리아 등을 순회하는 활동이었다는점에서, 이는 최근의 문화관광이라고 할 수 있다(마스부치 외, 2024). 최근에 와서는 교통의 발전, 영화의 등장 등으로 콘텐츠와 관련된 관광이 늘어났으며, 문학관광이나 영화 촬영지를 순례하는 필름 투어리즘(Film Tourism) 등으로 장르별 세분화돼 나타나기도 한다. 이러한 팬덤 기반의 방문 동기를 심층적으로 이해하기 위해, 미디어 심리학의 '준사회적 상호작용'과 '문화적 순례' 개념을 살펴볼 필요가 있다.

- 준사회적 상호작용(Parasocial Interaction): Horton과 Wohl(1956)이 처음 제시한 개념으로, 시청자가 미디어 속 인물(셀러브리티, 캐릭터 등)에 대해 마치 실제 친구처럼 친밀감을 느끼는 일방적 관계를 의미한다. 팬들은 미디어를 통해 셀러브리티와 지속적으로 접촉하면서 감정적 유대를 형성한다. 이는 셀러브리티가 방문했거나 그들의 흔적이 남아 있는 실제 장소를 방문해 그 관계를 심화시키려는 강력한 동기로 작용한다(박윤희·남아란, 2025). 이 과정에서 셀러브리티가 지닌 상징적 의미가 특정 장소로 전이되는 '의미전환모델(Meaning Transfer Model)'이 작동하며, 팬들은 장소 방문을 통해 셀러브리티와의 연결감을 확인하고 관광 경험을 확장한다(McCracken, 1989; 박윤희·남아란, 2025).

- 문화적 순례(Cultural Pilgrimage): 본래 종교적 의미가 강했던 '성지순례' 개념이 현대 사회에서는 '빵지순례', '맛집순례'처럼 다양한 영역으로 확장되고 있다. 콘텐츠 투어리즘에서 팬들이 특정 장소를 '성지'로 명명하고 찾아가는 행위는 단순한 여행을 넘어, 자신이 중요하게 여기는 가치를 확인하고 공유하는 '문화적 순례'의 성격을 띤다(신광철, 2019). 이는 종교적 순례와 마

 뉴노멀 시대 문화도시와 로컬의 힘

찬가지로 일상에서 벗어나 특별한 의미를 지닌 장소에서 정서적 연결, 치유, 자기 성찰 등을 경험하는 과정이다. 특히 BTS 팬덤(ARMY)의 성지순례 현상에서 이러한 특징이 두드러지게 나타난다(신광철, 2023).

이와 관련하여 콘텐츠 투어리즘은 하나의 현상으로서 복합적인 요소들의 상호작용을 통해 구성된다. 기존 연구들은 주로 관광의 주체들(제작자, 지역, 팬) 간의 관계를 중심으로 이 현상을 설명했으나(山村, 2011), 콘텐츠 투어리즘의 본질이 '콘텐츠'에서 비롯된다는 점을 고려할 때, 관광의 대상을 결정하는 '콘텐츠적 요소'를 함께 분석하는 통합적 시각이 필요하다. 정수희·이병민(2020)의 연구를 바탕으로 콘텐츠 투어리즘의 구성요소를 '콘텐츠 요소'와 '관광 요소'로 구분하여 살펴보고자 한다(〈표 12-1〉 참조).

1) 콘텐츠 요소: 관광의 대상을 결정하는 힘

콘텐츠 투어리즘은 콘텐츠가 만들어 낸 가상의 이미지를 현실 공간에서 소비하는 행위이다. 따라서 콘텐츠를 구성하는 인물, 이야기, 장소는 관광의 매력과 성격을 규정하는 핵심적인 요소로 작용한다.

- 인물(Person/Character): 콘텐츠 투어리즘의 대상은 실제 인물(스타, 감독 등)과 가상 인물(캐릭터)로 나뉜다. 비틀즈나 셰익스피어처럼 역사적으로 검증된 인물의 발자취를 따르는 투어는 안정적인 수요를 가지나 새로운 이야기 창출에는 한계가 있다. 반면, BTS와 같이 현재 활동 중인 스타를 대상으로 하는 투어는 그들의 활동 반경과 팬덤의 영향력에 따라 방문 장소가 역동적으로 변화하고 확장된다는 특징이 있다(신광철, 2019). 한편, 애니메이션 〈러브라이브!〉2)의 캐릭터가 일하는 신사를 방문하거나, 캐릭터의 활동 무대와

관련된 장소를 찾아가는 것처럼 가상의 캐릭터 자체가 강력한 관광 유인 동기가 되기도 한다.

- 이야기(Story): 콘텐츠의 내러티브는 특정 장소에 정서적 이미지를 부여하고 관광 동기를 자극한다. 버스커버스커의 노래 〈여수 밤바다〉가 여수에 '낭만'이라는 이미지를 덧입혀 수많은 관광객을 유치한 것이 대표적이다(안주석·이승곤, 2019). 이야기는 콘텐츠의 팬들 사이에 공유되는 가상의 장소성(Hyper-real Sense of Place)을 형성하여 사람들을 그곳으로 이끈다. 그러나 영화 〈곡성〉이나 〈기생충〉의 사례처럼, 이야기가 담고 있는 부정적 이미지가 지역에 대한 왜곡된 인식을 심어주거나 '빈곤 포르노' 논란을 일으키는 등 지역민의 반발을 야기할 수 있다는 점에서 신중한 접근이 요구된다.

- 장소(Place): 장소는 콘텐츠 투어리즘의 가장 직접적인 대상이자 목적지이다. 이는 드라마 〈태양의 후예〉의 촬영 세트장처럼 콘텐츠 재현을 위해 인위적으로 조성된 공간일 수도 있고, 애니메이션 〈너의 이름은〉의 배경처럼 실제 존재하는 일상 공간일 수도 있다. 특히 후자의 경우, 팬들은 분리된 공간이 아닌, 이야기가 살아 숨 쉬는 '콘텐츠씬(Contents Scene)'[3]으로서 지역을 경험한다(장원호·정수희, 2019). 이를 통해 팬들은 지역과 깊은 정서적 유대를 형성하게 되며, 이것이 콘텐츠 투어리즘이 단순 미디어 관광과 차별화되는 지점이다.

---

2) 일본의 애니메이션 '러브라이브' 시리즈는 콘텐츠 투어리즘의 대표적인 성공사례로, 팬들이 작품의 배경이 된 실제 장소를 방문하는 '성지 순례'를 활성화시킨 것으로 유명하다. 시리지별로, 도쿄의 아키하바라와 칸다지역, 오다이바, 오모테산도, 하라주쿠, 아오야마, 시즈오카현 누마즈시 등 배경으로 이야기가 펼쳐졌다.

3) 콘텐츠씬(Contents Scene): 특정 콘텐츠를 중심으로 재구성된 도시에 대한 이미지를 기반으로 형성된 취향 공동체와 그들이 공유하는 문화적 공감대를 의미한다. 이는 팬과 같은 적극적인 관광객들이 스스로 만들어가는 장소에 대한 새로운 의미 부여 과정이라 할 수 있다(장원호·정수희, 2019).

 뉴노멀 시대 문화도시와 로컬의 힘

2) 관광 요소: 콘텐츠 투어리즘을 움직이는 주체들

콘텐츠 투어리즘은 콘텐츠 자체만으로 성립하지 않는다. 콘텐츠를 만들고, 경험의 장을 제공하며, 이를 능동적으로 향유하는 다양한 주체들의 유기적인 관계 속에서 비로소 완성된다. 이에 대한 구성요소를 〈표 12-1〉에서 확인할 수 있다.

- 제작자(Producer): 콘텐츠 제작자는 콘텐츠 투어리즘의 시작점을 제공하는 주체이다. 일본의 애니메이션 제작사 P.A. Works는 기획 단계부터 지역(도야마현 난토시)과 긴밀히 협력하여, 지역의 실제 풍경과 문화를 작품에 녹여내고 이를 바탕으로 한 지역 한정 콘텐츠를 제작하는 등 성공적인 협력 모델을 구축했다(정수희·이병민, 2016). 국내에서는 아직 촬영 장소 섭외 등 행정 지원 수준에 머무르는 경우가 많으나, 지속가능한 콘텐츠 투어리즘을 위해서는 기획 단계부터 제작자와 지역 간의 긴밀한 파트너십 구축이 필수적이다.

- 지역(Region): 지역은 관광의 대상이자 동시에 운영의 주체이다. 지역 행정 기관, 상공회, 그리고 지역 주민을 모두 포함한다. 성공적인 콘텐츠 투어리즘은 지역이 수동적인 배경에 머무르지 않고, 방문객을 맞이하고 소통하며 새로운 2차 콘텐츠(기념품, 연계 이벤트 등)를 창출하는 적극적인 역할을 수행할 때 가능하다. 이 과정에서 가장 중요한 것은 지역 주민의 이해와 공감이다. 수민과의 합의 없이 추신뇌는 관상 개발은 〈기생충〉 투어 논란[4]처럼 살

---

4) '기생충 투어'는 영화 '기생충'의 촬영지를 관광 상품화하려는 움직임과 관련하여 가난을 상품화하고 지역 주민의 사생활을 침해한다는 비판 때문에 논란이 된 바 있다. 서울시와 관광재단이 촬영지 일대를 관광코스로 개발하려 하자, 주민들의 생활 불편을 초래하고 빈곤을 상업적으로 이용하는 것이라는 비판이 제기되었던 적이 있다(한겨레, 2020. 2월 14일자 기사. https://www.hani.co.kr/arti/society/society_general/928295.html

<표 12-1> 콘텐츠 투어리즘의 구성요소

구분	대분류	세부요소	주요 역할 및 특징
콘텐츠 요소	인물	스타 (실존인물)	• 명성을 기반으로 한 안정적 관광 수요 창출 • 활동 반경에 따라 방문지 유동적 변화
		캐릭터 (가상인물)	• 작품의 이야기와 결합하여 특정 장소에 의미 부여 • 굿즈, 이벤트 등 2차 콘텐츠 확장 용이
	이야기	정서적 이미지	• 특정 장소에 대한 긍정적/부정적 이미지 형성 • 관광객의 방문 동기를 유발하는 핵심 동인
		실제 이미지	• 지역의 현실과 결합하여 진정성 있는 경험 제공
	장소	촬영지/ 배경지	• 콘텐츠 세계관을 직접 경험하는 물리적 공간 • '콘텐츠씬' 형성을 통해 지역과의 유대감 강화
		문화유산/ 상징적요소	• 기존 관광자원과 결합하여 새로운 의미 창출
관광 요소	제작자	공공/민간	• 콘텐츠 기획/제작을 통해 관광의 원천 제공 • 지역과의 협력을 통해 시너지 효과 창출
	지역	행정/ 지역주민	• 관광의 대상이자 운영 주체 • 지역민의 참여와 공감을 통해 지속가능성 확보
	팬 (관광객)	능동적/ 수동적 참여자	• 단순 소비자를 넘어선 생산소비자(Prosumer) • 경험 공유 및 2차 창작을 통해 콘텐츠 투어리즘 확산

출처: 정수희·이병민, 2020)의 논의를 바탕으로 재구성.

등을 유발할 수 있으며, 콘텐츠를 통해 형성된 긍정적 관계 맺음을 저해한다(정수희·이병민, 2020).

• 팬(Fan): 팬은 콘텐츠 투어리즘을 가장 역동적으로 만드는 핵심 주체이다. 이들은 단순한 소비자를 넘어, 자신들의 경험을 SNS에 공유하고 새로운 순례 정보를 생산하며 다른 팬들의 참여를 유도하는 생산소비자(Prosumer)의 역할을 수행한다.5) 영화 〈극한직업〉 속 '왕갈비통닭'이 실제 메뉴로 개발되

---

5) 최근 대중문화에서 사용하는 성지와 순지순례의 개념은 서브컬처(Subculture) 마니아들을 중심으로 콘텐츠 작품의 배경지, 작품·작가와 관련된 장소, 팬으로서 가치를 인식할 수 있는 장소 등을 방문하는 의미로 사용되며 새로운 형태의 순례자들을 의미한다는 점에서 '신순례자(Neo-Pilgrimage)'라고 칭하기도 한다.

뉴노멀 시대 문화도시와 로컬의 힘

어 인기를 끌거나, 애니메이션 속 가상의 축제가 실제 지역 축제로 재현된 일본 유와쿠 온천의 '본보리 마츠리(ほんぼり祭り)' 사례는 팬들의 열광적인 수요가 새로운 지역 문화를 창출한 대표적인 예이다(정수희·이병민, 2020). 이러한 팬들의 자발적인 참여와 창의적인 2차 창작 활동은 콘텐츠 투어리즘을 지속시키고 확장하는 가장 중요한 동력이다.

2. 콘텐츠 투어리즘 국외사례: 일본

일본의 '아니메 성지순례'와 그 너머

콘텐츠 투어리즘의 이론적 구성요소들은 실제 현장에서 다양한 모습으로 구현된다. 콘텐츠 투어리즘에 대한 논의가 가장 활발한 국가는 일본이 대표적이다. 콘텐츠 투어리즘 논의를 선도해 온 일본의 사례를 분석하는 것은 한국형 모델을 정립하는 데 중요한 단초를 제공한다.

일본은 2005년부터 정부 차원에서 영상 콘텐츠를 활용한 지역 진흥 방안을 모색했으며(정수희·이병민, 2020), 이는 '콘텐츠 투어리즘'이라는 학술적, 정책적 담론으로 이어졌다. 특히 일본의 대표적인 문화콘텐츠인 애니메이션을 활용한 '아니메 성지순례(アニメ聖地巡礼)'[6]는 지역, 제작자, 팬이 유기적으로 결합한 성공 모델을 다수 창출했다.

---

6) 아니메 성지순례(アニメ聖地巡礼): 애니메이션 작품 속에 등장하는 실제 장소를 '성지'로 여기고 팬들이 직접 찾아가는 행위. 단순한 관광을 넘어, 작품 세계를 체험하고 팬들 간의 유대감을 확인하는 의례적 성격을 띤다. SNS 등을 통한 정보 공유와 2차 창작 활동이 활발하게 이루어지는 것이 특징이다(정수희·이병민, 2015).

- **팬덤에서 시작하여 지역이 응답한 사례: 러키☆스타와 와시노미야**

애니메이션 〈러키☆스타〉의 배경이 된 사이타마현 와시노미야 신사는 팬들의 자발적인 '성지순례'로 유명해진 대표적인 곳이다. 팬들은 작품 속 장면을 재현한 사진을 찍고, 캐릭터가 그려진 에마(絵馬)를 걸며 자신들만의 순례 문화를 만들었다. 처음에는 일부 마니아들의 행위로 치부되었으나, 방문객이 급증하자 와시노미야 상공회 등 지역 사회가 이에 적극적으로 응답하기 시작했다. 지역 축제에 작품 캐릭터 가마를 등장시키고, 공식 참배 이벤트를 여는 등 팬들과의 소통을 통해 이들을 지역의 새로운 활력으로 끌어안았다. 이는 팬들의 자발적 행위가 지역 경제 활성화로 이어진, 수요주도형 콘텐츠 투어리즘의 성공 신화로 평가받는다(정수희·이병민, 2016).

- **기획 단계부터 지역과 협력한 사례: 꽃이 피는 첫걸음과 유와쿠 온천**

애니메이션 〈꽃이 피는 첫걸음〉은 제작사인 P.A.Works가 기획 단계부터 이시카와현 가나자와시의 유와쿠 온천 지역과 긴밀히 협력한 사례다. 제작사는 지역의 실제 풍경과 설화 등을 작품에 녹여냈고, 지역은 이를 적극적으로 관광 자원화했다. 특히, 작품 속에만 존재했던 가상의 '본보리 마츠리(ぼんぼり祭り)'를 실제 지역 축제로 개최하여 매년 수많은 팬들을 유치하는 데 성공했다. 이는 콘텐츠 속 허구의 이야기가 현실의 지역 문화를 창조하고, 이를 통해 지속적인 관광객 유입을 이끌어 낸 공급주도형 모델의 성공 사례라 할 수 있다(山村, 2015).

- **기업이 매개하는 네트워크형 사례: 명탐정 코난 미스터리 투어**

이는 인기 애니메이션 〈명탐정 코난〉의 IP를 활용하여 철도회사 JR서일본(JR西日本)이 주도하는 관광 상품이다. 매년 특정 지역을 무대로 한 오리지널 스토리를 애니메이션으로 방영하고, 참가자들은 해당 지역을 여행하며 주어진 미션을 해결하는 방식으로 진행된다. 기업(JR서일본)이 강력한 플랫폼이 되어 콘텐츠(명탐정 코난)와 여러 지역을 연결하는 네트워크형 모델이다. 지역 입장에서는 별도의 홍보 없이도 인기 콘텐츠의 팬들을 유치하고 자연스럽게 지역 명소를 알릴 수 있으며, 기업은 철도 이용객 증대라는 이익을 얻는다. 이는 콘텐츠, 지역, 기업이 상생하는 비즈니스 모델로서 시사하는 바가 크다(정수희·이병민, 2016).

- **새로운 모델의 등장과 과제: 슬램덩크와 포켓몬 로컬 Acts**

최근 일본에서는 기존의 성지순례 모델을 넘어선 새로운 형태의 콘텐츠 투어리즘이 등장하고 있다. 2023년 극장판 〈더 퍼스트 슬램덩크〉의 개봉은 1990년대 원작의 팬들뿐만 아니라 새로운 세대의 팬덤을 유입시키면서, 배경지인 가마쿠라 지역에 다시 한번 폭발적인 관광객 증가를 가져왔다. 이는 오래된 IP가 새로운 콘텐츠를 통해 어떻게 다시 활성화될 수 있는지를 보여 주는 동시에, 갑작스러운 관광객 집중으로 인한 '과잉관광' 문제와 지역 주민의 피로감이라는 과제를 남겼다(이연우 외, 2024). 한편, '포켓몬 로컬 Acts'는 전혀 다른 접근 방식을 보여 준다. 이는 작품의 배경지를 방문하는 것이 아니라, 특정 지역의 특성(기후, 지명, 문화 등)과 유사한 속성을 가진 포켓몬 캐릭터를 '응원 포켓몬'으로 지정하여 지역 홍보대사처럼 활용하는 전략이

〈명탐정 코난〉 돗토리 투어 메인안내 화면
출처: 코난 투어 홈페이지

〈슬램덩크〉 배경지 가마쿠라
고등학교 인근 기차 건널목

〈그림 12-2〉 일본 콘텐츠 투어리즘 관련 성지순례 사례들

다. 예를 들어, 눈이 많은 홋카이도에는 얼음 타입 포켓몬 '식스테일'을, 모래 언덕으로 유명한 돗토리현에는 '모래두지'를 연결하는 방식이다(이은진·이호욱, 2025). 이는 콘텐츠가 지역과 직접적인 서사적 연관이 없더라도, 전략적 연계를 통해 강력한 지역 브랜딩과 관광 자원화가 가능함을 보여 주는 사례로, 국내 지자체들이 참고할 만한 모델이다.

이 외에도 프라하가 프란츠 카프카라는 문학 자산을 도시 브랜딩에 활용하고, 유네스코 문학 창의도시로 지정되어 '문학 지도', '문학 트레일' 등 다양한 프로그램을 운영하는 사례는 콘텐츠 투어리즘이 애니메이션이나 영화뿐만 아니라 문학, 역사 등 다양한 장르로 확장될 수 있음을 보여 준다(최아름, 2019).

3. 콘텐츠 투어리즘 국내 현황과 과제

한류(K-Culture) IP 기반의 가능성과 과제

한류드라마와 콘텐츠 투어리즘의 연관성은 〈겨울연가〉가 언급된다. 2000년대 초 일본에서 일어난 〈겨울연가〉의 붐에 따라 중장년층의 방한 붐이 일어났고, 실제로 〈겨울연가〉의 콘텐츠들을 배경으로 하는 관광프로그램이 남이섬과 춘천을 중심으로 기획되기도 하며 인기를 끌었는데, 이는 대표적인 한류 관광 모델이 되었다(마스부치 외, 2024).[7] 이외에도 〈대장금〉(창덕궁, 경복궁, 수원 화성) 경우는 궁궐 문화유산과 콘텐츠 결합의 특성을 나타내기도 하였으며,

---

[7] 실제 한국을 찾는 일본 관광객이 2004년 4월부터 10월까지 7개월간 18만7,192명이 증가했고, 한국의 관광수입도 약 2,657억원 증가했다고 한다.

<도깨비>(강릉 주문진 해변, 퀘벡 촬영지) 등은 MZ세대와 해외 팬들이 SNS 인증 관광을 활발히 하는 계기가 되었다.

반면, 젊은 층의 팬덤을 중심으로 국내에서 '콘텐츠 투어리즘'이라는 용어와 개념이 본격적으로 확산된 것은 2017년 애니메이션 <너의 이름은>의 흥행 이후이다(정수희·이병민, 2020). 일본의 콘텐츠 투어리즘은 애니메이션, 만화에서 유래된 관광행위가 활발하고, 유럽과 북미지역에서는 관련 콘텐츠 뿐만 아니라 뮤지션의 성지를 돌아보는 관광행위가 두드러진다는 점이 강조된다. 이를 기점으로 영화, 드라마, 웹툰의 배경지를 찾아가는 '성지순례'가 대중적인 여행 트렌드로 자리 잡기 시작했다. 특히, 국내 콘텐츠 투어리즘은 한류의 세계적인 인기와 맞물려 음악과 드라마 중심으로 폭발적인 잠재력을 보여 주고 있다. BTS 관련 관광의 경우는 서울 하이브 인사이트, 대구(뷔·슈가 출신지) 관광상품, 아미 팬덤의 성지순례화 등 특성이 강조되고, SM, JYP, YG 엔터테인먼트 본사 및 체험관 방문의 경우는 팬덤이 기획사 본사, 연습실, 체험형 전시를 관광코스로 소비하는 현상도 나타난다. 웹툰·게임 연계 관광 경우는 서울 명동, 홍대 등 실제 배경지를 찾는 팬들의 '웹툰 성지순례'가 이어지고 있고, 리그 오브 레전드 월드 챔피언십(LoL Worlds) 경우는, 부산, 서울 등 개최도시가 글로벌 팬덤을 끌어들이는 사례가 되기도 한다.

최근에는 <케이팝 데몬 헌터스>라는 K-팝을 소재로 다룬 넷플릭스 애니메이션을 통해 서울 등 배경지를 찾는 관광객들이 늘어나고 있다. <케이팝 데몬 헌터스>는 서울을 무대로 활동하는 K밥 아이돌 '헌트릭스'의 활약상을 그리는데, 남산 서울타워, 명동, 북촌한옥마을 등 서울 대표 명소가 지속적으로 등장한다. 신곡 무대가 코엑스 외벽 미디어를 통해 생중계되는가 하면, 청담대교를 무대로 한 액션 장면도 있다. <그림 12-3>의 낙산공원은 애니메이션의 두 주인공이 데이트를 즐긴 장소인데, 도심을 내다보는 시원한 전망 덕에 외국인

〈그림 12-3〉〈케이팝 데몬 헌터스〉의 배경이 된 낙산공원

관광객 사이에서도 최근 인기가 높다. 특히 주목할 만한 점은 제작사와 투자사 모두 한국계 기업이 아님에도 불구하고 K팝과 한국문화를 메인 소재로 채택하여 반향을 일으키고 있다는 점이다.

• 한류 팬덤 기반의 폭발적 수요

한류는 이제 일부 마니아층의 문화를 넘어 세계적인 현상이 되었다. 한국관광공사의 2019년 조사에 따르면, 방한 관광객이 선호하는 한국 문화콘텐츠 1위는 한식(45.4%)이었으며, 그 뒤를 K-POP(33.4%)과 한국 드라마(32.1%)가 이었다. 특히, 관광 결정을 내리는 데 가장 큰 영향을 미친 콘텐츠 역시 한식(28.8%), K-POP(26.3%), 드라마(15.9%) 순으로 나타나, K-콘텐츠가 실제 방한 행동으로 이어지는 강력한 동인임이 확인되었다(이병민, 2024). 최근 연구는 이러한 방문 행위의 심층적인 경험 구조를 밝히고 있다. 박윤희·남아란

 뉴노멀 시대 문화도시와 로컬의 힘

(2025)은 BTS의 리얼리티 프로그램 〈인더숲〉 촬영지를 방문한 글로벌 팬들을 심층 인터뷰한 결과, 이들이 ▲셀러브리티와 동일한 공간에 있다는 신비감과 연결감(정서적 연결감), ▲자신의 팬 활동에 대한 자부심과 효능감(정신적 몰입), ▲촬영 소품, 엽서 쓰기 등 새로운 체험 요소(새로운 것의 발견), ▲셀러브리티의 감정에 공감하며 얻는 위로(치유와 휴식), ▲동행자 및 다른 팬들과의 유대감(정서적 관계 형성) 등 다층적인 경험을 하고 있음을 밝혀냈다. 이는 미디어를 통해 형성된 준사회적 상호작용이 실제 장소 방문을 통해 더욱 심화되고, 관광 경험을 풍부하게 만드는 과정을 구체적으로 보여 준다. 관련하여, BTS가 뮤직비디오를 촬영한 완주군의 아원고택, 드라마 〈도깨비〉의 촬영지인 주문진 방사제 등은 이미 전 세계 팬들이 찾는 필수 관광 코스가 되었다. 이는 특정 스타나 작품에 대한 강력한 팬덤이 국경을 넘어 사람들을 이동시키는 힘을 가지고 있음을 증명한다. 또 이와 관련하여 한류가 한국 제품/서비스(관광 포함) 구매 및 이용에 얼마나 영향을 미치는지에 대

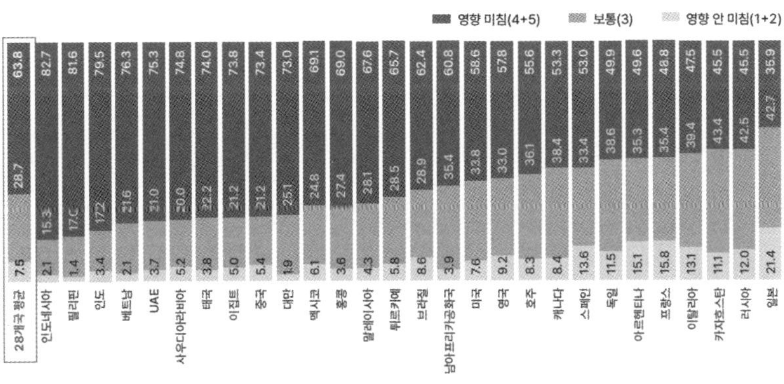

〈그림 12-4〉 한류가 한국제품·서비스 이용에 미치는 영향정도(BASE: 전체, 단위: %)
출처: 한국국제문화교류진흥원 자료, 2025

한 질문에 63.8%가 '영향을 미친다'고 답했는데, '영화, 방송에 등장'을 한국산 제품/서비스 구매 이유로 많이 선택한 국가들은 한류가 미치는 영향에 대해서도 다른 국가들보다 크게 인식하는 것으로 조사됐다(〈그림 12-4〉 참조).

· 다양한 장르로의 확장 가능성

K-콘텐츠의 매력은 K-POP과 드라마에만 국한되지 않는다. 2022년 해외한류 실태조사에 따르면, 음식, 뷰티, 영화, 게임, 웹툰 등 다양한 장르에서한국 문화콘텐츠의 인기가 높게 나타났다(이병민, 2024). 〈이태원 클라쓰〉, 〈김비서가 왜 그럴까〉 등 수많은 인기 드라마가 웹툰을 원작으로 하고 있다는 점은, 성공한 웹툰 IP가 드라마화되고, 다시 드라마의 배경이 된 장소가관광지가 되는 선순환 구조의 가능성을 보여 준다. 또한, 한국의 '먹방'이 유튜브를 통해 'Mukbang'이라는 고유명사로 자리 잡은 현상은 한식을 중심으로 한 미식 관광의 무한한 잠재력을 시사한다(한국문화관광연구원, 2016).

· 워케이션 등 새로운 라이프스타일과의 융합

코로나19 팬데믹을 거치며 원격근무가 확산되고 일과 삶의 경계가 유연해지면서 '워케이션(Workcation)'[8]이라는 새로운 근무 및 여행 형태가 등장했다. 이는 일(Work)과 휴가(Vacation)를 결합한 개념으로, 원하는 장소에서 업무와 여가를 병행하는 것을 의미한다(송주연·이병민, 2023). 제주도는 이러한워케이션의 국내 성지로 부상했으며, 이는 장기 체류형 관광의 새로운 가능성을 열어 주었다. 이러한 흐름은 콘텐츠 투어리즘과 결합될 때 더 큰 시너지를 낼 수 있다. 예를 들어, 한류 팬인 해외의 개발자가 한국의 특정 도시에

---

8) 워케이션(Workcation): 정보통신기술의 발전을 기반으로 시간과 공간의 제약 없이 원하는 곳에서 업무와 휴가를 동시에 즐기는 새로운 근무 및 라이프스타일 형태. 기존의 단기 여행과 달리, 특정 지역에 비교적 오래 머물며 현지인처럼 생활하는 '생활인구' 또는 '관계인구'의 증가를 가져와 지역 활성화의 새로운 대안으로 주목받고 있다(송주연·이병민, 2023).

서 한 달간 워케이션을 하며, 주중에는 일을 하고 주말에는 좋아하는 드라마 촬영지를 탐방하는 형태의 '융합형 관광'이 가능하다. 이는 관광객의 체류 기간을 늘리고 소비를 촉진하여 지역 경제에 더 깊이 기여하는 모델로 발전할 수 있다.

그러나 이러한 밝은 전망 이면에는 해결해야 할 과제들도 산재해 있다. 일본의 사례처럼 지역과 제작사가 기획 단계부터 유기적으로 협력하는 시스템이 아직 미흡하며, 대부분의 경우 인기 콘텐츠가 등장한 이후 사후적으로 관광 상품을 개발하는 수준에 머무르고 있다. 또한, 〈기생충〉 투어 논란에서 보았듯이, 지역 주민과의 소통과 공감대 형성 없이 추진되는 관광 개발은 사회적 갈등을 유발할 수 있다. 성공적인 콘텐츠가 일회성 관광객 유입에 그치지 않고 지속가능한 지역 발전으로 이어지기 위해서는 보다 체계적이고 장기적인 전략이 요구되는 시점이다.

4. 문화도시를 위한 발전전략: 한국형 콘텐츠 투어리즘 모델 제언

한국형 콘텐츠 투어리즘 모델의 필요성

콘텐츠 투어리즘이 가진 잠재력을 문화도시와 지역발전의 실질적인 동력으로 전환하기 위해서는 한국의 사회·문화적 특성과 산업 구조를 반영한 독자적인 모델과 전략이 필요하다. '한국형 콘텐츠 투어리즘'은 한류 드라마·K-팝·웹툰·게임·영화 등 한국의 문화콘텐츠가 관광 동기로 작용하여 특정 장소를 방문하게 만드는 현상이다. 일본의 애니메이션 성지순례나 유럽의 문학 관광과 달리, 한국형 콘텐츠 투어리즘은 대중문화 중심·디지털 확산·글로벌 팬덤 기반이라는 특징이 있다. 따라서, 일본의 성공 사례를 단순히 벤치마킹 하는 것을 넘어, 우리의 강점은 극대화하고 약점은 보완하는 '한국형 콘텐츠 투어리즘'을 설계해야 한다.

지역 주도에서 수요자 중심으로: 한국형 모델의 모색

일본의 콘텐츠 투어리즘 성공 사례는 대부분 지역(지자체, 상공회 등)이 중심 이 되어 제작사, 팬과 협력하는 '지역 주도형' 모델이다. 지방분권이 오래전부 터 정착되었으며, 지역 기반의 중소 콘텐츠 기업이 활성화된 일본의 산업 생 태계에서는 이러한 모델이 효과적일 수 있다. 그러나 한국의 상황은 다르다. K–콘텐츠 산업은 서울을 중심으로 한 강력한 중앙집중형 구조를 지니고 있으 며, 대부분의 제작사와 기획사가 수도권에 밀집해 있다. 지역 단위에서 독자 적으로 콘텐츠를 기획하고 제작할 역량은 아직 부족한 것이 현실이다. 이러한 구조적 차이를 고려할 때, 한국형 콘텐츠 투어리즘은 '지역'보다는 콘텐츠의 최종 소비자이자 가장 강력한 동기 유발자인 '팬(수요자)'을 중심에 두는 모델 에서 출발하는 것이 더 현실적이고 효과적이다(정수희·이병민, 2020).

이 모델은 콘텐츠 투어리즘의 핵심 구성요소(제작자, 지역, 인물, 이야기)들의 중심에 '팬'을 배치한다. 모델에서 '팬'은 단순히 콘텐츠를 소비하고 지역을 방 문하는 수동적 존재가 아니라, 팬덤 활동(생산+소비)과 방문 행위를 통해 각 요 소를 연결하고 전체 시스템을 활성화하는 핵심 동력(Hub)으로 작동한다. 제작 자는 팬들의 수요를 예측하여 콘텐츠를 만들고, 지역은 팬들을 유치하기 위한 매력적인 장소와 경험을 제공한다. 인물과 이야기는 팬들의 방문과 체험을 이

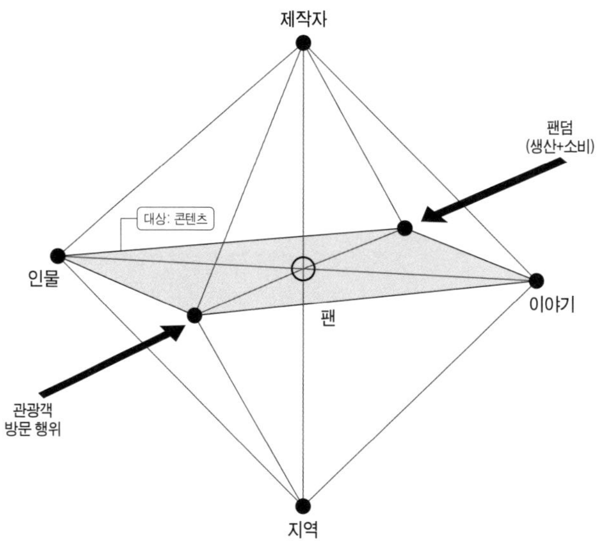

〈그림 12-5〉 한국형 콘텐츠 투어리즘 적용 모델(수요자 중심)

출처: 정수희·이병민, 2020, p239

〈표 12-2〉 수요자 중심 한국형 콘텐츠 투어리즘의 전략 유형(안)

유형	팬 (관광객)	
	소극적 동기 (방문 중심)	적극적 동기 (체험 및 관계 형성 중심)
제작자-IP 주도	K-콘텐츠 이벤트 관광 (예: K-POP 콘서트, 팬미팅 연계 투어)	작품 기반 콘텐츠 성지순례 (예: 드라마 〈별에서 온 그대〉 촬영지 투어)
지역-인물 주도	인물 관련 명소 관광 (예: 김광석 다시 그리기 길, 기획사 방문)	인물 관련 장소기반 성지순례 (예: BTS 투어, 특정 연예인 단골 맛집 투어)
지역-이야기 주도	테마 중심 지역관광 (예: 〈여수 밤바다〉 연계 야경 투어, 홍대 먹방 투어)	지역연계 프로젝트 기반 성지순례 (예: 〈꽃이 피는 첫걸음〉의 본보리 마츠리 참여)

출처: 정수희·이병민, 2020 재구성.

끌어 내는 가장 직접적인 매개체가 된다(〈그림 12-5〉 참조).

이러한 수요자 중심 모델을 기반으로, 관광객의 참여 동기와 수준, 그리고 주도 주체에 따라 다양한 유형의 콘텐츠 투어리즘 전략을 구상할 수 있다(〈표 12-2〉 참조). 이때 한류의 경우는 인물과 이야기가 묶여 하나의 IP로 작동할 수 있는데, 지역의 경우 이를 인물과 이야기로 세분화하여 전략적으로 더 접근할 수 있다.

나오는 글

수요자 중심의 한국형 모델이 성공적으로 안착하고, 콘텐츠 투어리즘이 일회성 이벤트를 넘어 지속가능한 지역 발전 전략으로 기능하기 위해서는 다음과 같은 정책적 노력이 병행되어야 한다.

- **(IP 중심 스토리의 상품화) 지역스토리와 콘텐츠의 연결, 팬덤 기반 상품화**

  지역의 역사·설화·인물에 기반한 드라마·웹툰·게임 제작을 통해 관광 동선을 유도하는 것이 중요한데, 이때, 기존의 관광전략과는 차별화하여 확장성을 갖는 경쟁력 있는 IP를 중심으로 스토리를 찾아내는 것이 중요하다. 예를 들어 전주와 같은 전통적인 도시에서 '조선왕조 500년' 콘텐츠와 전통음식(비빔밥) 결합을 통한 융합적인 관광이 중요한 것처럼, 이를 충분히 다른 지역에서도 인식해야 한다. 또한, 이는 K-팝 팬들이 지역 공연장, 연습실, 출신지에 방문하는 흐름을 지역 상권·축제와 연결하는 노력과 이어져야 한다. 대구 'BTS 관광상품'이 지역 경제 활성화에 기여한 것처럼, 콘텐츠 투어리즘에서 팬덤의 존재가 콘텐츠와 관광상품의 성패에 중요한 역할을 한다.

- (선택과 집중) '지역다움'을 담은 핵심 콘텐츠 발굴 및 브랜딩

모든 것을 나열하는 '백화점식 전략'은 효과적이지 않다. 예를 들어 최근 관광객들이 많이 찾는 해양도시 부산의 경우, 수많은 매력 중, 영화(부산국제영화제), 해양 레저, 미식, 역사(피란수도) 등 타 지역과 차별화되는 핵심 콘텐츠를 선택하고 집중적으로 육성하는 등의 노력이 필요하다. 메가이벤트로서의 '부산국제영화제'와 연계하여 여름 시즌에 관광 명소에서 영화와 공연을 즐기는 '모두모두비프' 행사처럼, 기존의 강력한 브랜드를 관광 상품으로 확장하는 노력이 필요하다(이병민, 2024). 이러한 사례들은 다른 지역에도 적용될 수 있으며 소위 '지역다움'이 무엇인지에 대한 명확한 비전을 제시하고, 이를 중심으로 모든 관광 콘텐츠와 마케팅 전략을 일관되게 엮어내는 것이 중요하다.

- (연계와 협력) 콘텐츠-지역-산업을 잇는 거버넌스 구축

콘텐츠 투어리즘의 성공은 다양한 주체 간의 유기적인 협력에 달려있다. 현재의 단편적인 로케이션 지원을 넘어, 콘텐츠 기획 단계부터 지역(예. 영상위원회, 지역관광공사, DMO, 지자체)과 제작사가 함께 참여하여 관광 상품화를 염두에 둔 공동 프로젝트를 추진해야 한다. 또 지역 내 대학, 연구기관, 관광 스타트업, 그리고 지역 주민들이 참여하는 민관학 거버넌스를 구축하여 지역의 역량을 결집하고, 상향식(Bottom-Up)으로 창의적인 아이디어가 발굴되고 실현될 수 있는 생태계를 조성해야 한다(이병민, 2024).

- (지속가능성) 지역 주민의 삶과 조화되는 관광 모델 설계

콘텐츠 투어리즘의 가장 큰 위험 요소는 관광객 유입이 지역 주민의 삶을 침범하고 젠트리피케이션을 유발하는 '과잉관광(Overtourism)'이다. 〈기생충〉 투어나 유럽의 많은 사례에서 보듯, 주민의 공감 없는 관광 개발은 갈등만 초래할 뿐이다. 실제, 일본 교토, 이탈리아 베네치아, 스페인 바르셀로나

등은 관광객 급증으로 인한 쓰레기 문제, 교통 체증, 임대료 상승, 그리고 문화유산 훼손 등의 어려움을 겪고 있다. 따라서 사업 기획 초기 단계부터 주민 설명회를 개최하고, 관광으로 인한 수익이 지역 상권과 주민에게 실질적으로 돌아갈 수 있는 상생 모델(예: 마을기업 연계 체험 프로그램, 지역 특산물 활용 기념품 개발 등)을 설계해야 한다. 이를 통해 지역 주민이 단순한 '관광상품 제공자'가 아니라 콘텐츠 생산자·해설사로 참여해야 지속성을 확보할 수 있다. 예를 들어 로컬크리에이터를 포함하는 지역 청년 창업과 연계한 콘텐츠 굿즈 제작, 체험 프로그램 운영 등이 중요하다. 관광객에게는 '조용한 관광' 에티켓을 홍보하고, 주민들의 일상을 존중하는 문화를 정착시키는 노력도 병행되어야 한다. 또 많은 실패 사례에서 보여지듯이, 드라마 세트장 일회성 소비를 지양하고, 장기적 관광 인프라화를 어떻게 콘텐츠를 중심으로 갖추어가는가 하는 것이 관건이라고 하겠다.

- **(미래 대비) 디지털 기술을 활용한 스마트 관광 경험 제공**

코로나19 이후 관광 산업의 디지털 전환이 가속화되고 있다. AR/VR 기술을 활용해 작품 속 캐릭터와 함께 사진을 찍거나, 메타버스 공간에서 미리 관광지를 체험해 보는 등 디지털 기술은 콘텐츠 투어리즘의 경험을 한층 풍부하게 만들 수 있다(이병민, 2024). 이와 같이, 메타버스, AR/VR을 활용한 가상 성지순례·지역 체험 제공이 물리적 방문으로 이어지게 설계하고 기획해야 한다. 또 통합 예약/결제 플랫폼, 다국어 스마트 안내 시스템 등 ICT 기반의 편리한 관광 인프라를 구축하여 개별자유여행(FIT) 관광객의 편의를 높여야 한다. 이는 물리적 방문을 보완하고 새로운 관광 수요를 창출하는 중요한 전략이 될 것이다.

결론적으로, 콘텐츠 투어리즘은 단순한 관광 상품 개발을 넘어, 도시의 문

뉴노멀 시대 문화도시와 로컬의 힘

화적 정체성을 재발견하고, 외부 세계와 새로운 관계를 맺으며, 지속가능한 발전을 도모하는 종합적인 '문화도시 전략'으로 이해되어야 한다. 이러한 특징을 이해하고 지역의 발전을 도모하기 위해서는 한국형 콘텐츠 투어리즘은 '대중문화와 지역문화의 접목'이라는 점에서 강력한 파급효과가 있음을 인지해야 한다. 문화도시 정책에서는 '① 지역 스토리 콘텐츠화 → ② 체험형 관광자원화→ ③ 글로벌 팬덤과 디지털 확산→ ④ 지속가능한 주민 참여 모델'이라는 예시 등을 통해 전략을 염두에 두어야 효과적이다. K-콘텐츠라는 강력한 무기를 가진 지금, 우리가 어떻게 이 기회를 창의적으로 활용하느냐에 문화도시의 미래가 달려있다.

○ 토론 주제

1. 영화 기생충 투어 코스 개발이 '빈곤 포르노' 논란을 불러일으킨 사례를 통해, 성공적인 콘텐츠의 배경지를 관광 자원화할 때 지역 주민의 삶과 윤리적 문제를 어떻게 조화시킬 수 있다고 생각하는가?

2. 일본의 콘텐츠 투어리즘은 지역 기반 제작사와 지자체의 협력을 통해 성공한 경우가 많다. 반면 한국은 콘텐츠 산업이 수도권에 집중되어 있는 구조적 한계를 가지고 있다. 이러한 차이 속에서 비수도권 지역이 콘텐츠 투어리즘으로 성공하기 위해서는 어떤 구체적 전략이 필요하다고 보는가?

3. 콘텐츠 투어리즘에서 팬덤의 역할은 매우 중요하지만, 팬덤의 관심이 빠르게 변화하는 특성이 있다. 특정 콘텐츠의 인기가 사라진 뒤에도 관광지로서의 매력을 유지하고, 일회성 방문을 넘어 재방문과 장기적 관계 인구로 이어지게 하려면 어떤 방안이 필요하다고 생각하는가?

• 참고문헌 •

국내문헌

마스부치 토시유키, 오카다 사치노부. (2024).『한류 세계인을 사로잡다』, 이병민·정수희·이순애·최종성 (역), 씨아이알

박윤희·남아란. (2025). "콘텐츠 투어리즘에 대한 준사회적 상호작용 경험 분석: 글로벌 K-pop 팬덤 관광객을 중심으로".『관광연구논총』, 37(1), 101-126.

배지현. 지자체〈기생충〉관광코스 개발이 부른 "가난 포르노" 논란, 한겨레. 2020. 2월 14일자 기사. https://www.hani.co.kr/arti/society/society_general/928295.html.

백종현. [GO 로케] 낙산공원 들렀다 때밀이…'케데헌' 성지순례. 중앙일보. 2025년 8월 8일자 기사. https://www.joongang.co.kr/article/25357552.

송주연·이병민. (2023). "모빌리티 패러다임으로 바라본 워케이션 현상의 의미와 사회공간의 변화: 제주도 사례를 중심으로".『지리학논총』. 70, 23-36.

신광철. (2019). "성지순례 개념의 확장성에 대한 연구: 콘텐츠 투어리즘의 사례를 중심으로".『종교문화연구』, (32), 67-97.

신광철. (2023). "K-콘텐츠 투어리즘의 현상과 담론". 2023 글로벌문화콘텐츠학회 국제학술대회 자료집, 43-65.

안주석·이승곤. (2019). "음악콘텐츠와 지역이미지가 관광목적지 방문 행동의도에 미치는 영향: 확장된 계획행동이론의 적용".『관광연구저널』, 33(7), 37-52.

이병민. (2011). "문화콘텐츠산업의 고용 특성에 대한 통계 분석 연구".『인문콘텐츠』, (20), 121-154.

이병민. (2014). "도시의 창조관광콘텐츠 개발 연구: 미야자키현 아야정(綾町) 사례를 중심으로".『국토계획』, 49(5), 205-221.

이병민. (2024). 부산의 문화관광: 글로벌 관광도시를 위한 콘텐츠 서비스 전략. 국제지역학회 동계학술대회 발표자료.

이병철. (2000). "삶의 재창조와 체험관광".『국토』, (223), 20-28.

이연우·유하영·허은지·류정훈. (2024). "텍스트 데이터 분석을 통해 본 한국인의 콘텐츠 투어리즘 소비: 〈슬램덩크〉 사례를 중심으로".『일본연구』, 41, 333-366.

이은진·이호욱. (2025). "포켓몬스터 IP를 지역 홍보로 활용하는 콘텐츠 투어리즘 사례 연구".『한국엔터테인먼트산업학회논문지』, 19(2), 77-91.

이정규. (2000). 문화관광객의 구매행동특성에 관한 연구: 심리분석적 접근방법을 중심으로. 세종대학교 대학원 박사학위논문.

장원호·정수희. (2019). "도시의 문화적 공감대로서 콘텐츠씬의 인식: 콘텐츠 투어리즘의

사례를 중심으로”.『한국경제지리학회지』, 22(2), 125-139.

정수희·이병민. (2015). “영상콘텐츠를 통한 창조적 장소이미지 구축 과정에 대한 연구: 일본 아니메 성지순례 사례를 중심으로”.『문화역사지리』, 27(1), 112-128.

정수희·이병민. (2016). “지역의 문화자산으로서 문화콘텐츠와 문화콘텐츠관광: 일본 콘텐츠 투어리즘 사례를 중심으로”.『관광연구논총』, 28(1), 179-205.

정수희·이병민. (2020). “콘텐츠 투어리즘의 구성요소와 한국형 모델 연구”.『문화콘텐츠연구』, (18), 209-249.

정순민. 관광대국의 꿈, 콘텐츠 투어리즘에 답이 있다. 파이낸셜뉴스. 2023년 11월 19일자 기사. https://www.fnnews.com/news/202311191840123271

최아름. (2019).『소곤소곤 프라하』. 낭만판다.

한국국제문화교류진흥원. (2025). 2025 해외한류실태조사.

한국문화관광연구원. (2016). 중장기 관광콘텐츠 육성 계획.

한국수출입은행. (2022). K-콘텐츠 수출의 경제효과. 해외경제연구소 이슈보고서.

국외문헌

Green, B. C., & Jones, I. (2007). “Serious leisure, social identity and sport-tourism”. *Sport in Society,* 8(2). 164-181.

Horton, D., & Wohl, R. R. (1956). “Mass communication and para-social interaction: Observations on intimacy at a distance”. *Psychiatry,* 19(3), 215-229.

McCracken, G. (1989). “Who is the celebrity endorser? Cultural foundations of the endorsement process”. *Journal of consumer research,* 16(3), 310-321.

Nishikawa, K, Seaton, P., & Takayoshi, Y. (2015). The Theory and Practice of Contents Tourism. Research Faculty of Media and Communication, Hokkaido University.

Richards, G., & Raymond, C. (2000). “Creative Tourism”. *ATLAS News,* 23, 16-20.

山村高淑. (2011).『アニメ·マンガで地域振興 － まちのファンをうむコンテンツツーリズム開発法－』. 東京法令出版.

山村高淑. (2015). A fictitious festival as a traditional event the Bonbori Festival at Yuwaku Onsen, Kanazawa city.『コンテンツツーリズムの理論と實例』, 北海道大学メディア·コミュニケーション研究院.

제13장

문화도시의 성과측정: 관리와 과제

들어가는 글

문화도시의 추구가치와 성과측정 방법론

문화도시는 단순한 문화 시설의 집합이나 이벤트의 연속이 아닌, '문화를 통한 지속가능한 지역발전 및 지역주민의 문화적 삶 확산'을 비전으로 삼는 도시 단위의 종합적인 사회발전 프로젝트이다(문화체육관광부, 2021). 초기 문화도시 정책이 대규모 인프라 조성이나 경제적 파급효과에 무게를 두었다면(서우석·조광호, 2019), 최근의 정책 흐름은 시민 참여에 기반한 거버넌스[1] 구축, 지역 고유의 문화생태계 조성, 그리고 이를 통한 사회적 가치 실현으로 무게 중심을 옮겨왔다. 문화도시 정책은 전국단위 문화균형발전 구상 아래

---

[1] 거버넌스(Governance): 제2장과 제4장 등에서 언급한 바와 같이 다양한 구성 주체들이 수평적인 네트워크를 기반으로 협력하여 사회 문제를 해결하고 공동의 목표를 달성해 나가는 협치(協治) 방식을 의미한다. 문화도시 사업에서는 행정, 문화재단, 예술가, 시민, 상인 등 다양한 주체들이 참여하는 민관협력체계 구축이 핵심적인 과제로 강조된다.

2019년부터 본격화되었으며, 최근에는 코로나19 이후 비대면 문화 확산, 4차 산업혁명 기반 기술 도입, ESG, 지속가능성, 디지털 전환 등 새로운 도전 요인이 부상하고 있다.[2] 특히 2024년 12월, 기존의 개별 도시 지원 방식을 넘어 인근 권역의 문화 여건을 총체적으로 개선하는 광역 선도형 모델인 '대한민국 문화도시'(문화도시 2.0)가 새롭게 지정되면서, 문화도시 정책은 새로운 국면을 맞이하게 되었다(문화체육관광부, 2024).

이러한 정책적 전환과 사업의 확장은 문화도시의 성공을 평가하는 방식에도 근본적인 변화를 요구한다. 과거의 양적 성장 지표만으로는 도시의 문화적 활력, 공동체의 회복, 시민의 삶의 질 향상과 같은 질적 가치를 온전히 담아낼 수 없기 때문이다. 정책이 성숙기에 접어든 지금, 우리는 "문화도시 사업이 과연 지역에 유의미한 변화를 만들고 있는가?"라는 본질적인 질문에 답해야 할 시점에 이르렀다. 이 질문에 답하기 위해서는 체계적인 성과 측정이 필수적이다. 성과 측정은 단순히 사업의 성공 여부를 판정하는 것을 넘어, 정책의 효과성을 검증하고, 재정 투입의 정당성을 확보하며, 더 나은 방향으로 나아가기 위한 개선점을 도출하는 환류(Feedback)과정[3]의 핵심이기 때문이다(안성윤·정일환, 2018).

그러나 문화도시가 추구하는 사회적 가치는 복합적이고 다층적이어서 측정이 쉽지 않다. '시민의 문화자주권 실현', '지역공동체 활성화', '도시 브랜드 형성'과 같은 목표들은 단기적인 계량 지표로 포착하기 어렵다. 또한, 문화도시 사업의 효과는 사업 자체의 성과뿐만 아니라, 지역의 기존 문화 역량, 정책

---

2) 11 ways cities can adopt an ESG approach to development and management(2023.1.12. World Economic Forum 자료) https://www.weforum.org/stories/2023/01/davos23–cities–adopt–esg–development–management/#:~:text=An%20environmental%2C%20

3) 환류(Feedback): 정책·사업 실행 결과의 진단과 개선, 다음 단계 적용까지 이어지는 선순환 관리체계

환경, 시민 사회의 성숙도 등 다양한 외부 요인과 상호작용하며 나타난다(노수경, 2022). 이러한 복잡성으로 인해 문화도시의 성과를 측정하고 관리하는 것은 매우 도전적인 과제이다.

본 장에서는 문화도시의 기대효과를 어떻게 정의하고, 그 성과를 어떤 관점과 기준으로 측정해야 하는지에 대해 심도 있게 논의하고자 한다. 먼저 성과 측정의 이론적 배경과 주요 개념들을 살펴보고, 현재 문화도시 사업에 적용되고 있는 공식적인 성과 관리 가이드라인의 프레임워크와 지표 체계를 분석할 것이다. 나아가 실제 정책 현장에서 성과 측정이 마주하는 현실적 딜레마와 과제들을 짚어보고, 이를 극복하기 위한 대안적 접근법을 모색하고자 한다. 최종적으로는 단기적 평가를 넘어, 지속가능한 문화도시의 미래를 견인할 수 있는 성과 환류 시스템과 정책적 제언을 제시함으로써, 문화도시 정책 담론의 심화에 기여하고자 한다.

1. 문화도시 성과 측정의 이론적 배경

성과관리의 개념과 필요성

문화도시의 성과를 논하기에 앞서, 공공정책 영역에서 '성과(Performance)', '성과관리(Performance Management)', 그리고 '성과지표(Performance Indicator)'가 무엇을 의미하는지 명확히 할 필요가 있다. 성과란 단순히 사업의 산출물(Output)을 넘어, 그 결과로 인해 발생한 사회적 변화와 영향(Outcome, Impact)까지 포괄하는 광의의 개념이다(Muir & Bennett, 2014).[4] 성과관리는 이러한 성과를 체계적으로 정의하고, 측정·분석하며, 그 결과를 정책 개선에 활용하는 일련의 순환적 과정을 의미한다. 성과지표는 성과의 달성 여부를 객관적으로 판단하기 위해 설정된 구체적인 측정 기준이다.

성과관리는 "기관의 임무, 중장기 목표, 연도별 목표 및 성과지표를 수립하고, 경제성, 능률성, 효과성 등의 관점에서 관리하는 일련의 활동"으로 정의된다(「정부업무평가 기본법」 제2조 제6호). 이는 단순히 과거의 실적을 평가하는 데 그치지 않고, 평가 결과를 미래의 정책 설계와 예산 배분에 연계(환류)함으로써 정책의 효과성을 지속적으로 개선해 나가는 것을 목적으로 한다(주지예·박형준, 2022).

문화도시와 같은 대규모 공공 투자 사업에서 성과관리는 다음과 같은 중요한 기능을 수행한다.

- 책임성 확보(Accountability): 국민의 세금으로 운영되는 만큼, 사업이 당초 목표에 맞게 투명하고 효율적으로 집행되었는지, 그리고 실질적인 사회적 편익을 창출했는지를 입증해야 할 책임이 있다. 체계적인 성과관리는 이러한 책임성을 확보하는 핵심적인 수단이다(Muir & Bennett, 2014).
- 정책 학습 및 개선(Learning and Development): 성과관리는 '무엇이 효과가 있었고, 무엇이 그렇지 않았으며, 그 이유는 무엇인지'에 대한 중요한 정보를 제공한다. 이를 통해 정책 입안자와 현장 실행 주체들은 성공 요인을 확산하고 문제점을 보완하며, 보다 효과적인 사업 모델을 개발해 나갈 수 있

---

4) 성과(Performance), 산출(Output), 성과(Outcome), 영향(Impact): 공공정책 및 사회적 가치 측정에서 사용되는 핵심 용어들이다. 산출(Output)은 프로그램 활동의 직접적이고 가시적인 결과물(예: 워크숍 개최 횟수, 상담 서비스 제공 시간)을 의미한다. 성과(Outcome)는 프로그램으로 인해 참여자나 대상 집단에게 나타난 단기적·중기적 변화(예: 인식 개선, 역량 향상, 행동 변화)를 의미한다. 영향(Impact)은 프로그램이 가져온 장기적이고 궁극적인 사회적 변화(예: 지역 사회 문제 해결, 삶의 질 향상)를 뜻한다. 본문에서 '성과'는 Outcome과 Impact를 포괄하는 광의의 의미와, Outcome이라는 협의의 의미로 혼용될 수 있다(Muir & Bennett, 2014).

다(정윤수, 2022).

- 자원 배분의 합리화(Resource Allocation): 한정된 재원을 가장 효과적인 곳에 집중하기 위해서는 성과에 기반한 의사결정이 필수적이다. 성과 데이터는 여러 사업 대안들의 우선순위를 정하고, 예산을 합리적으로 배분하는 객관적인 근거를 제공한다.
- 이해관계자와의 소통(Communication): 명확한 성과지표와 측정 결과는 시민, 지방의회, 중앙정부 등 다양한 이해관계자들에게 사업의 가치와 필요성을 설득력 있게 전달하는 언어가 된다. 이는 정책에 대한 신뢰와 지지를 확보하는 데 기여한다.

사회적 가치와 성과 측정의 복잡성

문화도시가 추구하는 핵심 가치는 경제적 성과를 넘어선 사회·문화적 가치에 있다. '사회적 가치'란 공동체의 발전과 삶의 질 향상에 기여하는 공공의 이익과 공동선에 부합하는 가치를 의미하며(한국행정학회, 2017), 문화다양성, 사회통합, 공동체 회복, 문화적 권리 신장, 지역 정체성 강화 등이 이에 해당한다.

그러나 이러한 사회적 가치는 본질적으로 다차원적이고 장기적이며, 직접적인 인과관계 증명이 어렵다는 특성 때문에 측정이 매우 까다롭다. 예를 들어, 문화도시 사업이 '지역 공동체 활성화'에 기여했는지를 측정하기 위해서는 '공동체'를 어떻게 조작적으로 정의할 것인지, '활성화'의 수준을 어떤 지표로 판단할 것인지, 그리고 관찰된 변화가 순수하게 문화도시 사업의 효과인지 아니면 다른 사회경제적 요인의 영향인지를 구분해내야 하는 문제에 직면하게 된다.

이러한 측정의 복잡성을 극복하고 정책의 실질적인 변화 과정을 체계적으로 분석하기 위해 다양한 이론적 모델이 활용된다. 그중 대표적인 것이 '논리모형(Logic Model)'이다.

논리모형은 정책이나 사업이 어떤 자원(투입)을 활용하여, 어떤 활동을 통해, 어떤 직접적인 결과물(산출)을 만들어 내고, 이것이 궁극적으로 어떤 단기·중장기적 변화(성과 및 영향)로 이어지는지를 인과적 논리 사슬로 구조화한 것이다(이병민, 2023). 이 모델은 사업의 목표와 과정 사이의 논리적 관계를 명확히 하고, 각 단계에서 측정해야 할 핵심 성과 지표를 도출하는 데 유용한 분석틀을 제공한다. 예를 들어, 단순히 '프로그램 참여자 수(산출)'를 측정하는 것을 넘어, '참여자의 지역 문화에 대한 관심도 변화(단기 성과)'나 '지역 내 문화 활동 참여율 증가(중기 성과)'까지 체계적으로 추적할 수 있게 해 준다(〈그림 13-1〉 참조).

문화도시 성과관리는 바로 이 논리모형에 기반하여, 단순 산출(Output) 지표 중심의 평가에서 벗어나, 시민과 지역사회에 미치는 실질적인 변화와 가치, 즉 성과(Outcome)와 영향(Impact)을 측정하고 관리하는 방향으로 나아가야 한다. 이에 따라, 실제로 문화도시에 적용해 보면, 예를 들어 정책 준비단계에서는 예산·인력 등 투입 지표를 평가하고, 사업 수행 중기에는 프로그램

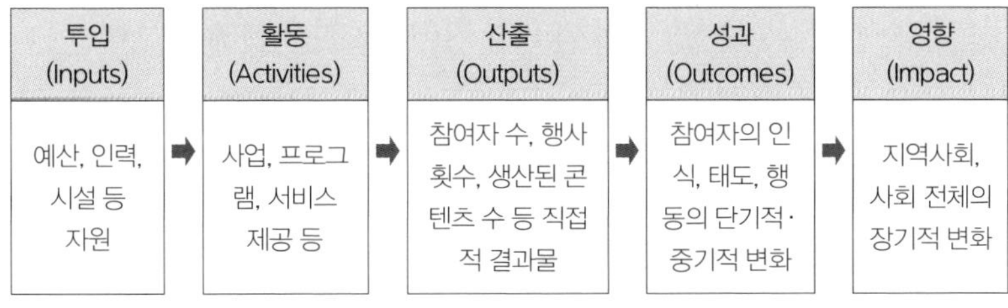

〈그림 13-1〉 논리모형(Logic Model)의 기본 구조

출처: 이병민, 2023; Muir & Bennett, 2014 재구성

수나 참여자 수 같은 과정·산출 지표를 측정하고, 사업 종료 시점에서는 행사 횟수, 문화산출물 수 등 산출 지표와 함께, 지역경제 효과(매출액, 고용 증가 등)나 주민만족도 등의 단기성과를 평가한다. 장기적으로는 도시 브랜드 가치, 문화예술 참여율 증가, 환경적 지속가능성 등 영향지표를 점검할 수 있다.

특히, 1~2년차에서 산출의 경우는 문화행사 수, 콘텐츠 개발 수, 문화공간 조성 수, 이벤트 개최 횟수 등 직접적인 실행 결과에 집중하다고 하면, 3~4년차 및 사업 후반부로 갈수록 영향을 고려하여 도시이미지 개선, 문화예술 생태계 확대, 사회적 포용성, 지속가능 지표 등 장기적 파급효과가 중요해진다고 할 수 있다. 이때 평가 주기는 중간평가(연차평가)와 최종평가로 나누어 진행하며, 그 결과를 차년도 사업계획 수립과 연계하는 피드백 체계를 갖추는 것이 중요하다. 예컨대 매년 연초에 전년도 사업 성과 평가를 실시하고, 그 결과를 기반으로 문제점을 보완하여 사업비 배분과 사업 내용을 조정하는 방식이 권고된다. 이처럼 단계별 지표 설계는 정책의 로직모델과 연동되어 사업이 의도한 결과를 효과적으로 창출하는지 확인하는 데 활용된다.

2. 문화도시 성과관리 프레임워크와 지표 체계

문화체육관광부의 문화도시 성과관리 가이드라인 기본체계

문화체육관광부와 문화도시심의위원회는 문화도시 사업의 자율적인 성과관리를 지원하고 성과평가의 객관성을 확보하기 위해 「문화도시 성과관리체계 구축 및 적용 연구」(서우석 외, 2021)를 바탕으로 「문화도시 성과관리 가이드라인」을 마련한 바 있다. 이 가이드라인은 문화도시가 달성해야 할 성과를 체계적으로 분류하고, 이를 측정하기 위한 표준화된 지표와 평가 방법을 제시하고 있어 눈여겨볼 만하다. 이는 각 도시가 자신들의 비전과 전략에 맞춰 성과를 관리하되, 모든 문화도시에 공통적으로 요구되는 책임성과 정책 목표 달성도를 일관된 기준으로 평가하기 위함이다. 이에 대해 영역별 설명과 함께, 지표의 예시를 살펴보고자 한다.

문화체육관광부의 성과관리 가이드라인에서는 문화도시의 성과를 크게 '거버넌스(Governance)' 영역과 '성과(Performance)' 영역으로 이원화하여 구성한다(서우석 외, 2021). 이는 정책의 성공이 단순히 최종 결과물만으로 결정되는 것이 아니라, 목표를 달성해 나가는 과정과 추진 체계의 건강성에 달려 있다는 인식을 반영한 것이다.

- 거버넌스 영역: 문화도시 사업의 투입(Input), 과정(Process), 활동(Activity)을 다루는 영역이다. 이는 사업을 추진하는 주체들의 협력 구조, 의사결정 방식, 시민 참여의 수준, 재정 및 행정적 기반의 안정성 등을 포함한다. 문화도시가 지속가능한 발전을 이루기 위해서는 건강한 거버넌스 생태계를 구축하는 것이 선결 과제이므로, 특히 사업 초기 연차에는 이 영역의 비중을 높게 평가한다.
- 성과 영역: 사업의 산출(Output)과 결과(Outcome)를 다루는 영역이다. 이는 문화도시 사업을 통해 실질적으로 창출된 문화적, 사회적, 경제적 가치와 변화를 측정한다. 문화예술 생태계의 변화, 지역 발전 기여도, 도시 브랜드 강화 등이 여기에 해당한다. 사업 연차가 높아질수록 가시적인 성과 창출에 대한 요구가 커지므로, 성과 영역의 평가 비중은 점차 높아진다. 이에 대해 〈표 13-1〉을 통해 연차별 비중의 시뮬레이션 예시를 살펴볼 수 있다.

〈표 13-1〉 문화도시 성과관리 영역별 연차별 비중 변화(예시)

영역	1년차	2년차	3년차	4년차	5년차
거버넌스	65%	60%	50%	50%	50%
성과	35%	40%	50%	50%	50%

출처: 서우석 외, 2021

5대 중분류와 핵심 성과지표

예를 들어 가이드라인은 크게 거버넌스와 성과라는 두 개의 대분류 영역으로 나뉘며, 이를 5대 중분류로 세부적으로 살펴보며 구체화해 볼 수 있다. 이는 문화도시가 추구해야 할 다차원적인 가치를 보다 세밀하게 평가하기 위함이다(서우석 외, 2021).

- 거버넌스 영역(안): 거버넌스 영역은 문화도시가 안정적이고 지속적으로 성장할 수 있는 추진 동력과 체계를 갖추었는지를 평가하며, 세 가지 중분류로 구성될 수 있다.

〈표 13-2〉 거버넌스 영역 성과지표 구성 및 주요 내용(안)

지표 구분	지표 주요내용	핵심지표	주요 세부지표
1. 비전과 전략	• 도시가 명확한 문화도시 비전을 수립하고, 이를 시민들과 효과적으로 공유하며, 환경 변화에 대응하여 전략을 구체화하고 있는지를 평가	① 비전 공유 ② 전략적 접근	• 문화도시 인지도 • 비전 공감 정도 • 실천 전략의 구체화 및 지속성 등.

지표 구분	지표 주요내용	핵심지표	주요 세부지표
2. 추진기반	• 시민 중심의 사업 추진을 위한 다양한 주체 간의 협력 구조(거버넌스)가 잘 구축 되어 있는지, 사업 주체들의 역량은 충분한지, 그리고 다른 정책 및 도시와의 네트워크는 활발한지를 평가	① 거버넌스 구축 ② 사업 추진역량 강화 ③ 협력과 네트워크	• 문화도시 시민참여율 • 문화도시 재정 민주주의 수준 • 사업 추진주체 인력의 역량 • 다른 정책 주체와의 협력 사업 수 등.
3. 자율관리	• 지자체와 시민의 협력을 바탕으로 문화도시 사업을 책임감 있고 자율적으로 운영하고 있는지를 평가 • 법·제도적 환경, 재원 확보, 사업 수행의 적정성 및 윤리성, 그리고 자체적인 성과관리 체계 운영 노력을 포함	① 여건 조성과 사업 수행 ② 자체 성과관리체계 운영	재원조성 목표 달성률, 예산집행률, 자체 성과지표의 충실성, 모니터링 및 환류 활동 등.

• **성과 영역(안)**: 성과 영역은 문화도시 사업을 통해 창출된 실질적인 가치를 평가하며, 개별 도시의 특수성과 모든 문화도시에 기대되는 보편적 성과를 함께 고려하는 두 가지 중분류로 구성될 수 있다.

지표 구분	지표 주요내용	핵심지표	주요 세부지표
4. 고유성과	• 각 문화도시가 자신들의 비전과 특수성을 반영하여 자율적으로 설정한 성과지표와 그 달성도를 평가 • 이는 문화정책의 획일화를 방지하고 지역의 자율성과 창의성을 존중하기 위한 장치	① 문화진흥 ② 지역발전	• 각 도시가 가이드라인의 예시(문화예술생태계 강화, 포용적 지역사회 구축 등)를 참고하여 자율적으로 구성
5. 공통성과	• 모든 문화도시에서 공통적으로 기대되는 최소한의 성과를 측정한다. 이는 사업의 기본적인 효과성을 담보하고 도시간 성과를 비교하기 위한 기준이 됨	① 대표사업 참여자 만족도 ② 문화도시 정체성	• 문화도시별 3개 대표사업 참여자 만족도 • 문화도시 이미지 개선 및 정체성 창출 수준 등

정량지표와 정성지표의 조화

통상적으로 성과지표는 측정 방식에 따라 정량지표(Quantitative Indicator)와 정성지표(Qualitative Indicator)로 나뉜다.

- 정량지표: 계량적인 수치로 산출 가능한 지표로, '문화도시 인지도(%)', '예산집행률(%)', '대표사업 참여자 만족도(점)' 등이 해당한다. 객관적인 목표 대비 달성도를 명확하게 보여 주는 장점이 있다.
- 정성지표: 수치화하기 어려운 과정, 노력, 질적 변화를 평가하는 지표로, '비전 제시의 적합성', '거버넌스 강화 노력', '시민참여 제고 노력' 등이 해당한다. 사업의 깊이와 내실을 종합적으로 판단할 수 있게 해 준다.

문화도시 성과관리는 이 두 가지 유형의 지표를 조화롭게 활용한다. 정량지표는 사업의 외형적 성과와 효율성을 객관적으로 보여 주는 근거자료로 기능하며, 정성지표는 그 수치 뒤에 숨겨진 과정의 충실성과 질적 변화의 의미를 심층적으로 평가하는 역할을 한다. 평가는 세부지표 내용을 종합적으로 판단하여 '매우 우수'에서 '매우 미흡'까지 5단계 등급으로 이루어질 수 있으며, 이를 통해 각 문화도시의 강점과 약점을 입체적으로 진단하고 맞춤형 컨설팅과 인센티브를 제공하는 근거로 삼을 수 있다(서우석 외, 2021). 이를 토대로 실제 지역에서는 인프라 조성, 문화자치 강화, 도시경쟁력 제고 등 단계를 두고 사업을 추진하며, 주민참여와 문화거버넌스 등을 성과 관리 지표의 핵심으로 감안할 수 있다. 최근 선정된 문화도시(예: 세종시, 대구 수성구, 전북 전주시 등)는 각각 지역 특색에 기반한 맞춤형 사업과 문화다양성 증진, 도심재생, 공예생태계 촉진, 생활문화 공간 확대 등 특화된 프로젝트를 진행하고 있어 참조할 만하다(김창진, 채경진, 2025).

3. 국내외 문화도시들의 사업 실행 사례에 대한 분석

사례 분석에 앞서

현재까지 지역문화진흥법에 의한 법정 문화도시로 지정된 문화도시들의 사례를 보면, 지역마다 다양한 전략과 실행방안이 나타나고 있다. 각 도시별로 이에 대한 사례를 심층적으로 분석하여, 성과 창출의 요인과 실제적 과제를 탐색해 보고자 한다.

춘천: '도시가 살롱'을 통한 주민 정주인식의 제고

2021년 제2차 문화도시로 지정된 춘천시는 '시민이 낭만 이웃으로, 전환문화도시 춘천'이라는 비전 아래, 시민 주도의 생활문화 공동체 활성화에 집중했다. 특히 대표 사업인 '도시가 살롱'은 동네의 작은 공간(카페, 공방, 서점 등)을 거점으로 주인장의 취향과 관심사를 공유하는 소규모 커뮤니티 활동을 지원하는 사업이다. 이는 '10분 내 문화생활권'이라는 목표 아래, 시민들이 일상 공간에서 쉽게 문화를 접하고 이웃과 교류하는 기회를 제공했다(김기창 외, 2024).

춘천 문화도시 사업의 성과는 단순한 문화 향유 기회 확대를 넘어, 주민들의 삶에 미치는 사회·심리적 효과에서 두드러진다. 김창진·채경진(2025)의 연구에 따르면, '도시가 살롱' 참여자들은 문화향유 경험을 통해 사회자본(이웃과의 신뢰 및 네트워크), 지역애착도, 행복감이 유의미하게 증진되었으며, 이는 최종적으로 해당 지역에 계속 살고 싶어하는 '정주인식'에 긍정적인 영향을 미치는 것으로 나타났다. 이러한 결과는 문화도시의 성과를 평가할 때, '참여자 수'와 같은 산출 지표를 넘어 '정주인식', '사회자본', '지역애착도'와 같은 영향(Impact) 지표를 측정하는 것이 왜 중요한지를 실증적으로 보여 준다. 특히 지방소멸이 중요한 사회적 과제로 대두된 상황에서, 문화가 지역소멸을 완화하고 지속가능한 공동체를 만드는 데 기여할 수 있다는 중요한 정책적 함의를 제공한다.

청주: 기록문화를 통한 도시 정체성 강화

2019년 1차 문화도시로 지정된 청주시는 세계 최고(最古)의 금속활자본인 '직지심체요절'을 품은 도시의 정체성을 '기록문화'로 설정하고 이를 현대적으로 재해석하는 데 집중했다. 청주시는 동네기록관 확대, 시민기록관 조성, 청년 창업문화공간(굿쥬) 등 다각적 사업을 추진하여 주민 참여와 만족도를 끌어올렸으며, 그 결과 2023년 성과평가에서 '올해의 문화도시'로 선정되었다. 청주의 사례는 지역의 고유한 역사문화자산을 현대적 콘텐츠로 재창조하고, 이를 시민 참여와 결합하여 도시 브랜드와 정체성을 성공적으로 구축한 사례로 평가받는다. 이는 문화도시의 성과가 단순히 새로운 것을 만드는 데 있는 것이 아니라, 기존 자산의 가치를 재발견하고 공유하는 과정에서도 창출될 수 있음을 보여 준다.

뉴노멀 시대 문화도시와 로컬의 힘

밀양: (구)밀양대 폐교 부지를 활용한 문화거점 조성

2021년 제3차 문화도시로 지정된 밀양시는 방치된 폐교 부지에 '햇살문화캠퍼스'를 조성해 문화거점으로 활용하였다. 옛 밀양대 부지를 문화복합시설로 변모시켜 지역문화 중심지로 자리매김했고, 2024년 성과평가에서 '올해의 문화도시'로 뽑힌 바 있다. 그 외에도 밀양대페스타, 빈집 재생, 아트마켓, 시민리빙랩 등 다채로운 프로그램을 통해 주민 3만명이 축제에 참여하고 복합문화공간 방문객 14만명(2개월간)이라는 의미 있는 성과를 거둔 바 있다.[5]

밀양의 사례는 유휴공간의 문화적 재생이 어떻게 지역에 새로운 활력을 불어넣고, 시민들을 위한 핵심적인 문화 인프라로 기능할 수 있는지를 보여 준다. 이는 문화도시 사업이 도시재생과 긴밀하게 연계될 때 더 큰 시너지를 낼 수 있음을 시사한다.

수원시·의정부시·포항시·부산 영도구 등

2024년 성과평가에서 수원시는 128개 문화공간 조성('같이공간', '동행공간')과 프로그램 운영을 통해 지역 문화 생태계를 확충했고, 포항시는 해양문화콘텐츠를 특화해 문화공간 활성화를 추진했다. 또한 1차 문화도시였던 부산 영도구는 '영도다리 축제', '보물섬 영도' 등 프로그램으로 어촌 특화 콘텐츠를 운영하며 주민 문화 향유를 증대시켰다. 이들 사례에서 공통적으로 볼 수 있듯, 각 도시들은 고유한 문화자산과 주민 역량을 활용해 지역 특성에 맞는 사업을 운영하며 경제·문화적 파급효과를 창출하고 있다. 이에 2024년 발표된

---

5) 대한민국 정책 브리핑(2025.2.24 기사) 경남 밀양시 '올해의 문화도시' 선정… '햇살문화캠퍼스' 돋보여

문화도시 사업 성과 브리핑에서는 24개 도시의 주민 423만 명이 문화 혜택을 누린 것으로 집계되었는데, 이를 통해 지자체들이 성과를 공유하고 우수 사례를 타 지자체에 전파하는 사례가 늘었다.

리버풀(영국): 유럽문화수도(ECoC)의 장기적 문화유산

2008년 유럽문화수도(European Capital of Culture, ECoC)를 경험한 리버풀은 문화가 어떻게 쇠퇴한 산업도시를 재생시키고 장기적인 유산을 남길 수 있는지를 보여 주는 대표적인 사례이다. 리버풀은 산업 쇠퇴 후 음악·예술 기반 재생을 추진하여, 2014-2018년 문화 액션 플랜을 통해 15개 음악 단체에 130만 파운드를 지원하고 지역 음악 축제를 활성화했다.[6]

1980년대 이후 산업 쇠퇴로 침체를 겪던 리버풀은 비틀즈와 축구 등 대중문화 자산을 기반으로 문화 중심의 도시재생 전략을 추진했다. Liu(2019)의 연구는 ECoC 개최 10년 후의 문화적 유산을 다섯 가지 차원에서 심층적으로 분석했다. 첫째, '문화 거버넌스 및 전략' 측면에서 ECoC를 전담했던 '리버풀 문화 컴퍼니'의 경험과 노하우를 계승한 '컬처 리버풀(Culture Liverpool)'이라는 전담기구를 설립하여 정책의 연속성을 확보했다. 둘째, '문화 네트워크' 측면에서 지역의 주요 문화기관 연합체인 LARC(Liverpool Arts Regeneration Consortium)와 같은 협력체가 강화되어 외부 재원을 유치하고 공동 프로젝트를 추진하는 구심점 역할을 했다. 셋째, '문화 공급' 측면에서 ECoC는 기존에 계획되어 있던 아레나, 박물관 등 문화 인프라 건설을 가속화하는 촉매제가

문화적 유산	주요 내용	핵심 성공요인
문화 거버넌스 및 전략	전담기구(Culture Liverpool) 설립, 장기 문화전략 및 실행계획 수립	단기 이벤트를 도시의 장기적, 문화주도 발전계획에 통합
문화 네트워크	문화기관 간 협력체(LARC 등) 강화, 공공 및 민간 부문과의 파트너십 확대	협력과 네트워킹을 통한 외부 자원 확보 및 시너지 창출
문화 공급	문화 인프라 확충 가속화, 대규모 대표 이벤트의 지속적 개최	기존 도시재생 프로젝트와의 연계, 성공적인 이벤트 경험의 자산화
문화 참여	시민들의 문화 활동에 대한 관심과 참여 수준 증가	무료, 야외, 공동체 중심의 포용적이고 접근성 높은 프로그램 기획
문화 이미지	쇠퇴한 공업도시에서 창의적 문화도시로의 이미지 전환	문화를 통한 도시 브랜딩 전략의 성공적 실행

출처: Liu, 2019 재구성

되었으며, 'La Princesse'와 같은 대형 야외공연을 성공적으로 개최한 경험은 이후에도 지속적인 대규모 이벤트 유치로 이어졌다. 넷째, '문화 참여' 측면에서 ECoC를 계기로 문화에 대한 시민들의 관심과 참여가 크게 증가했으며, 이는 10년 후에도 지속되는 경향을 보였다. 마지막으로, '문화 이미지' 측면에서 ECoC는 리버풀의 어둡고 부정적인 이미지를 창의적이고 활기찬 도시로 바꾸는 데 결정적인 역할을 했다(〈표 13-3〉 참조).

4. 성과 측정의 실제와 정책적 과제

이론적 틀과 실제 현장의 간극

문화도시 성과관리 가이드라인은 체계적인 프레임워크를 제공하지만, 실제 현장에서 이를 적용하고 의미 있는 성과를 측정하는 과정은 여러 도전 과제에 직면한다. 이론적 틀과 현장의 실천 사이에는 간극이 존재하며, 이를 극복하기 위한 지속적인 노력이 요구된다. 이에, 현장 적용의 최대 과제는 과정 중심 가치 평가, 인과관계 검증의 어려움, 행정 편의적 절차화 위험 등이며, 질적 연구(인터뷰·참여관찰·사례연구) 등도 보완되어야 할 필요가 크다.

성과 측정의 딜레마: 과정의 가치와 측정의 한계

문화도시 사업의 핵심 철학 중 하나는 '과정 중심성'이다. 이는 최종 결과물 뿐만 아니라, 시민들이 함께 논의하고, 실험하며, 협력하는 과정 그 자체가 중요한 사회적 가치를 창출한다는 믿음에 기반한다. 시민들간의 신뢰 형성, 네트워크 확장, 공동체 의식 함양과 같은 사회적 자본[7]은 이러한 과정을 통해 축적된다.

그러나 이러한 과정적 가치는 정량화하기 매우 어렵다. 예를 들어, '거버넌스 강화 노력'이나 '시민참여 제고 노력'과 같은 정성지표는 평가자의 주관이 개입될 여지가 크며, 그 성과를 객관적인 데이터로 입증하기가 쉽지 않다. 회의 횟수나 참여자 수와 같은 양적 지표는 과정의 '규모'를 보여 줄 수는 있지만, 그 '질'과 '내실'을 담보하지는 못한다. 수많은 회의가 형식적으로 이루어지거나, 소수의 의견이 전체를 압도하는 비민주적인 방식으로 운영될 수도 있기 때문이다.

---

7) 앞에서 언급된 바와 같이 사회적 자본(Social Capital)은 사회 구성원들이 공동의 문제를 해결하고 사회의 효율성을 높일 수 있게 하는 신뢰, 규범, 네트워크 등 사회적 관계의 총합을 의미한다. 문화도시 사업은 이와 관련 다양한 문화 활동을 매개로 시민들간의 교류와 소통을 촉진함으로써 사회적 자본을 축적하고, 이를 통해 지역 공동체를 활성화하는 것을 중요한 목표로 삼는데, 문화도시 평가에서 중요한 정성지표가 되기도 한다.

이러한 딜레마는 성과 관리가 자칫 행정적 편의를 위한 형식적인 절차로 전락할 위험을 내포한다. 측정하기 쉬운 양적 지표에만 치중하게 되면, 문화도시 사업은 이벤트 중심, 실적 쌓기 위주의 사업으로 회귀할 수 있다. 따라서 과정의 질적 가치를 어떻게 의미 있게 포착하고 평가할 것인지에 대한 방법론적 고민이 지속적으로 필요하다. 심층 인터뷰, 참여 관찰, 사례 연구 등 질적 연구 방법을 적극적으로 활용하여, 통계 데이터가 보여 주지 못하는 현장의 생생한 변화와 그 의미를 포착하려는 노력이 병행되어야 한다.

인과관계 추정의 어려움과 사업 효과 분석

문화도시 사업의 성과를 분석할 때 마주하는 또 다른 난관은 '인과관계 추정의 어려움'이다. 특정 지역에서 관찰된 긍정적인 변화(예: 지역 문화예술단체 수 증가)가 오롯이 문화도시 사업만의 효과라고 단정하기는 어렵다. 이러한 변화는 지자체의 다른 정책, 민간의 자발적인 활동, 거시적인 사회경제적 트렌드 등 수많은 요인이 복합적으로 작용한 결과일 수 있기 때문이다.

실제로 1차 문화도시로 지정된 지역들을 분석한 연구에 따르면, 이들 지역은 문화도시로 지정되기 이전부터 이미 문화 관련 예산, 인력, 시설 등에서 다른 지역보다 높은 역량을 보유하고 있었던 경향이 나타났다(노수경, 2022). 이는 문화도시 사업의 성과가 사업 자체의 효과라기보다는, 원래 우수했던 지역이 가진 잠재력이 발현된 결과일 수 있다는 해석을 가능하게 한다. 즉, '문화도시가 되었기 때문에 문화적으로 발전했다'기보다, '문화적으로 발전할 잠재력이 높은 도시가 문화도시로 선정되었다'는 인과관계의 역전 가능성을 시사한다.

이러한 문제를 극복하고 사업의 순수한 효과(Net Effect)를 과학적으로 분석하기 위해서는 보다 정교한 정책 평가 설계가 필요하다. 예를 들어, 문화도시로 지정된 지역과 유사한 특성을 가졌지만 지정되지 않은 지역(비교집단)의 변화를 장기적으로 비교·추적하는 방식(준실험설계)을 통해 사업의 효과를 보다 엄밀하게 검증할 수 있다. 또한, 지역문화실태조사와 같은 전국 단위 패널 데이터를 활용하여 정책 시행 전후의 변화를 체계적으로 분석하는 것도 유용한 접근법이 될 수 있다.

성과 환류 시스템의 구축과 정책 학습

성과 측정의 궁극적인 목표는 평가 그 자체가 아니라, 평가 결과를 바탕으로 더 나은 정책을 만들어가는 '정책 학습(Policy Learning)'과 '개선(Improvement)'에 있다. 이를 위해서는 측정된 성과가 다음 단계의 정책 결정 과정에 체계적으로 환류(Feedback)되는 시스템을 구축하는 것이 무엇보다 중요하다.

예를 들어 지역에서 이루어지는 예술지원사업을 하나의 예로 보고, 이러한 성과 환류 체계의 중요성을 강조하며, '평가→개선→재설계→적용'으로 이

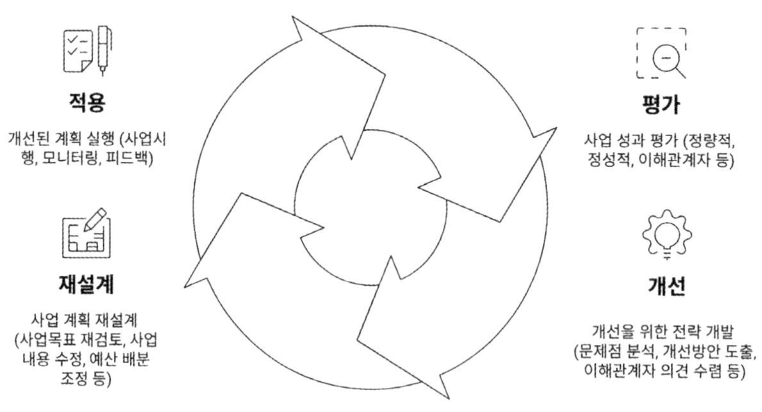

〈그림 13-2〉 지역 예술지원사업의 성과 환류 체계도(예시)

 뉴노멀 시대 문화도시와 로컬의 힘

어지는 선순환 구조를 제안해 볼 수 있다.

이는 성과 데이터를 단순한 실적 보고에 그치지 않고, 사업의 문제점을 진단하고 대안을 모색하며, 차년도 사업계획에 실질적으로 반영하는 동적인 관리 체계를 의미한다고 할 수 있다. 〈그림 13-2〉를 통해 하나의 성과가 지역에서 환류되는 체계를 살펴볼 수 있는데, 구체적으로 각 단계별 환류 체계를 살펴볼 수 있다.

- 평가: 평가 단계에서는 사업의 성과를 객관적이고 체계적으로 측정하고 분석한다. 이를 위해, 다음과 같은 평가 방법을 활용할 수 있다.

정량적 평가	사업 예산 집행률, 지원 대상 예술가 및 단체 수, 관람객 수 등 객관적인 지표를 활용하여 성과를 측정
정성적 평가	사업 결과 보고서, 만족도 조사, 전문가 평가, 심층 인터뷰 등을 통해 사업의 질적인 성과를 평가
이해관계자 평가	예술가, 시민, 사업 담당자 등 다양한 이해관계자들의 의견을 수렴하여 사업의 성과를 종합적으로 평가

- 개선: 개선 단계에서는 평가 결과를 바탕으로 사업의 문제점을 진단하고, 개선 방안을 모색한다. 이를 위해, 다음과 같은 활동을 수행할 수 있다.

문제점 분석	평가 결과를 분석하여 사업의 문제점을 구체적으로 파악. 예를 들어, 지원 대상 선정 과정의 문제점, 사업 운영 방식의 비효율성, 성과 측정 방법의 한계 등을 분석
개선방안 도출	문제점 분석 결과를 바탕으로 사업의 개선 방안을 도출 예를 들어, 지원 대상 선정 기준 개선, 사업 운영 방식 변경, 성과 측정 지표 개발 등을 제안
이해관계자 의견 수렴	개선 방안에 대해 예술가, 시민, 사업 담당자 등 다양한 이해관계자들의 의견을 수렴

- 재설계: 재설계 단계에서는 개선 방안을 반영하여 사업 계획을 수정하고 보완한다. 이를 위해, 다음과 같은 활동을 수행할 수 있다.

사업 목표 재검토	사업 목표가 현실적이고 달성 가능한지 재검토하고, 필요한 경우 목표를 수정
사업 내용 수정	개선 방안을 반영하여 사업 내용을 수정하고 보완. 예를 들어, 지원 대상 선정 기준 변경, 사업 운영 방식 개선, 성과 측정 지표 추가 등을 반영
예산 배분 조정	사업 내용 변경에 따라 예산 배분 및 조정

- 적용: 적용 단계에서는 재설계된 사업 계획을 실제로 실행하고, 그 결과를 지속적으로 모니터링한다. 이를 위해, 다음과 같은 활동을 수행할 수 있다.

사업실행	재설계된 사업 계획에 따라 사업을 실행
모니터링	사업 진행 상황을 지속적으로 모니터링하고, 문제 발생 시 즉시 대응
피드백	사업 참여자들의 피드백을 수렴하여 사업 운영에 반영

이러한 환류 시스템이 효과적으로 작동하기 위해서는 몇 가지 전제 조건이 필요하다. 첫째, 성과 데이터가 정책 입안자와 현장 실행 주체들에게 시의적절하고 이해하기 쉬운 형태로 제공되어야 한다. 둘째, 성과평가 결과에 따라 성공적인 사례는 인센티브를 통해 확산시키고, 부진한 부분에 대해서는 맞춤형 컨설팅과 역량 강화 프로그램을 지원하는 등 후속 조치가 뒤따라야 한다. 셋째, 실패로부터 배우는 조직 문화가 정착되어야 한다. 성과 평가가 문책이나 예산 삭감의 수단으로만 인식된다면, 현장에서는 문제점을 숨기거나 소극적인 목표 설정에만 안주하게 될 것이다. 도전적인 실험을 장려하고, 실패의 경험을 공유하며, 이를 자산으로 삼아 더 나은 대안을 모색하는 학습 공동체로서의 문화가 문화도시 생태계 전반에 확산될 필요가 있다.

5. 문화도시의 올바른 성과 측정 및 관리를 위한 제언

대한민국 문화도시(문화도시 2.0)와 성과관리의 진화

향후 문화도시 사업이 일회성 정책으로 끝나지 않고, 지역의 지속가능한 발전 동력으로 뿌리내리기 위해서는 성과 측정과 관리에 대한 패러다임 전환이 요구된다. 단기적이고 가시적인 성과에 집착하기보다, 장기적인 관점에서 도시의 문화적 체질을 바꾸고 자생적인 성장 기반을 다지는 데 초점을 맞춰야 한다.

정부는 2017년부터 지역문화진흥법에 의한 법정 문화도시를 추진해 왔다. 그리고 2024년 12월, 기존의 제1~4차 문화도시 사업의 성과와 한계를 바탕으로 새롭게 출범한 '대한민국 문화도시' 또한 추진 중이다. 현재 '대한민국 문화도시'에 대한 여러 논란도 있지만, 한편으로는 정책의 전환점이 도래했음을 의미하기도 한다. 개별 기초지자체 단위의 지원을 넘어, 권역별 거점도시를 중심으로 인근 지역까지 문화적 효과를 파급하는 '광역 선도형 모델'의 필요성을 강조한 것이다. 13개 지정 도시에는 3년간(2025~2027) 국비와 지방비를 합쳐 각 200억 원, 총 2,600억 원 규모의 예산이 투입되며, 이를 통해 문화 향유·참여자 수 2,000만 명, 동네문화공간 2만 곳 활용, 약 1조 원의 경제적 파급효과와 3,000명의 일자리 창출을 목표로 한다(문화체육관광부, 2024.12.26. 보도자료).

이러한 사업 규모의 확대와 목표의 구체화는 성과관리의 중요성을 더욱 부각시킨다. 특히 '대한민국 문화도시'는 '로컬100', '지역문화활력촉진 지원사업' 등 지역의 고유한 문화자산을 발굴하고 활용하는 타 정책들과의 연계를 통해 시너지를 창출하는 것을 중요한 과제로 삼고 있다.

따라서 향후 성과 관리는 개별 문화도시 사업의 성과를 넘어, 이러한 정책 연계를 통해 지역 문화생태계 전반에 미치는 종합적인 영향을 측정하고 분석하는 방향으로 고도화되어야 한다. 예를 들어, '로컬100'으로 선정된 지역문화 자원이 문화도시 사업을 통해 어떻게 새로운 콘텐츠로 재탄생하고, 이것이 지역 방문객 증대와 생활인구 확대로 이어지는지의 과정을 추적하는 입체적인 성과지표 개발이 필요하다.

문화도시 3.0으로의 전환과 자율적 성과관리

하지만 앞에서 언급한 대로 대한민국 문화도시의 경우 기존의 제1~4차 문화도시 사업과의 결이 다르고, 중앙주도적 공모사업의 성격이 너무 강조됨에 따라 비판도 많은 것이 사실이다. 이에, 지역이 스스로 수립한 중장기 발전계획을 바탕으로 '중앙-광역-기초'가 맞춤형 협약을 맺는 방식으로 전환을 해야 한다는 목소리도 나타나고 있다. 관련하여 문화도시 사업이 예산상으로는 지역 자율계정으로 옮겨감에 따라 자율적인 체계 마련과 자기 평가의 필요성도 커지고 있다. 또 사업 종료 이후에도 성과가 단절되지 않도록 재정·인력·조직의 자생력을 강화하고, 단기 성과보다 주민 역량 강화, 사회적 가치 창출 등 질적 성장을 중심으로 지속가능한 지역문화 생태계를 구축하도록 정책의 대전환을 도모하기 위해서는 이러한 상황도 충분히 고려가 필요하다.

따라서 광역 범위의 연계성을 고려하면서도, 기존의 경직된 행정구역 단위가 아닌, 실제 주민의 문화 향유 및 활동 범위를 고려하여, '(가칭) 지역문화생활권' 개념을 도입하여 맞춤형 정책을 추진하는 것도 생각해 볼 수 있다. 이는 이재명 정부 들어서 여전히 광역의 특성을 고려하고, 강조되고 있는 '5극 3특' 등 국정 기조와 연계하여 광역지자체가 인근 기초지자체들을 묶어주는 거점 역할을 수행하도록 하며, 사업의 유연한 자율권을 부여하며, 지역 간 유기적 네트워크를 통해 실질적인 균형발전을 도모하는 것을 의미한다.

이에 따른 자율과 협력의 유연적 거버넌스 및 중간 지원 조직의 역할도 강조할 수 있다. 예를 들어 '(가칭)지역문화센터'를 설립하여 자율·협력 기반의 유연한 민관협치 체계를 만들 수 있다면, 지역의 자율성을 보장하고 중앙정부의 역할은 행·재정적으로 뒷받침하는 '보증(Guarantee)' 역할로 재정립함으로써 거버넌스 체계의 유연성을 강조하는 것이다. 또한, 지역에서는 부처 간 칸막이를 넘어 통합적인 다양한 사업 추진 및 조합이 가능하도록 제도를 개편하고, '(가칭)지역문화센터'에서 다양한 공적 기금과 민간 투자를 유연하게 연계하고 유치하며, 자립적 성과를 창출하는 시스템을 만들어 가야 할 것이다.

이제는 앞에서도 강조한 바와 같이, 사람 중심의 성과 관리를 통해 지역 문화역량 및 사회적 가치 제고에 좀 더 힘을 쏟아야 하고, '정량적·이벤트 중심 성과→정성적·사회적 가치 중심의 영향 평가'로 무게 중심이 옮겨가야 함을 의미한다(〈그림 13-3〉 참조). 이를 통해 정책의 성과지표를 관람객 수와 같은 양적 지표에서 벗어나, 지역 인력의 성장, 주민의 삶의 질 향상, 공동체 회복 등 사회적 가치와 역량 강화에 중점을 둔 질적 지표로 전환하며, '자유로운 예술창작환경 조성', '주민 삶의 질 향상'이라는 이재명 정부의 국정과제와 맞물려, 사람이 중심이 되는 지역문화정책의 철학을 명확히 하는 노력이 중요할 것이다.

이러한 고민을 바탕으로 향후 성과관리 모델은 문화적 가치가 창출되고 확산되는 전 과정을 동적으로 추적하는 '가치사슬(Value Chain)' 기반으로 발전해야 한다. 예를 들어, 지역 예술지원사업의 성과를 염두에 둔다면, 예술인의 창작활동을 '창작 준비 → 창작 실행 → 유통·확산 → 성과 환류'의 4단계 가치사슬로 구조화하고, 각 단계별 목표와 성과지표를 유기적으로 연결하는 방식 등

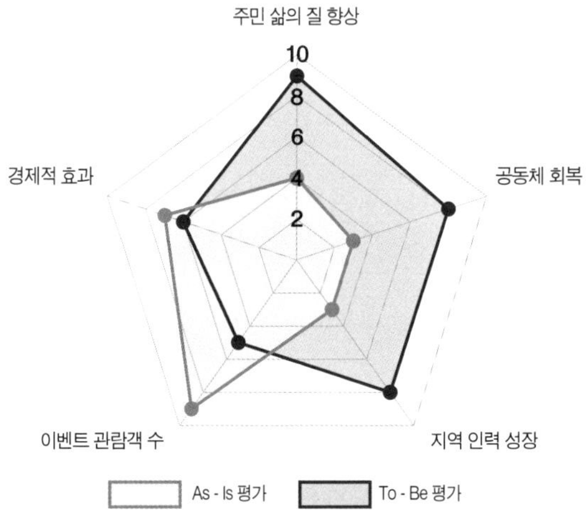

〈그림 13-3〉 사람 중심의 성과 관리: 사회적 가치로의 전환(안)

을 고민해 볼 수 있다.

이러한 모델은 단편적인 성과들을 나열하는 것을 넘어, 문화도시가 어떻게 창의적인 아이디어를 발굴하고(창작 준비), 이를 구체적인 콘텐츠와 프로그램으로 구현하며(창작 실행), 시민들에게 효과적으로 전달하고(유통·확산), 그 성과를 다시 미래의 창작 기반을 다지는 데 재투자하는지(성과 환류)의 선순환 구조를 체계적으로 관리할 수 있게 해 준다. 각 단계별로 '기획안 완성도(창작 준비)', '창작물 완성도(창작 실행)', '콘텐츠 노출량(유통·확산)', '후속 창작 연계율(성과 환류)' 등 구체적인 성과지표를 설정하고 이를 종합적으로 평가함으로써, 문화도시의 총체적인 역량과 지속가능성을 진단할 수도 있을 것이다.

   뉴노멀 시대 문화도시와 로컬의 힘

시민 참여형 성과관리 체계 강화와 데이터 기반 정책 생태계 구축

문화도시의 주인은 시민이다. 따라서 문화도시의 성과를 평가하고 그 방향을 설정하는 과정 역시 시민이 중심이 되어야 한다. 향후에는 시민들이 직접 성과 측정 과정에 참여하는 '시민 참여형 성과관리' 체계를 강화해야 한다. '시민 모니터링단' 운영, '시민 만족도 조사' 정례화, 시민이 직접 성과지표를 개발하는 워크숍 등을 통해 성과 측정의 민주성과 투명성을 높여야 한다(서우석 외, 2021).

더 나아가, 개별 도시 차원의 성과 관리를 넘어 도시 간 성과 데이터를 공유하고 성공과 실패의 경험을 학습하며, 함께 성장하는 '문화도시 데이터 생태계'와 '학습 네트워크'를 구축해야 한다. 이를 위해 중앙정부와 전문지원기관은 각 도시의 성과 데이터를 체계적으로 수집·분석하고, 비교 가능한 형태로 가공하여 공유하는 플랫폼을 마련할 필요가 있다. 이러한 도시간 학습과 협력의 네트워크가 활성화될 때, 개별 도시의 노력이 시너지를 창출하며 문화도시 전체의 역량을 한 단계 끌어올릴 수 있을 것이다.

나오는 글

분화도시, 지속가능한 혁신 플랫폼으로 나아가기

문화도시의 성과를 측정하고 관리하는 것은 단순히 숫자를 통해 사업을 평가하는 기술적인 과제를 넘어, "우리는 어떤 도시를 원하는가?"라는 가치 지향적인 질문에 답해 나가는 과정이다. 체계적인 성과 관리는 문화도시가 나아갈 방향을 제시하는 나침반이자, 그 여정이 올바른 경로 위에 있는지를 확인하는 계기판과 같다.

본 장에서 살펴본 바와 같이, 문화도시 사업은 '거버넌스'와 '성과'라는 두 축을 중심으로 체계적인 성과관리 프레임워크를 갖추고 있으며, 최근 문화도시의 다양한 변화와 함께 새로운 도약의 전기를 맞고 있다. 그러나 과정적 가치의 측정, 인과관계 추정의 어려움 등 현실적인 딜레마 또한 분명히 존재한다. 이러한 도전을 극복하고 문화도시 사업을 성공적으로 이끌기 위해서는 단기적 성과주의를 경계하고, 장기적인 관점에서 도시의 자생적 문화 생태계를 구축하는 데 집중해야 한다.

가치사슬 기반의 동적 성과 관리 모델 도입, 시민 참여형 성과 관리 체계 강화, 민관 통합 거버넌스, 자율성·지속성이 강화된 중장기 발전계획 수립, 중앙·광역·기초 단위 협약형 정책 전환 그리고 도시 간 학습 네트워크 활성화는 이를 위한 구체적인 실천 과제가 될 수 있다. 이와 함께 앞에 제시한 바와 같이, 지역문화생활권 개념에 기반한 맞춤형 정책, '(가칭) 지역문화센터' 및 중간 지원 조직 설립 통한 유연한 협치, 중앙정부의 행정·재정적 보증 역할 재정립, 분권·자율과 협력적 네트워크 강화가 핵심이 되어야 한다. 단기·양적 목적에서 벗어나 주민 역량 강화, 사회적 가치 중심 평가로 무게를 실질적으로 전환할 필요가 있다. 글로벌 도시 사례에서도 도시의 문화정책 성공은 목표의 명확성, 참여구조 확립, 역사·문화자원 활용, 재정적·제도적 인센티브 등 복합적 조건의 충족에 기반하고 있음이 확인된다.

이러한 노력을 통해 성과관리가 행정적 통제의 수단이 아닌, 시민과 함께 배우고 성장하며 더 나은 도시의 미래를 만들어가는 창의적인 과정으로 자리매김할 때, 문화도시는 비로소 그 이름에 걸맞은 지속가능한 지역혁신의 플랫폼으로 거듭날 수 있을 것이다.

○ **토론 주제**

1. 문화도시의 성과를 측정할 때, '지역 경제 활성화'와 같은 경제적 효과와 '공동체 회복', '문화다양성 증진'과 같은 사회·문화적 가치 중 무엇을 더 우선해야 하며, 그 균형은 어떻게 맞춰야 할까?

2. 시민 참여는 문화도시의 핵심 성공 요인으로 꼽힌다. 사업의 기획과 실행을 넘어, 그 성과를 '측정'하고 '평가'하는 과정에 시민을 효과적으로 참여시킬 수 있는 구체적인 방안은 무엇이 있을까?

3. 새롭게 제기되는 '문화도시(문화도시 3.0)'는 상향식 발전과 함께 광역 단위의 연계와 협력을 강조한다. 이러한 광역형 모델의 성과를 효과적으로 측정하기 위해 기존의 성과 관리 체계는 어떻게 보완되고 발전해야 할까?

· **참고문헌** ·

국외문헌

김기창·박종은·김선영. (2024). "레이 올덴버그의 제3의 공간 이론에 의한 도시 문화 공간 사례 분석: 춘천시'도시가 살롱' 사업을 중심으로".『한국과 국제사회』, 8(6), 489–524.

김창진·채경진. (2025). "문화도시 사업이 주민의 정주인식에 미치는 영향:춘천 문화도시 사업 참여자를 대상으로".『문화정책논총』, 39(1), 95–125.

노수경. (2022). "지역문화실태조사 자료를 통한 1차 문화도시 사업 성과 분석".『문화콘텐츠연구』, 24, 103–139.

문화체육관광부. (2021). 2021년 문화도시 추진 가이드라인.

문화체육관광부. (2024.12.26.). 문화의 힘으로 도시 전체 바꾸는 '대한민국 문화도시' 13곳 최종 지정(보도자료).

문화체육관광부. (2025). "2024년 전국 24개 '문화도시'에서 423만 명이 문화 향유". 대한민국 정책브리핑. 2025.2.24.

서우석 외. (2021). 문화도시 성과관리체계 구축 및 적용 연구. 문화체육관광부.

서우석·조광호. (2019). "문화도시 사업이 지향하는 사회적 가치에 대한 이해: 유럽문화수도와 한국의 문화도시 사업의 전개과정에 대한 비교를 바탕으로". 『문화경제연구』, 22(1), 129-160.

안성윤·정일환. (2018). "지방자치단체 성과정보와 예산의 연계 (환류) 방안 연구". 『정부회계연구』, 16(3), 91-124.

이병민. (2021). "문화환경 취약지역 지원을 위한 기준 설정 및 정책 모델화". 『대한지리학회지』, 56(6), 623-638.

이병민. (2023). "온라인미디어 예술활동 지원사업의 성과측정 및 지표개발 연구". 『문화콘텐츠연구』, 27, 75-120.

「정부업무평가 기본법」(2022). (법률 제18833호, 2022. 2. 3., 일부개정)

정윤수. (2022). "예술인 지원정책의 전환과 참여소득의 가능성에 관한 시론적연구." 『대중음악』. 29, 307-336.

주지예·박형준. (2022). "참여적 거버넌스 효과성 연구: 공론화의 정책환류효과를 중심으로". 『정책분석평가학회보』, 32(4), 171-198.

한국행정학회. (2017). 사회적 가치 실현을 위한 평가방안 연구.

국외문헌

Liu, Y.-D. (2019). "The cultural legacy of a major event: The case study of 2008 European Capital of Culture, Liverpool". *Urban Science.* 2019, 3(3), 79

Muir, K. & Bennett, S. (2014). *The Compass: Your Guide to Social Impact Measurement.* Sydney, Australia: The Centre for Social Impact.

UNESCO. "Creative Cities Network" https://www.unesco.org/en/creative-cities/liverpool

World Economic Forum (2023.1.12.). "11 ways cities can adopt an ESG approach to development and management".

제14장

문화도시의 미래와 비전, 지속가능성

들어가는 글

전환의 시대를 맞이한 도시들의 미래를 위한 고민

현대 사회는 전례 없는 전환의 시기를 맞이하고 있다. 포스트 코로나 시대의 도래, 심화되는 기후 위기, 사회적 양극화와 같은 복합적인 도전 과제들은 도시의 미래에 근본적인 질문을 던진다. 뉴노멀이라는 새로운 기준이 자리 잡는 가운데, 새로운 사회현상과 가치관, 행동양식이 형성되면서 사회문제 역시 이전과 다른 구도를 갖게 되었다. 이에 사회문제에 대한 대응에도 새롭게 접근해야 할 필요성이 제기되고 있다. 이러한 거대한 변화의 흐름 속에서 도시의 '지속가능성(Sustainability)'과 '회복력(Resilience)'은 더 이상 선택이 아닌 생존의 필수 조건으로 부상하고 있다. 국가 차원에서도 회복탄력성은 매우 중요하다. 이는 단순히 이전 상태로의 회복이 아니라 그 이상의 건강한 사회를 구현하는 맥락이며, 그 기저에 문화적 접근과 인식 전환을 전제로 한다. 결국 문화정책의 회복력 기반 접근을 시도하면, 문화 관련 영역 및 산업 중심의 정책사업뿐만 아니라, 사회통합을 위한 문화가치 확산 및 지역발전의 문제 등에 대한 대응력 향상도 가능하다. 이를 통해 사회구성원 전체의 총체적 협력을 도모할 수 있는 시스템 구축을 시도하는 것이 필요하다.

지역의 경우, 과거 양적 성장과 물리적 개발에 집중했던 도시 발전 패러다임은 한계에 봉착했으며, 이제 도시는 경제적 활력을 넘어 사회적 포용성과 환경적 건전성을 갖추고, 예기치 못한 충격에 유연하게 대응하며 스스로를 재구성할 수 있는 능력을 요구받고 있다. 이러한 시대적 요구 속에서 '문화도시'는 새로운 가능성의 장으로 주목받고 있다. 문화도시 정책은 단순히 문화시설을 건립하거나 대규모 이벤트를 개최하는 것을 넘어, 문화를 매개로 지역의 정체성을 확립하고, 시민들의 삶의 질을 제고하며, 창의적인 사회 발전을 이끄는 핵심 동력으로 인식되고 있다. 기존의 문화도시 논의가 주로 경제적 파급효과나 도시 브랜딩에 초점을 맞춰 왔다면, 이제는 지속가능성과 회복력이라는 보다 근본적인 가치를 중심으로 그 역할과 의미를 재조명해야 할 필요성이 제기된다. 문화가 어떻게 도시의 사회적, 경제적, 환경적 회복력을 강화하며, 유엔의 지속가능발전목표(SDGs) 달성에 기여할 수 있는가에 대한 깊이 있는 탐구가 시급한 시점이다.

본 장에서는 '지속가능한 문화도시와 문화기반 회복력'을 주제로, 문화도시를 둘러싼 새로운 담론과 정책적 과제를 탐색하고자 한다. 이를 위해 먼저 지속가능성과 회복력의 개념을 이론적으로 고찰하고, 문화가 이들 개념과 어떻게 상호작용하며 도시 발전에 기여하는지를 분석한다. 다음으로 국내외 주요 사례 분석을 통해 지속가능한 문화도시의 다양한 구현 방식을 살펴본다. 마지막으로, 이를 종합하여 미래 한국의 문화도시가 나아가야 할 전략적 방향과 정책적 제언을 제시하는 것을 목표로 한다. 본 장의 논의는 정수희·이병민

(2016)의 연구를 주요 토대로 재구성하였다. 본 장은 다양한 이해관계자들에게 학술적, 실천적 함의를 제공함으로써, 우리 도시들이 마주한 도전을 극복하고 더 나은 미래로 나아가는 데 기여하고자 한다.

1. 지속가능성과 회복력의 문화적 재해석

지속가능한 발전과 문화의 역할

지속가능성(Sustainability)은 21세기 인류의 핵심적인 화두이다. 과거 경제성장 일변도의 발전 모델이 야기한 환경 파괴와 사회적 불평등에 대한 반성에서 출발한 지속가능한 발전은 "미래 세대의 필요를 충족시킬 능력을 저해하지 않으면서 현재 세대의 필요를 충족시키는 발전"으로 정의된다. 이러한 기조는 2015년 유엔 총회에서 채택된 '지속가능발전목표(Sustainable Development Goals, SDGs)'를 통해 국제사회의 보편적 규범으로 자리 잡았다. 지속가능발전목표는 빈곤, 질병, 교육, 성평등, 기후변화 등 인류의 보편적 문제와 관련하여 17개 목표와 169개 세부 목표를 제시하며, 경제, 사회, 환경의 세 영역을 통합적으로 고려하는 발전을 추구한다.[1]

지속가능발전목표는 기존의 개발목표와 달리 선진국을 포함한 모든 국가에 해당하는 보편적인 목표를 설정하고 있다는 점에서 특징이 있다. 이선의 새천년개발목표(MDGs)의 한계를 넘어 국내외의 불평등 문제, 정의, 기후변화, 인권, 성평등, 환경 지속성, 평화와 안보를 아우르는 개발 목표를 제시하고

---

[1] https://sdgs.un.org/goals(2025년 10월 27일 검색)

있다. 이는 현재 한국 사회가 지향해야 할 방향성을 제시하는 목표를 포함한다. 특히 경제성장, 사회발전, 환경적 지속가능성 등 상호 연관된 요인을 종합적으로 고려하여 발전 목표를 설정하고, 궁극적으로 인간의 번영에 기여해야 한다는 점에서 중요한 의미를 지닌다(United Nations, 2016).

이러한 지속가능발전 담론에서 '문화'의 역할은 점차 중요하게 부각되고 있다. 초기에는 경제, 사회, 환경이란 세 개의 기둥에 가려져 있던 문화가 이제 지속가능발전의 '제4의 기둥'으로 인식되고 있다. 여기에서 더 나아가 경제, 사회, 환경 모두에 영향을 미치는 근본적이고 포괄적인 차원으로 재해석되고 있다. 문화는 지역의 고유한 가치와 정체성을 형성하고, 사회적 자본과 공동체의 결속력을 강화하며, 창의성을 통해 새로운 경제적 가치를 창출하는 원동력이 되기 때문이다.

문화도시 정책은 이러한 문화의 다차원적 역할을 도시 공간에서 구현하는 핵심적인 수단이다. 문화도시는 단순히 문화예술 향유 기회를 확대하는 것을 넘어, 지속가능발전목표의 구체적인 목표 달성에 직접적으로 기여할 수 있다. 예를 들어, 문화유산을 활용한 지속가능한 관광은 양질의 일자리를 창출하고 지역 경제를 활성화하며(SDG 8), 포용적이고 안전한 문화공간 조성은 불평등을 감소시키고(SDG 10, 11), 문화다양성 증진은 평화롭고 포용적인 사회를 구축하는 데(SDG 16) 기여한다(노영순, 2017). 결국, 지속가능한 문화도시란 문화를 통해 도시가 당면한 경제, 사회, 환경 문제를 통합적으로 해결하고, 모든 시민이 소외되지 않는 포용적 성장을 이루어 나가는 도시를 의미한다. 따라서, 문화는 단순히 문화정책의 대상이 아니라, 경제·사회·환경 등 모든 정책 분야에 통합되어야 하며, 기억과 정체성, 장소성, 사회적 삶과 참여, 창의적 실천, 경제개발, 자연보존, 인식 제고, 전환 등 다양한 정책 주제별로 문화의 정책적 스크립트가 필요하다. 관련하여 기존 연구에서는 문화 자체가 환경·사회·경제 3축과 더불어 지속가능성의 독립된 네번째 축이며, 문화가 다른 축들(환경·사회·경제)을 조정·매개하는 역할을 하기도 하고, 지속가능한 사회로의 통합과 변혁을 이끌어가는 근본적 기반이자 구조로서 작용하는 등 다양한 역할이 나타난다고 이야기하고 있다(Dessein et al., 2015).

문화적 회복력의 다층적 이해

회복력(Resilience)[2]은 시스템이 외부의 충격이나 스트레스를 흡수하고, 변화에 적응하며, 스스로를 재조직하여 본질적인 기능과 구조를 유지하는 능력을 의미한다. 도시 맥락에서 회복력은 자연재해, 감염병, 경제 위기 등과 같은 급성 충격(Shocks)과 기후변화, 인구 감소, 산업구조 변화와 같은 만성적 스트레스(Stresses)에 효과적으로 대응하는 도시의 역량을 뜻한다(하수정 외, 2014).

이러한 회복력 논의에서 '문화적 회복력(Cultural Resilience)'은 도시의 적응 및 변혁 역량을 이해하는 핵심 개념으로 부상하고 있다. 문화적 회복력은 다층적인 의미를 지닌다. 첫째, 억압, 빈곤, 차별과 같은 부정적인 환경을 극복하기 위해 공동체의 전통적인 삶의 방식과 문화적 배경을 활용하여 얻게 되는 내면의 역량으로 정의된다(Strand & Peacock, 2003). 이는 개인이 역경에 창조적으로 반응하고 삶의 부정적 상황을 이겨내는 타고난 인간의 특성과도 연결된다. 둘째, 문화적 회복력은 다양한 문화적 맥락을 분석하고, 여러 관점을 이해하며, 끊임없이 변화하는 환경을 탐색하고 생존하는 능력, 즉 21세기 핵심 역량과도 맞닿아 있다.

---

2) 회복력(Resilience): 본문에서는 '회복력'과 '탄력성'을 유사한 의미로 사용한다. 전자는 외부 충격 이후 원래 상태로 돌아오거나 더 나은 상태로 발전하는 능력을 포괄하는 넓은 의미로, 후자는 충격에 저항하고 견디는 능력을 강조하는 뉘앙스로 이해될 수 있다. 문맥에 따라 '회복탄력성'이라는 용어도 사용된다.

도시 차원에서 문화적 회복력은 문화자산, 공동체, 사회적 신뢰, 공유된 가치와 기억 등을 통해 발현된다. 지역의 고유한 이야기와 역사, 문화유산은 위기 상황에서 공동체의 정체성을 확인하고 결속을 다지는 구심점이 된다. 다양한 문화 활동과 시민들의 자발적인 참여는 사회적 관계망을 촘촘하게 만들고, 문제 해결을 위한 집단지성을 촉진한다. 코로나19 팬데믹 상황에서 많은 도시들이 공동체 기반의 문화 활동을 통해 사회적 고립감을 해소하고 연대감을 높였던 경험은 문화가 도시의 회복력에 어떻게 기여하는지를 명확히 보여 준다. 결국 문화는 위기를 견디는 힘을 제공할 뿐만 아니라, 위기 이후 새로운 미래를 상상하고 구축하는 창의적 동력을 제공함으로써 도시가 더 나은 상태로 전환(Transformation)하도록 이끄는 역할을 수행한다.

지속가능한 문화도시의 거버넌스

지속가능한 문화도시를 실현하기 위해서는 다양한 주체들의 협력적 거버넌스(Governance) 구축이 필수적이다. 과거 중앙정부 주도의 하향식(Top-Down) 정책에서 벗어나, 지역이 스스로 비전과 전략을 수립하고 시민들이 정책 과정의 주체로 참여하는 상향식(Bottom-Up) 접근이 강조된다(손예령, 2019).

지속가능한 문화도시 거버넌스에서 각 주체의 역할은 다음과 같이 정리할 수 있다.

• 중앙정부: 문화도시 정책의 기본 틀과 비전을 제시하고, 법·제도적 기반을 마련하며, 지역 간 격차 해소와 균형발전을 위한 재정 지원 및 정책 연구(R&D)를 수행해야 한다. 또 문화도시지원센터와 같은 전문지원기관을 통해

 뉴노멀 시대 문화도시와 로컬의 힘

체계적인 정책 추진과 관리를 지원해야 한다.

- 지방정부(기초/광역 지자체): 지역의 특수성을 반영한 중장기 문화도시 계획을 수립하고, 중앙정부 및 다른 지자체와의 정책을 연계한다. 지역 내 다양한 주체(문화재단, 민간기업, 시민사회 등)간의 협력을 촉진하는 플랫폼 역할을 수행하며, 지역문화진흥시행계획 수립 등을 통해 문화자치의 실질적인 기반을 다져야 한다.

- 문화재단 및 중간지원조직: 단순한 사업 실행자(Player)를 넘어, 지역의 문화 지형을 읽고 사회적 관점을 제시하는 정책 리더(Organizer)이자, 다양한 주체들을 연결하는 관계 형성자(Connector)로서의 역할을 수행해야 한다. 이들은 전문성을 바탕으로 지역의 문화적 역량을 진단하고, 창의적인 인재를 발굴·양성하며, 시민들의 참여를 촉진하는 핵심적인 역할을 담당한다.

- 시민 및 민간 부문: 문화도시의 가장 중요한 주체로서, 정책 수립 및 실행 과정에 적극적으로 참여하여 문화민주주의를 실현한다. 시민들은 숙의와 공론의 과정을 통해 도시의 문화적 의제를 설정하고, 자발적인 문화 활동을 통해 지역 공동체를 활성화하며, 창의산업의 주체로서 도시의 경제적 활력에 기여한다.

- 국제기구 및 네트워크: 유네스코 창의도시 네트워크(UCCN) 등 국제적인 플랫폼은 도시 간 교류와 협력을 촉진하고, 우수 사례를 공유하며, 문화도시의 국제적 위상을 높이는 데 기여한다. 이러한 네트워크는 도시가 글로벌 의제에 대응하고 국제적 연대를 통해 공동의 문제를 해결해 나가는 중요한 채널이 된다.

이처럼 지속가능한 문화도시는 어느 한 주체의 노력만으로 이루어질 수 없으며, 각자의 역할과 책임을 기반으로 한 다층적이고 유기적인 협력 체계가 구축될 때 비로소 실현될 수 있다(표 14-1 참조).

<표 14-1> 지속가능한 문화도시 거버넌스 주체별 역할 및 근거

주체	주요 역할	관련 근거
중앙 정부	정책 기본틀 제시, 법·제도 마련, 재정 지원, 정책 연구, 전문지원기관 운영	• 법적 근거: 「지역문화진흥법」 15조(문화도시의 지정) • 정책 근거: 문화도시 지정/추진 공고(2018), 지역균형 뉴딜 추진방안(2020) 등 계획. • 기능적 근거: 시장 실패 방지 및 생태계 조성을 위한 공공의 역할, 부처 간 협력('산업의 문화화 협의체') 등을 통한 통합적 지원
지방 정부	지역 특화 계획 수립, 정책 연계, 협력 플랫폼 구축, 문화자치 기반 마련	• 정책 원칙: 중앙 주도 아닌 지역이 스스로 제안하고 실행하는 '분권'과 '자치' 원칙에 기반 • 계획 근거: 광역 단위 '지역문화진흥시행계획' 및 기초 단위 '지역문화진흥시행계획' 수립 의무 • 사업 근거: 지역 자체 재원 및 민자 활용한 '지자체 주도형 뉴딜사업' 등 지역 맞춤형 프로젝트
문화 재단	정책 리더 및 연결자 역할, 역량 진단, 인재 양성, 시민 참여 촉진	• 역할 모델: 단순 사업실행자를 넘어, 제인 제이콥스의 '공적 인물(Public Character)'과 같은 '정책 리더' 및 '연결자' 역할 요구 • 핵심 역량: 도시를 문화적으로 읽고 해석하는 '도시 해석자'로서의 전문성 • 기능적 근거: 행정과 현장, 다양한 민간 주체를 잇는 중간지원조직의 매개 및 촉진 기능
시민/ 민간	정책 과정 참여, 문화민주주의 실현, 공동체 활성화, 창의산업 주도	• 절차적 근거: 문화도시 계획 수립 시 의무적으로 포함되는 '시민 참여 및 숙의 공론' 과정 • 이념적 근거: 시민이 정책의 주인이 되는 '문화민주주의'의 실현 • 실천적 근거: '공동체 기반 도시재생' 및 '로컬 크리에이터' 육성 등 민간 주도 창의적 활동
국제 기구	도시 간 교류· 협력 촉진, 우수 사례 공유, 국제적 연대 강화	• 국제 사례: 유네스코 창의도시 네트워크(UCCN), 유럽 문화수도(European Capital of Culture) 등 국제적 인증 및 교류 프로그램 • 국내 사례: 도시 간 교류, 상생 위한 자발적 협의체('문화도시상생협의체' 등)구성 및 활동 • 정책적 지향: 지역 고유성과 세계 보편성의 조화를 추구하는 '글로컬(Glocal)' 발전 전략

뉴노멀 시대 문화도시와 로컬의 힘

2. 주요 사례 분석: 문화도시의 지속가능성과 회복력

이론적 배경에서 논의된 개념들을 구체적으로 이해하기 위해, 문화도시의 지속가능성과 회복력이 실제 현장에서 어떻게 발현되는지 국내외 사례를 통해 분석하고자 한다. 본 절에서는 각기 다른 접근 방식을 통해 도시의 문화적 자산을 활용한 사례들을 살펴본다.

헤리티지 기반의 지역 정체성 강화: 광주 경기도자박물관

지역의 고유한 역사문화유산(Heritage)은 도시의 정체성을 형성하고 지속가능성의 기반을 다지는 핵심 자원이다. 한국 경기도 광주시에 위치한 '경기도자박물관'은 이러한 헤리티지 중심 접근의 대표적인 사례로 볼 수 있다. 광주시는 조선시대 왕실에 도자기를 납품하던 관요(官窯)가 위치했던 곳으로, '도자문화'는 이 지역의 역사 그 자체이자 핵심적인 정체성이다.

경기도자박물관은 이러한 지역의 헤리티지를 기반으로 설립된 도자 전문 박물관으로서, 에코뮤지엄[3]의 구성요소 중 '헤리티지(H)'를 중심으로 도시와 관계를 맺는다. 박물관은 조선시대 도자기를 전문적으로 수집·연구·전시하는 기관의 역할을 넘어, 다음과 같은 활동을 통해 지역의 문화적 지속가능성에 기여한다.

• 정체성 구축 및 심화: 박물관은 조선시대부터 이어져 온 광주시의 도자 문

---

3) 에코뮤지엄(Ecomuseum): 특정 건물을 넘어 지역 전체를 박물관으로 간주하는 개념. 지역의 문화 및 자연유산(Heritage), 주민의 참여(Participation), 그리고 이 둘을 연결하는 거점 및 콘텐츠(Museum)를 핵심 요소로 하여, 지역 공동체가 주체가 되어 자신들의 유산을 보존하고 발전시키는 활동이자 사회운동이다.

<그림 14-1> 경기도자박물관 전경

출처: 대한민국 구석구석

화를 체계적으로 조명하고 그 가치를 발현시키는 중심축 역할을 한다. 상설 및 기획 전시, 학술회의, 공모전 등을 통해 '한국 도자문화의 중심지'라는 지역의 문화적 정체성을 공고히 하고, 이는 지역 구성원들의 문화적 자부심과 연대감 형성으로 이어진다.

- 문화적 영역의 확장: 경기도자박물관은 광주시의 도자문화라는 지역적 특수성에서 출발하여 한국, 나아가 세계의 도자문화로 그 시야를 확장하고 있다. 이는 지역의 헤리티지를 글로벌한 맥락 속에서 재조명함으로써 도시의 문화적 영역(Cultural Domain)을 확장하고, 도시의 가능성을 넓히는 시도이다.

- 문화생태계의 거점: 박물관은 '세계도자비엔날레', '광주왕실도자기축제' 등 지역의 주요 문화 행사의 중심지로서 기능하며, 지역의 도예가, 연구자, 시민들을 연결하는 문화 플랫폼 역할을 수행한다. 이를 통해 헤리티지, 전문가, 그리고 시민(공동체)이 유기적으로 연결되는 문화생태계를 구축하고

 뉴노멀 시대 문화도시와 로컬의 힘

있다.

이처럼 경기도자박물관 사례는 특정 문화자산을 깊이 있게 탐구하고 이를 중심으로 전문기관, 지역 축제, 시민 교육 등을 연결함으로써, 헤리티지가 어떻게 도시의 지속가능한 정체성으로 발전할 수 있는지를 보여 주는 중요한 모델이다(정수희·이병민, 2016).

커뮤니티 중심의 개방적 문화 플랫폼: 가나자와 21세기 미술관

도시의 지속가능성은 시민들의 자발적인 참여와 활발한 공동체 활동을 통해 더욱 견고해진다. 일본 이시카와현 가나자와시에 위치한 '가나자와 21세기 미술관'은 시민과 커뮤니티(Community)를 중심으로 도시의 새로운 활력을 창출한 대표적인 사례다. 가나자와시는 금박, 가가유젠 등 전통공예가 발달한 역사문화도시이지만, 21세기 미술관은 현대미술을 중심으로 새로운 문화적 실험을 시도했다.

'지역에 개방된 공원과 같은 미술관'을 표방하는 21세기 미술관은 다음과 같은 특징을 통해 도시의 회복력과 지속가능성에 기여한다.

- 참여와 소통의 공간: 원형 유리 건물에 사방으로 출입구를 낸 개방적인 건축 구조에서 알 수 있듯이, 미술관은 시민 누구나 쉽게 접근하고 머무를 수 있는 열린 공간을 지향한다. 시민들은 단순한 관람객을 넘어 자원봉사자, 창작의 주체로서 미술관 운영과 전시에 적극적으로 참여하며, 미술관 자체가 하나의 거대한 커뮤니티로 기능한다(그림 14-2 참조).
- 새로운 정체성의 창출: 미술관은 '전통공예 도시'라는 기존의 정체성에 '현

대미술과 창의성'이라는 새로운 가치를 결합시킨다. 이를 통해 전통과 현대가 공존하고 융합하는 새로운 도시 정체성을 창출하며, 도시의 미래 비전을 제시하는 '실험의 장' 역할을 수행한다.

- 자발적 커뮤니티 형성: 미술관은 시민들이 주체적으로 참여할 수 있는 다양한 커뮤니티 전시와 이벤트를 지원한다. 아이와 부모를 위한 교육 프로그램, 시민 동호회 전시 등은 미술관을 중심으로 자발적인 문화 공동체가 형성되고 성장하는 토대가 된다. 이러한 활발한 커뮤니티 활동은 사회적 자본을 축적하고, 위기 상황에서 공동체가 함께 대응할 수 있는 사회적 회복력을 강화한다.

가나자와 21세기 미술관의 성공은 특정 장르나 시대에 국한되지 않고, 시민들의 참여와 교류를 최우선으로 하는 '플랫폼'으로서의 문화공간이 어떻게 도시 전체에 새로운 활력을 불어넣고, 문화적·사회적 지속가능성을 담보할 수 있는지를 명확하게 보여 준다(정수희·이병민, 2016).

〈그림 14-2〉 가나자와 21세기 미술관 전경

출처: 가나자와 21세기 미술관 홈페이지

　　　　　　　　뉴노멀 시대 문화도시와 로컬의 힘

지역유산 재생과 창조적 생태계(거점): 요코하마와 리스본

쇠퇴한 산업 시설과 공간을 문화적으로 재활용하는 도시재생 방식은 전 세계적으로 도시의 지속가능성을 높이는 중요한 전략으로 활용되고 있다. 일본의 요코하마시와 포르투갈 리스본의 LX Factory는 지역유산을 창조적 자산으로 전환하여 새로운 경제적, 사회적 가치를 창출한 성공 사례이다.

• 요코하마 코가네쵸(Koganecho) 사례: 과거 유흥가 밀집 지역이었던 코가네쵸는 지역 주민, 지자체, 경찰, NPO(비영리단체)의 협력을 통해 예술가들의 창작 및 주거 공간으로 탈바꿈했다. 낡은 점포들은 예술가 레지던시와 전시 공간으로 개조되었고, 매년 열리는 미술전시회 '코가네쵸 바자(Bazaar)'은 국제적인 행사로 성장했다. 이 사례는 부정적인 장소성을 가진 공간에 예술가라는 혁신적 인적 자원을 투입하고, 강력한 거버넌스를 통해 지역의 이미

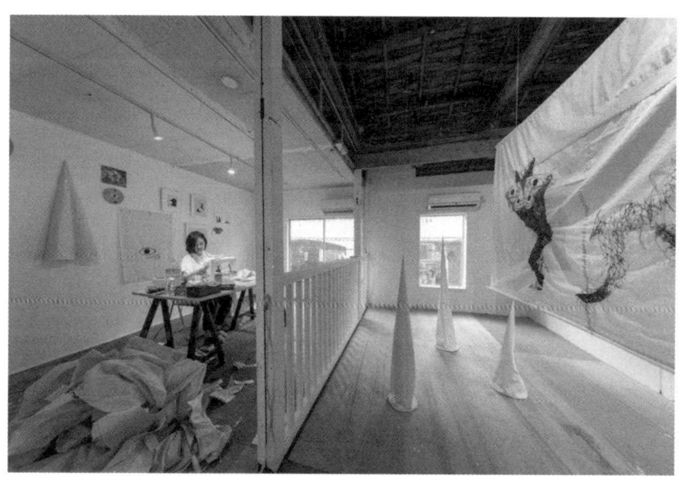

〈그림 14-3〉 코카네쵸 아티스트 인 레지던스(Artist in Residence)
출처: 코카네쵸 에리어 매니지먼트 센터

지를 완전히 바꾸고 새로운 창조 생태계를 구축한 도시 혁신형 재생 모델을 보여 준다. 이는 주민 참여를 기반으로 장소성을 유지하되, 새로운 정체성을 만들어 나간 경우라 할 수 있다.

- 리스본 LX Factory 사례: 19세기에 지어진 거대한 방직 공장 지대는 쇠퇴 이후 방치되었으나, 2007년부터 민간 부동산 회사의 주도로 예술 클러스터로 재탄생했다. 현재 이곳에는 예술가들의 작업실, 쇼룸, 갤러리, 디자인 샵, 서점, 레스토랑, 공연장 등이 밀집해 지역의 '핫플레이스'로 자리 잡았다. LX Factory는 지역의 산업유산이라는 정체성을 보존하면서도, 외부의 창의적 전문가들을 적극적으로 유치하여 지역의 혁신을 이끌었다는 점에서 의미가 크다. 이는 민간 주도로 기존 자산을 재해석하고 새로운 콘텐츠를 결합하여 경제적, 문화적 선순환 구조를 만들어 낸 사례이다.

이 두 사례는 낡고 버려진 공간이 어떻게 도시의 새로운 성장 동력이 될 수 있는지를 보여 준다. 핵심은 단순히 건물을 허물고 새로 짓는 것이 아니라, 지

〈그림 14-4〉 리스본 LX Factory 내 LX 호스텔

출처: LX Factory 홈페이지

뉴노멀 시대 문화도시와 로컬의 힘

구분	광주 경기도자박물관	가나자와 21세기 미술관	요코하마 코가네초
핵심동인	헤리티지(도자문화)	커뮤니티(시민참여)	도시혁신(예술가 유치)
접근방식	전문화, 심화	개방성, 플랫폼화	거버넌스, 이미지 전환
주요 주체	전문 박물관(공공)	미술관(공공), 시민	NPO, 지자체, 주민
지속가능성 기여	문화적 정체성 강화	사회적 자본 축적	창조생태계(거점) 구축
관련 개념	에코뮤지엄(H)	에코뮤지엄(P/C)	에코뮤지엄(M), 도시재생

역의 역사와 이야기를 존중하고, 그 위에 예술과 창의성이라는 새로운 가치를 결합하며, 다양한 주체들이 협력하여 지속가능한 운영 모델을 만들어가는 데 있다고 할 수 있다. 이는 물리적 재생을 넘어 사회적, 경제적, 문화적 가치를 동시에 창출하는 통합적 도시재생의 중요성을 시사한다.

앞서 다룬 세 도시의 사례분석을 비교하여 지속가능성에 대한 기여도를 확인하면 〈표 14-2〉와 같다.

3. 논의 및 정책 제언

문화도시 사업 추진을 위한 담론 및 의제

앞의 논의들을 전제로, 실제로 문화도시 사업을 추진하는 입장에서 고민이 되는 지점들이 있다. 우선, 당연하게 들릴 수 있으나 '도시가 움직이고 변화하게 만드는 사회적 수요의 근원은 어디서부터 시작되는가'라는 질문에 대한 답이 선행되어야 한다는 점이다. '문화도시가 정말 자신들의 도시에 필요한 것인가?, 필요하다면 왜 필요로 하고 있는가?, 도시의 시민들이 원하고 공감하는가? 아니면 도시의 위정자 또는 재단 자신이 원하고 있는 건 아닌가?' 등에 대해 진지한 고민이 필요하다. 다음으로 스스로 '지역은 문화로 도시를 움직이고 변화시켜나갈 준비를 얼마나 하고 있는가?'에 대해 스스로 질문해야 한다. '문화도시에 대해 어디까지 이해하며 공감하고 있는가?', '그렇다면 이에 대한 심도 있는 고민을 해 왔었는가?', '그 고민의 결과로서 지역에 문화도시의 실현을 위한 체계적인 준비가 지역에서 이루어지고 있는가?' 등에 대해 고민해 봐야 한다. 결국 문화의 가치와 가능성을 바탕으로 우리 사회의 새로운 미래를 구상하고 실현하기 위해, 지역의 미래 발전 가능성을 문화적 가치 중심의 사회적 좌표로 재구성하는 시대적 기획이자 실천이 문화도시임을 우리는 기억해야 한다.

이를 지속가능한 측면에서 문화도시를 다시 바라보자면, 사람들이 사회를 이루고 사는 삶의 모습이 문화가 되고 그 문화로 함께 미래를 꿈꾸며 살아갈 수 있는 하나의 사회적 생명체, 그것이 문화도시를 의미한다고 할 수 있다. 이를 위해 문화도시 관계자들이 실제로 체크리스트를 가지고, 질문하고 확인해야 할 내용들은 자기 도시가 어떤 위치에 와있으며 향후 어떻게 이끌어갈 것인지에 대한 종합적인 도시의 경영 현황을 파악하는 일이다. '우리 도시에서는 현재 무엇을 이루었고 어디까지 와있는가?', '어떤 것을 생각하고 생각하지 못했는가?', '향후 어디로 갈 것이며 무엇을 시도할 것인가?' '어디까지 바라보고 있는가?' 등 자신들의 도시가 지금 문화를 통해 어디로 가고 있으며 이제 어떤 모습을 만들어갈 것인지를 스스로 살펴보고 알아야만 한다.

이를 위해 지역의 도시가 문화도시로서 적합한 도시스케일을 찾기 위한 노력도 게을리해서는 안 된다. 그리고 이를 통해 문화의 가치 자체를 발현하는 작업과 함께 문화와 사회 각 분야가 연결되어 효과를 생성 및 파급하는 문

  뉴노멀 시대 문화도시와 로컬의 힘

화의 사회적 가치사슬 연결에 초점을 맞추어야 한다. '문화도시는 도시의 모든 가치를 아우르는 가장 핵심적인 목표나 정체성이 될 수 있을까?' '문화도시 사업은 도시의 전체적인 지리적 범위(도심, 중심지, 원도심 등 일부의 특정구역에 한정되지 않고)내에서 사업이 추진되고 있는가?' '문화도시는 사회가치와 윤리, 교육, 복지, 환경, 경제와 산업, 도시인프라, 공공행정, 심지어 정치에 이르기까지 도시를 만들어가는 각 분야별 구성요소들과 과연 어디까지 연결되는가?' '그리고 문화가치를 중심으로 도시의 모든 구성요소들이 각각 어떻게 움직이게 할 것인가?' '문화로 도시를 이끌어가기 위한 문화도시의 상은 그 발전의 모습을 어디까지 상상할 수 있을 것인가?' 등에 대해 매우 광범위하고 다채로운 고민과 질문이 필요하다. 이때 중요한 것은 문화도시는 만능의 방책이 아니라, 지역의 문화경영을 위한 프로젝트임을 기억하는 것이다. 문화는 부족한 부분을 채우는 임시방편이 아니라, 조직 전체를 운영하고 이끌어가는 치밀한 종합 전략이 되어야 함을 명심해야 한다.

지속가능한 문화도시를 위한 전략 모델

앞서 살펴본 이론적 배경과 사례 분석, 담론와 의제의 질문들을 종합하여, 지속가능한 문화도시를 위한 전략 모델을 제시하고자 한다. 이 모델은 문화도시가 단기적인 사업이나 프로젝트의 집합이 아니라, 도시의 내생적 발전 역량을 강화하고 회복력을 높이는 지속적인 과정임을 강조한다. 모델의 핵심은 '문화적 가치 순환 생태계'를 구축하는 데 있다.

〈그림 14-5〉은 '지속가능한 문화도시 순환 모델'로 제시하는 안이다. 이 모델은 에코뮤지엄의 세 가지 구성요소인 헤리티지(Heritage), 커뮤니티(Community), 그리고 이들을 연결하는 뮤지엄(Museum) 또는 문화적 거점을 중심으

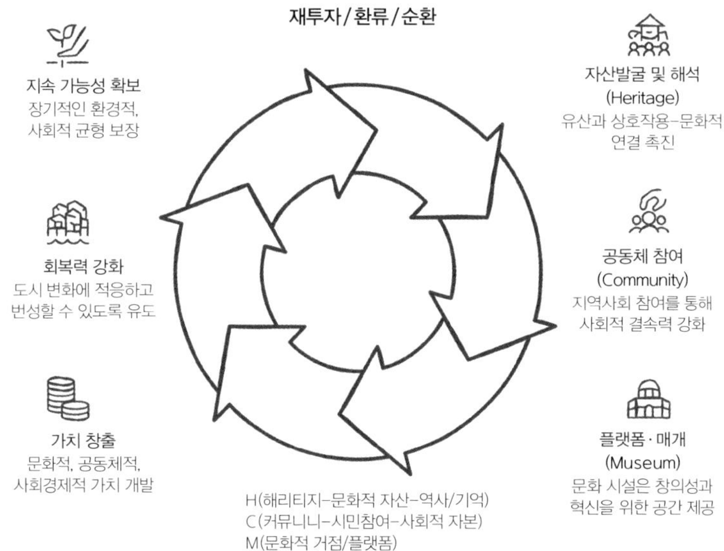

〈그림 14–5〉 지속가능한 문화도시 순환 모델

출처: 정수희·이병민, 2016의 모델을 기반으로 재구성

로 구성된다(정수희·이병민, 2016).

- 1단계(자산 발굴 및 해석): 도시의 고유한 역사, 이야기, 장소, 기술 등 유·무형의 헤리티지를 발굴하고 그 문화적 가치를 재해석하는 단계이다. 이는 도시 정체성의 원천이 된다.

- 2단계(참여 및 공동체 형성): 시민과 커뮤니티가 주체가 되어 헤리티지를 학습하고, 창의적인 활동을 통해 새로운 의미를 부여하며, 사회적 자본을 축적하는 단계이다. 문화민주주의가 실현되는 과정이다.

- 3단계(플랫폼 및 매개): 박물관, 문화재단, 로컬크리에이터 등 문화적 거점(뮤지엄)은 헤리티지와 커뮤니티를 연결하는 플랫폼 역할을 수행한다. 이들은 전문성을 바탕으로 전시, 교육, 축제 등 다양한 프로그램을 기획하고, 시민

뉴노멀 시대 문화도시와 로컬의 힘

들의 참여를 촉진하며, 창조적 활동을 지원한다.

- 4단계(가치 창출 및 확산): 이 순환 과정을 통해 문화적 정체성과 공동체적 정체성이 강화된다. 이는 사회적 결속력 강화, 삶의 질 제고라는 사회적 가치와 더불어, 창의산업 육성, 문화관광 활성화 등 경제적 가치로 확산된다.
- 5단계(회복력 강화 및 지속가능성 확보): 축적된 사회·문화·경제적 자본은 도시의 회복력을 높이는 기반이 된다. 위기 상황에서 도시는 이러한 자산을 활용하여 충격을 흡수하고 새로운 발전 경로를 모색할 수 있으며, 이는 다시 새로운 헤리티지를 창출하고 커뮤니티를 강화하는 선순환으로 이어져 도시의 지속가능성을 담보하게 된다.

이 모델은 문화도시 정책이 하드웨어 구축이나 단기 성과에 매몰되지 않고, 도시가 가진 내재적 자산을 기반으로 시민과 함께 장기적인 관점에서 문화생태계를 조성해 나가야 함을 강조한다.

미래 추진 의제 및 정책 로드맵

지속가능한 문화도시로 나아가기 위해, 앞서 제시한 전략 모델을 기반으로 미래 추진 의제와 이를 실현하기 위한 정책 로드맵을 단기, 중기, 장기적 관점에서 체계적으로 접근하여 구성해 보면 다음과 같이 제안할 수 있다(〈표 14-3〉).

1. 단기 과제: 회복과 적응(Recovery & Adaptation)

- 위기 이후 문화 회복 전략 수립: 포스트 코로나, 재난 등 위기 이후 침체된 지역 문화예술 생태계를 회복시키기 위한 맞춤형 지원책을 마련한다. 예술

<표 14-3> 지속가능한 문화도시를 위한 정책 로드맵(안)

구분	핵심목표	주요 과제
단기(1~3년)	회복과 적응	위기 이후 문화 회복, 디지털 전환 기반 구축, 지역 주도 R&D
중기(3~5년)	통합과 체계화	데이터 기반 거버넌스, 정책 연계, 문화권 보장 및 포용성 강화
장기(5년 이상)	전환과 비전	장기 비전 수립, 녹색문화정책 전환, 글로컬 도시 지향

인 긴급 지원, 문화시설 방역 강화, 피해 실태조사 등을 통해 단기적인 충격을 완화하고 안정적인 창작 환경을 조성한다.

- 디지털 전환과 스마트 문화도시 기반 구축: 비대면 사회로의 전환에 대응하여 온라인 문화콘텐츠 제작 및 유통을 지원하고, VR/AR 등 실감 기술을 활용한 새로운 문화 경험을 확대한다. 공공 와이파이 확충, 디지털 리터러시 교육 강화 등 디지털 격차 해소를 위한 노력도 병행되어야 한다.

- 지역 주도형 R&D 기반 구축: 중앙정부 위주의 R&D에서 벗어나, 지역이 주도적으로 수요 맞춤형 R&D 사업을 기획하고 추진할 수 있는 권한과 재원을 확대해야 한다. 이를 통해 지역의 혁신 역량을 실질적으로 강화할 수 있다.

2. 중기 과제: 통합과 체계화(Integration & Systematization)

- 데이터 기반 문화 거버넌스 및 모니터링 체계 구축: 문화 정책의 효과를 객관적으로 측정하고 평가하기 위한 데이터 기반 거버넌스를 구축한다. 문화 분야의 빅데이터와 함께, 지역의 맥락과 스토리를 담은 씩데이터(THICK Data)[4]를 결합하여 정책의 실효성을 높여야 한다.

- 분야간 정책 연계 및 통합적 추진: 문화도시 정책을 도시재생, 환경, 복지,

 뉴노멀 시대 문화도시와 로컬의 힘

겠지만, 문화의 힘을 믿고 시민과 함께 나아갈 때, 우리의 도시는 그 어떤 위기에도 흔들리지 않는 지속가능한 공동체로 거듭날 수 있을 것이다.

○ 토론 주제

1. 문화도시 정책에서 '경제적 성과'와 '사회적 회복력'이라는 두 가지 목표가 상충할 때, 정책 결정자는 어떤 우선순위를 두어야 하며, 그 균형을 어떻게 찾을 수 있을까? 구체적인 사례를 들어 토론해 보자.

2. 본문에서 제시된 '문화적 회복력'의 개념은 다양한 위기(예: 감염병, 기후변화, 경제 위기)에 동일하게 적용될 수 있는가? 혹은 위기의 성격에 따라 문화적 회복력의 발현 양상과 필요한 정책 지원이 달라져야 하는가?

3. 데이터 기반의 문화 거버넌스는 효율성과 객관성을 높일 수 있지만, 문화의 정성적 가치를 간과하거나 시민 참여를 형식화할 위험은 없는가? 기술 중심의 거버넌스와 풀뿌리 문화민주주의를 조화시키기 위한 구체적인 방안은 무엇일까?

· 참고문헌 ·

국내문헌
가나자와 21세기 미술관 홈페이지. https://www.kanazawa21.jp/kr
노영순. (2017). UN지속가능발전목표(UN SDGs)와 문화정책의 대응 방안. 한국문화관광연구원.
대한민국 구석구석 홈페이지. https://korean.visitkorea.or.kr
백영재. (2023).『THICK data 씩 데이터 – 빅 데이터도 모르는 인간의 숨은 욕망』. 테라코타.
배은식. (2012). 지속가능한 농촌 발진을 위한 에코뮤지엄 모델 연구: 이천 율면 부래미 마을을 중심으로. 한국외국어대학교 박사학위논문.

손예령. (2019). "지속가능한 도시발전을 위한 문화거버넌스 체계에 관한연구." 『문화정책논총』, 33(2). 137−166.

이병민. (2011). "창조적 문화중심도시 조성 전략과 문화정책 방향". 『문화정책논총』, 25(1), 7−36.

정수희·이병민. (2014). "창조적 장소자산으로서 예술자산의 유형과 사례연구". 『한국경제지리학회지』, 17(1), 28−44.

정수희·이병민. (2016). "에코뮤지엄의 속성을 통해 본 도시의 문화적 지속가능성 연구: 한국 경기도 광주시와 일본 가나자와시의 사례를 중심으로". 『글로벌문화콘텐츠』, 23, 173−194.

코카네쵸 에리어 매니지먼트 센터 홈페이지. https://koganecho.net (한국어)

하수정 외. (2014). 지속가능한 발전을 위한 지역 회복력 진단과 활용 방안 연구. 국토연구원.

허동숙·이병민. (2019). "산업과 문화의 협력: 스마트 전문화를 통한 지역 혁신성장 전략 모색". 『국토지리학회지』, 53(1), 101−117.

현대경제연구원. (2020). 포스트코로나 시대의 산업정책 방향에 관한 제언.

국외문헌

Dessein, J., Soini, K., Fairclough, G., & Horlings, L. (Eds.). (2015). *Culture in, for and as Sustainable Development:* Conclusions from the COST Action IS1007 Investigating Cultural Sustainability. University of Jyväskylä

LX Factory Homepage. https://lxfactory.com/en/the-dorm-2-2

Morris, A., Whitacre, J., Ross, W., & Ulieru, M. (2011). "The Evolution of Cultural Resilience and Complexity". ECCS poster. National University of Mongolia.

Strand, J., & Peacock, R. (2003). "Resource Guide: Cultural Resilience". *Tribal College Journal*, 14(4), 28-31.

United Nations. (2016). *The Sustainable Development Goals Report 2016.* https://sdgs.un.org/goals

사진 출처

74쪽   ᄆᄆᄒᄉ 부엉이버거(경북 칠곡군) https://korean.visitkorea.or.kr
팀 청짠의 거리 축제와 광장 전시 https://mp.weixin.qq.com/s/tBAvMHlSP_
iMoizwTPrS3Q

75쪽   포틀랜드 독립서점 파웰스북스, 포틀랜드: 나이키 탄생 도시 Shutterstock

77쪽   해녀의 부엌 공연 및 식사 모습 https://haenyeokitchen.com

108쪽   홍대앞 '홍익문화공원' https://www.tripinfo.co.kr

141쪽   청주 문화제조창 http://cfactory.co.kr
울산 북구생활문화센터 https://ublcc.com/commu/gallery/view?id=152
미국 예술도시 샌타페이 https://www.casasdesantafe.com/what-is-santa-
fe-known-for

190쪽   충청매일, 2013 https://www.ccdn.co.kr/news/articleView.html?idxno=328
702

269쪽   코코리제주 인스타그램: 상품 홍보 https://www.instagram.com/cocori.jeju

315쪽   〈명탐정 코난〉 돗토리 투어 메인안내 화면 http//www.conan-tour.jp
〈슬램덩크〉 배경지 가마쿠라 고등학교 인근 기차 건널목 Shutterstock

368쪽   경기도자박물관 전경 https://korean.visitkorea.or.kr/main/main.do

370쪽   가나자와 21세기 미술관 전경 https://www.kanazawa21.jp/kr

371쪽   코카네쵸 아티스트 인 레지던스 https://koganecho.net

372쪽   리스본 LX Factory 내 LX 호스텔 https://lxfactory.com/en/the-dorm-2-2